博碩文化

MySQL
故障排除與效能調校
完全攻略 上

李春、羅小波、董紅禹　著　・廖信彥　審校

作　者：李春、羅小波、董紅禹
審　校：廖信彥
責任編輯：林楷倫

董事長：陳來勝
總編輯：陳錦輝

出　版：博碩文化股份有限公司
地　址：221 新北市汐止區新台五路一段 112 號 10 樓 A 棟
　　　　電話 (02) 2696-2869　傳真 (02) 2696-2867

發　行：博碩文化股份有限公司
郵撥帳號：17484299
戶　名：博碩文化股份有限公司
博碩網站：http://www.drmaster.com.tw
讀者服務信箱：dr26962869@gmail.com
訂購服務專線：(02) 2696-2869 分機 238、519
（週一至週五 09:30 ～ 12:00；13:30 ～ 17:00）

版　次：2021 年 12 月初版一刷

建議零售價：新台幣 600 元
I S B N：978-986-434-958-6
律師顧問：鳴權法律事務所 陳曉鳴律師

本書如有破損或裝訂錯誤，請寄回本公司更換

國家圖書館出版品預行編目資料

MySQL 故障排除與效能調校完全攻略 / 李春，
羅小波，董紅禹著. -- 初版. -- 新北市：博碩文化
股份有限公司，2021.12

　冊；　公分

ISBN 978-986-434-958-6 (上冊：平裝)
ISBN 978-986-434-959-3 (下冊：平裝)

1. 資料庫管理系統 2.SQL (電腦程式語言)

312.7565　　　　　　　　　　　110019228

Printed in Taiwan

歡迎團體訂購，另有優惠，請洽服務專線
博碩粉絲團 (02) 2696-2869 分機 238、519

　　本書作者李春是阿里巴巴較早期的 DBA 之一，羅小波和董紅禹則都是知數堂的傑出校友。有一次偶然間知道羅小波的經歷，非常令人讚歎，這麼努力的人理應獲得如此成就。

　　第一次注意到羅小波是因為他投稿的文章「MySQL 排序內部原理探秘」，該文章真的是從頭到尾、從上到下地全方位解讀 MySQL 內部排序的各個面向。後來又關注到他推出 PFS 和 sys schema 系列連載文章，更是對其靜心深入學習的能力表示欽佩，整個系列文章詳實、細緻、到位。另外，董紅禹的功底也非常深厚，除了 MySQL 之外，他也瞭解其他諸多資料庫。知數堂曾多次邀請兩位同學做公開課程分享。

　　此外，個人曾感歎沃趣培養出不少好工程師，其人才體系肯定有很多可學之處，於是也邀請李春來知數堂做公開課程分享，就是希望能把他們的人才培養機制分享給業界。

　　拿到本書後，快速瀏覽了「案例篇」的全部內容，發現幾乎都是精華，裡面涉及相當多的經典案例解析。如果能從這些案例吸收解決問題的觀念和方法，相信日後若遇到其他問題，基本上都可以解決。

　　本書既有架構、PFS、I_S、統計資訊、複製、鎖、InnoDB 等基礎知識的鋪墊（其實並不基礎），又有眾多案例詳解，內容豐富、踏實，可說是難得一見的 MySQL 效能最佳化參考書，建議每位 DBA 以及從事 MySQL 相關應用開發的人都人手一本。

　　最後說一個段子。我曾經開玩笑地說，大家以後要買書的話，記得先看有沒有我寫的推薦序，如果有的話，那就放心購買，如果沒有的話，就要謹慎點了。本書是由個人推薦，所以大家可以放心大膽購買。嘿嘿。

葉金榮

推薦序

　　小學課本告訴我們，蒸汽機是瓦特看到水壺被水蒸氣頂起來以後，冥思苦想發明而來。但實際情況其實是，17 世紀末期，湯瑪斯·紐克門（Thomas Newcomen）發明體積龐大的「蒸汽機」，利用蒸汽的力量抽取煤礦裡的水，避免礦井透水、積水的問題。1765 年，詹姆斯·瓦特（James Watt）發明分離式冷凝器，改進紐克門的蒸汽機，使其效率提升了 4 倍。當然，紐克門蒸汽機也不是憑空出現，它是基於 Thomas Savery 發明的 Savery 蒸汽泵；繼續往前追溯，可以追溯到西元 1 世紀古希臘力學家希羅（Heron of Alexandria）發明的汽轉球。

　　個人不否認瓦特的貢獻，正是有他對蒸汽機做功效率的改變，才大量提升煤炭、鋼鐵的產量，促進輪船、火車的誕生，於是才有了工業革命。這裡想説的是人們很早就發現蒸汽做功的理論，但是利用它、真正用於日常生活中，以提高生產效率的過程，可説是曲折而漫長。理論和原理的發明是耀眼的明星，工程化實踐和持續不斷的改進，卻像是星光傳到人們的眼睛一般，需要經過漫長的過程，凝聚許多「無名」科學家和工程師的努力與心血。

　　MySQL 之父 Monty（Michael Widenius）於 1981 年寫了 MySQL 的第一行程式碼以後，在開源的潮流下，MySQL 成長為目前最流行的開源資料庫，同樣凝聚了非常多開發者、DBA、工程師的心血。2009 年，當 MySQL 被 Oracle 收購以後，47 歲的 Monty 開發 MariaDB 分支，到現在 MariaDB 也已經 10 年了，他仍然親自參與撰寫程式碼，並且負責大部分程式碼的 Review 工作。個人身為 MariaDB 基金會的中國成員，在和 Monty 一起 Review 程式碼時，經常會嘆服老爺子對全局的掌控能力，以及對細節的嚴謹態度。2016 年當 Monty 到阿里巴巴交流分享時，我問 Monty：「你怎麼看待阿里巴巴在 MySQL 方面的能力以及貢獻？」他説：「你提出的多來源複製和閃回功能，對 MariaDB 很有用，因此我覺得你和你的團隊很有能力，也希望能獲得更多來自各大廠商和社群的貢獻。」

　　MySQL 之所以能成為現今最流行的開源資料庫，與它的開放性、包容性分離不開。其入門門檻低到用一道命令就能安裝好 MySQL，在程式開發的入門資料中，很容易就找到 MySQL 的配套使用教程。不需要支付任何費用，就能部署到自己的環境承載對外的業務。我之前提交的程式碼補足 MySQL 在某些方面的功能，是對它的貢獻；蘇普驗證測試時發現 MySQL 5.6 的半同步 Bug 彙報給社群，是對它的貢獻；李春他們撰寫 MySQL 書籍，也是對它的貢獻。我和阿里巴巴其他同事翻譯《高效能

MySQL》時，就體會到出版一本書的艱辛，所以看到《MySQL 故障排除與效能調教完全攻略》這本沉甸甸的書時，完全能感受到三位作者在撰寫書籍時的努力與艱辛。

　　MySQL 從 5.5 版開始引入 performance_schema，5.6 版開始把預設值設為 on，個人認為從 5.7 版（對應 MariaDB 10.1）開始，它才算真正成熟。某種程度而言，performance_schema 的引入對 MySQL 來說，彷彿是瓦特發明分離式冷凝器改進蒸汽機，使得開發人員或 DBA 對 MySQL 的效能損耗，能夠準確定位到原始碼層級，對 MySQL 的管控也可以更加精細化。這本書是我所瞭解、第一本體系化介紹 performance_schema 的書籍，建議對 MySQL 效能最佳化有興趣的讀者閱讀。

　　另外，本書「案例篇」也是相對比較系統化介紹效能最佳化方面的內容，從伺服器、作業系統、MySQL、SQL 和鎖方面，整體梳理 MySQL 效能最佳化的各個面向，相關案例都具有代表性，很值得參考和驗證。同時，也希望讀者能利用案例舉一反三，結合個人環境的實際場景，建構起改進效能的方法論。

　　蒸汽機的改善不是一蹴可幾，效能的改進也是貫穿整個 MySQL 的發展史，就像瓦特改良蒸汽機引發工業革命一般。我希望本書的出版能進一步促進大家對 MySQL/MariaDB 效能最佳化的關注，並為最流行的開源資料庫 MySQL/MariaDB 大廈添磚加瓦。

彭立勳

推薦序

先說一個笑話。這個笑話是來自全球資訊網的專欄。

三個邏輯學家走進酒吧，調酒師問他們，三位都喝啤酒嗎？

第一個邏輯學家說，我不知道。

第二個邏輯學家說，我不知道。

第三個邏輯學家說，是的。

這個笑話有點冷，需要用一點邏輯才能欣賞。若想否定「三人都喝啤酒」，只要有一個人知道自己不喝就行了。前兩位邏輯學家都說不知道，說明他們自己是想喝的，只是不知道別人喝不喝。而第三個人一看前兩個人都說不知道，那就表示這兩個人肯定都要喝，而他自己也想喝，於是可以判斷三人都想喝啤酒。

他們的回答有點怪，但是非常準確。

為什麼要講這個故事呢？因為公司三位同事李春、羅小波、董紅禹，在我腦海裡的印象都是非常認真和講究邏輯的人。這種認真和嚴謹的態度，書裡的每一頁都能感受到。相信透過這本書的系統化訓練，您也能感受到這種思維方式的美，最終也能得到這種思維方式。「授人以魚，不如授之以漁。」具備優秀的思維能力，才是在未來可以移植的能力；如果只是學習一些命令，很快便會過時，而思維能力和學習能力的提升，才是不會改變的東西。

回到這本書。

對這本書的起心動念，我是有功勞的，所以李春來邀請寫序時，也就很痛快地答應了。

一年前曾經思考，我們有業界一流的 MySQL 團隊，為什麼不能將這些知識和經驗，以一種更容易傳播的方式貢獻給大家呢？

順著這個想法，於是產生兩種載體，一種是產品，這也是沃趣一直在做的東西，未來也會持續進行；一種是書籍，書籍其實也是一種產品，因為它也是標準化、極容易複製。因此，團隊中在 MySQL 技術頗有追求和建樹的幾個人碰面一聊，大家便一拍即合。

　　起心動念容易，甚至一度讓我們很興奮，但是落地難，尤其是身為管理者帶領團隊之後，更能意識到這一點。提出建議（起心動念）沒有成本，可是具體去做、落實這件事的人，極需要忍受寂寞、付出巨大努力。

　　我在他們的寫作群裡，見證寫書過程的所有艱辛。好在一年的時間都堅持下來了，成果就是各位手上拿到的這本書。

　　學習知識，如果説有捷徑，那就是選擇幾本可靠、高品質的書籍，站在巨人的肩膀看世界，這是高起點和借勢。

　　這本書能讓每個人體驗到原有知識從破碎到重建的過程，只有打破現有認知的書籍才是好書籍。之後如果能夠重建起基於新認知的知識大廈，就代表重生了。認知是如此，對於心智、各種成長莫不如此。格物致知，相信透過努力學習這本書後，將帶來底層認知的提升。

　　這裡也要恭喜幾位同事：李春、羅小波、董紅禹，寫書是大多數技術人員的夢想，人類從一開始就追求不朽，立言是一種極好的方式。儒家講立德、立功、立言，寫書便是立言的最好方式。此外，道家透過修煉達到肉身不死實現不朽，佛教則藉由覺悟實現不朽，這兩種方式不是我輩可以企及。説了這麼多，其實是想呼籲更多的人才加入寫書的隊伍，授人玫瑰，手留餘香。

　　最後，分享個人很喜歡的一句話，「你的樣子裡，有你愛過的人，走過的路，看過的風景，讀過的書」。相信透過這本書的學習，一定可以讓自己的氣質變得不一樣！

魏興華

效能問題

這個世界是由問題組成的，理想狀態和真實狀態之間的差異造成了問題。國家領導人解決人民生活幸福的大問題，公司總經理解決盈利的問題，而本書只想解決 MySQL 資料庫效能這麼一個「小問題」。

某種程度來說，MySQL 資料庫效能最佳化問題是一個平行處理的問題，歸根究柢是鎖和資源爭用的問題。舉個例子：假設想開一間餐飲店，首先得取好店名，到工商局領取開業登記註冊證書，到衛生防疫站申請衛生許可，到物價局進行物價審核。如果打算賣酒，還需要到工商部門辦理酒類經營許可證，到稅務局辦理稅務登記，到銀行開戶，還得找廚師、洗碗工、採購人員、找門面、協調店面轉讓、裝修店面、製作看板等等。

如果想儘快讓餐飲店開幕，就需要同時做更多的事情，正如電腦一樣，平行地處理更多的事情。但是當真正去做這些事情的時候，會發現：

- 總有一、兩件事情耗費的時間特別長，大幅度影響餐飲店的開幕時間。例如找到合適的店面，或者合適的廚師。

- 有些事情相互依賴，一件事情必須仰賴於另一件事情的完成。例如工商登記的前提是準備好店名，店面裝修取決於門面已經租好等等。

- 有些事情特別重要，它決定這間餐飲店是否能長期經營下去。例如廚師做的菜是否足夠好、足夠快；營運的成本是否足夠低，因此產生足夠的利潤支撐餐飲店的持續經營。

其實效能最佳化要做的就是下列事情：

- 瞭解基本原理。找到事情的因果關係和依賴關係，儘量讓不相關的事情能平行進行。

- 要事第一。找到目前最重要、最需要最佳化的地方，投入時間和精力，不斷去改進與最佳化。

- 切中要害。找到耗費時間最長的地方，想盡辦法縮短其時間。

本書作者嘗試透過上述方法論找到 MySQL 效能最佳化的辦法，並呈現給讀者。

資料庫的效能提升

　　自電腦出現的第一天起，效能作為鞭策者就不斷地促進電腦與系統的演進。從最開始的人工輸入命令等待電腦執行，到利用批次處理任務提升利用率，再到透過多處理程序和多執行緒並行進一步提升效率。實際上，效能一直是電腦工程師努力解決和改善的重要難題。

　　上面說的都是對已有系統的效能最佳化，而資料庫的效能最佳化，其實早在設計之前就開始了。

　　資料庫效能的最佳化，首先是電腦系統的最佳化。資料庫程式是執行於電腦系統的應用程式，因此需要先最佳化的就是電腦系統。也就是說，讓硬體儘量均衡，作業系統充分發揮硬體的全部效能，而資料庫則充分利用作業系統和檔案系統提供的便利性，以發揮全部效能，進而避免資源的相互競爭。

　　其次，資料庫效能的最佳化是 SQL 語句的最佳化。上層應用都透過 SQL 語句與資料庫溝通，為了取得資料，一道 SQL 語句可以有幾十甚至上百種執行計畫，資料庫會利用最佳化器選擇更好的 SQL 執行計畫。但是 MySQL 的執行計畫遠遠落後商業資料庫，甚至在某些方面相較 PostgreSQL 也相差甚多。那麼如何寫出正確的 SQL 語句，避免 MySQL 選擇錯誤的執行計畫，以及怎樣利用增加索引、設定參數等，讓MySQL 的執行計畫更佳，這就是最佳化 SQL 語句需要關心的事情。

　　最後，資料庫效能的最佳化，最有效的方法是架構的最佳化。對於讀多寫少的應用程式，可以設計成讀寫分離，把允許延遲的讀請求主動分派到備援資料庫；對於秒殺型的業務，可先在記憶體型 key-value 儲存系統篩選後，再發往資料庫持久化，避免對資料庫的衝擊；對於彙總、聚合類的應用，建議採用行式儲存引擎或者專門的大數據平台；對於監控類的應用，則可採用時序資料庫等等。

　　以上三種最佳化思路貫穿全書，這也是本書名為《MySQL 故障排除與效能調教完全攻略》的由來。

機械思維和大數據思維

　　看過吳軍博士《智慧時代：大數據與智慧革命重新定義未來》的人，可能會對本書嗤之以鼻。本書的效能最佳化方法論還是工業革命時代的機械思維，簡而言之，就是尋找因果關係，大膽假設，小心求證。現在已經是資訊時代，理應瞭解什麼是資訊理論，解決問題需要利用大數據思維！

筆者有兩點理由採用機械思維介紹資料庫效能最佳化：

（1）大數據時代需要的資料量大、多緯度和完備性，目前對資料庫的效能最佳化和診斷，筆者掌握的案例和相關資訊遠遠達不到大數據的要求。通常可以期待亞馬遜、阿里雲、騰訊雲等廠商，或者專業的資料庫公司（如 Oracle、MariaDB 等）針對性地做一些大數據資料庫效能最佳化的嘗試。

（2）大數據的成本很高。目前遇到的大部分效能問題，其實利用因果關係和假設 → 推導 → 再假設 → 再推導的方法就能解決，不需要使用大數據、人工智慧這樣的「大殺器」。

內容介紹

MySQL 的火熱程度有目共睹，如果打算瞭解 MySQL 的安裝、啟動、設定等基礎知識，市面上相關的書籍已是汗牛充棟。本書儘量深入細緻地介紹 MySQL 的基本原理，以及效能最佳化的實際案例。

基本原理很枯燥，就像課堂上老師介紹數學定理和公式推導一樣，有人可能會質疑，小學都在進行素質教育了，這本書怎麼還有那麼多基本原理的介紹？對於工作了兩三年的技術人員來說，已經累積比較多的實踐，解決過很多問題——可能透過 sys schema 查詢交易鎖等待，以解決系統的並行問題；設定 ulimit -n 擴大處理程序檔案控制代碼數，解決 MySQL 的處理程序限制問題；透過設計讀寫分離架構，以擴充應用程式的讀取效能線性擴展問題。但是身為求知欲強烈的技術人員，通常急切地希望知其所以然，瞭解 MySQL 到底是怎麼設計，以及為什麼這樣設計。sys schema 究竟還有哪些可以協助分析與解決問題的預存程序，Linux 系統的資源限制除了 ulimit 外還有什麼，讀寫分離架構適應的場景，何時建議採用分庫、分表等等。如果您也跟我們一樣，便應該閱讀本書。

本書一共分為三篇：基礎篇、案例篇和工具篇。

資訊理論認為消除一件事情的不確定性，就是取得足夠多的資訊。一般認為任何最佳化，都可以從瞭解它的基本原理和設計概念開始。「基礎篇」從理論基礎和基本原理層面介紹 MySQL 的安裝與設定、升級和架構，information_schema、sys_schema、performance_schema 和 mysql_schema，MySQL 複製，MySQL 交易，SQL 語句最佳化及架構設計基礎知識。希望透過這些內容的學習，便能深入清楚地瞭解 MySQL 各方面的基礎知識。

電腦是一種實驗的科學，效能最佳化則是實戰的藝術。「案例篇」從硬體和系統、MySQL 架構等面向列出效能最佳化的十幾個案例，包括：效能測試的基本最佳化思路和最需要關注的效能指標、對日常 SQL 語句執行緩慢的基本定位、避免 x86 可用性的一般性方法、節能模式怎樣影響效能、I/O 儲存作為資料庫最重要的依賴，它是如何影響資料庫效能、主備複製不一致可能的原因、字元集不一致造成哪些效能問題、實際場景中鎖的爭用等。希望透過這些案例，可以深入清楚地理解「基礎篇」的各種概念，並融會貫通，對 MySQL 有一個全面、系統的掌握。

「工欲善其事，必先利其器。」日常需要藉助一些工具來做效能最佳化。「工具篇」介紹在 MySQL 效能最佳化過程中，各種需要用到的工具，包括：dmidecode、top、dstat 等硬體和系統排查工具；FIO、sysbench、HammerDB 等壓力測試工具；mysqldump、XtraBackup 等備份工具；Percona、innotop、Prometheus 等監控工具。希望利用更多自動化的方式，以驗證和評估效能最佳化解決方案，並提升效能。

適合本書的讀者

（1）MySQL 初學者。建議按順序從本書的「基礎篇」開始閱讀。該篇介紹從安裝部署、基礎設定到效能診斷等日常工作需要瞭解的內容。一旦熟悉 MySQL 的基本概念和大致原理以後，閱讀「案例篇」時，對問題的定義和解決方案才能理解得更加透徹。最後在閱讀「工具篇」時，也可以學習 MySQL DBA 日常工作所需工具的使用方法和應用場景。

（2）專門從事 MySQL 工作 1~3 年的開發人員和維運人員。對於擁有一些 MySQL 開發和維運經驗的人員，建議先跳過「基礎篇」，直接閱讀「案例篇」。在「案例篇」瞭解具體的問題現象、故障處理的過程和方法以後，關聯至案例中對應的「基礎篇」和「工具篇」知識，這樣便能協助串聯很多知識點，由點到面形成更全面的 MySQL 知識體系。

（3）資深的 MySQL DBA。本書可以作為案頭書，當解決問題時，如果記不清楚某些概念或者細節比較模糊時，便能拿來參考。

致謝

首先，感謝我的叔叔李巍，從一個貧家子弟到自己創業成立公司，到成為上市公司 CEO，再到成立基金公司，他讓我看到一個人的能力如何改變環境，好讓更多的人發揮自己的價值，也是他的經歷激勵我繼續努力。

其次，感謝阿里巴巴平台，實際工作時，這些之前一起奮鬥和目前正在奮鬥的戰友，都給予我極大的協助，他們是簡朝陽、彭立勳、胡中泉、陳良允、陳棟、張瑞、熊中哲、何登成、梅慶、童家旺、李建輝、羅春、勝通、天羽、蘇普等（排名不分先後）。

再者，感謝沃趣科技技術中心的負責人魏興華，正因為他的鼓勵才有了這本書，感謝產品團隊的負責人張檔、MySQL 團隊的同事劉雲和沈剛協助校稿，感謝市場部的同事楊雄飛、錢怡晨協調出版相關事宜。還要感謝其他在沃趣團隊工作中一起成長的同學們，因人數太多，這裡就不一一提及了。

最後，感謝電子工業出版社的符隆美編輯，他大力配合我們推動圖書的出版事宜。

本書閱讀方式

同一列過長的程式碼會換到下一列，省略換行符號 (\ )。

本書作者

本書由李春、羅小波、董紅禹共同編寫，其中，李春負責撰寫第 23~33 章、第 42~44 章；羅小波負責撰寫第 1~18 章、第 40~41 章、第 45~51 章；董紅禹負責撰寫第 19~22 章、第 34~39 章。

讀者服務

微信掃碼回覆：37520

- 取得免費增值資源
- 取得精選書單推薦
- 加入讀者交流群，與更多讀者互動

或者直接連結 http://www.broadview.com.cn/37520，以獲取增值資源。

編者

基礎篇

第7章　sys 系統資料庫初相識

第8章　sys 系統資料庫組態表

第9章　sys 系統資料庫應用範例薈萃

第10章　information_schema 初相識

第21章　SQL 最佳化

第22章　MySQL 讀寫擴充

以下 < 案例篇 >< 工具篇 > 為下冊介紹篇幅。

案例篇

第**48**章　MySQL 主流備份工具 mysqldump 詳解

基礎篇

　　基礎篇的內容設計，目的是為大家普及一些在效能最佳化過程中可能用到的 MySQL 基礎知識。為了便於對 MySQL 的架構和元件有一個整體認識，首先，完整介紹 MySQL 的安裝、升級和整個體系組成結構，並說明 MySQL 運行過程中所有後台執行緒的作用；其次，由於最佳化效能時需要依賴與資料表 / 索引相關的統計資訊、交易鎖和表級鎖相關資訊、在語句執行過程的等待事件資訊等，文內以 14 個章節重點介紹 MySQL 的 4 個系統庫：information_schema、mysql、performance_schema、sys，透過這些系統庫記錄的 MySQL 狀態和效能資料，便可更精確地定位問題的根源，甚至定位到原始碼的某一行；最後，除了在 MySQL 複製、交易和 SQL 最佳化章節解說 MySQL 本身的最佳化基礎以外，還藉由讀寫擴展的架構最佳化，拋磚引玉，希望引起讀者思考架構的最佳化。相信透過閱讀基礎篇的內容，一定會有所收穫。

## 第 1 章

MySQL 初始化安裝、簡單安全加固

從這裡開啟了本書的第一個章節。為了方便後續示範，以及照顧一些基礎較為薄弱的讀者，我們決定在本書加入安裝 MySQL 的章節，請大家準備好一台 Linux 伺服器，跟隨本章內容進行同步操作。

1.1 背景

使用 MySQL 8.0.20 二進位版本安裝單一實例。

作業系統採用 CentOS 6.5 x64。

1.2 初始化安裝

1.2.1 下載二進位安裝檔

利用 wget 下載 MySQL 8.0.20 二進位安裝檔，然後存放在 /root 目錄下。

```
[root@localhost ~]# cd /root
[root@localhost ~]# wget https://dev.mysql.com/get/Downloads/MySQL-8.0/
mysql-8.0.20-linux-glibc2.12-x86_64.tar.xz
[root@localhost ~]# ll mysql-8.0.20-linux-glibc2.12-x86_64.tar.xz
-rw-r--r-- 1 root root 468581668 2 月  12 23:04 mysql-8.0.20-linux-
glibc2.12-x86_64.tar.xz
```

1.2.2 建立 mysql 使用者

先建立 mysql 群組，再建立 mysql 使用者，並加入 mysql 群組中。

```
[root@localhost ~]# groupadd mysql
[root@localhost ~]# useradd mysql -r -g mysql
```

```
# 驗證使用者群組和使用者
[root@localhost ~]# id mysql
uid=500(mysql) gid=500(mysql) 組 =500(mysql)
```

1.2.3 建立程式、資料存放目錄

按照下列路徑規劃，建立 MySQL 的程式與資料存放路徑。

```
[root@localhost ~]# mkdir /home/mysql/{program,data,conf} -p
[root@localhost ~]# mkdir /home/mysql/data/mysqldata1/{mydata,sock,
tmpdir,log,innodb_ts,innodb_log,undo,slowlog,binlog,relaylog} -p
# 查看建立的目錄結果
[root@localhost ~]# tree /home/mysql/   # 如果沒有這個命令，就使用 yum install
tree -y 安裝
/home/mysql/
├── conf
├── data
│   └── mysqldata1
│       ├── binlog
│       ├── innodb_log
│       ├── innodb_ts
│       ├── log
│       ├── mydata
│       ├── slowlog
│       ├── sock
│       ├── tmpdir
│       ├── undo
│       └── relaylog
└── program

13 directories, 0 files
```

1.2.4 解壓縮二進位檔案並設定目錄權限

把二進位檔案解壓縮到 /home/mysql/program 目錄下，並修改程式、資料存放路徑擁有者、群組為 mysql，允許 mysql 使用者對這些目錄和檔案有完全的存取權限。

```
[root@localhost ~]# cd /root
[root@localhost ~]# tar Jxvf mysql-8.0.20-linux-glibc2.12-x86_64.tar.xz
-C/home/mysql/program/
[root@localhost ~]# chown mysql.mysql /home/mysql -R
# 查看 datadir 關鍵目錄的權限是否正確
[root@localhost ~]# ll /home/mysql/data/mysqldata1/
總用量 36
drwxr-xr-x 2 mysql mysql 4096 2月  12 23:07 binlog
```

```
drwxr-xr-x 2 mysql mysql 4096 2 月  12 23:07 innodb_log
drwxr-xr-x 2 mysql mysql 4096 2 月  12 23:07 innodb_ts
drwxr-xr-x 2 mysql mysql 4096 2 月  12 23:07 log
drwxr-xr-x 2 mysql mysql 4096 2 月  12 23:07 mydata
drwxr-xr-x 2 mysql mysql 4096 2 月  12 23:07 slowlog
drwxr-xr-x 2 mysql mysql 4096 2 月  12 23:07 sock
drwxr-xr-x 2 mysql mysql 4096 2 月  12 23:07 tmpdir
drwxr-xr-x 2 mysql mysql 4096 2 月  12 23:07 undo
drwxr-xr-x 2 mysql mysql 4096 2 月  12 23:07 relaylog
```

1.2.5 軟連結程式路徑，並設定 MySQL 命令環境變數

把 /home/mysql/program/mysql-8.0.20-linux-glibc2.12-x86_64 路 徑， 軟 連 結 到 MySQL 預設的程式存取路徑 /usr/local/mysql 下，並將 /usr/local/mysql/bin/ 加到系統環境變數中，如此一來，使用 mysql 相關命令時便不需要輸入絕對路徑。

```
[root@localhost ~]# ln -s\
/home/mysql/program/mysql-8.0.20-linux-glibc2.12-x86_64 /usr/local/mysql
# 查看 basedir 關鍵程式目錄是否可用
[root@localhost ~]# ll /usr/local/mysql/
總用量 68
drwxr-xr-x  2 mysql mysql  4096 2 月  12 23:05 bin
-rw-r--r--  1 mysql mysql 17987 11 月 28 21:36 COPYING
drwxr-xr-x  3 mysql mysql  4096 2 月  12 23:04 data
drwxr-xr-x  2 mysql mysql  4096 2 月  12 23:05 docs
drwxr-xr-x  3 mysql mysql  4096 2 月  12 23:05 include
drwxr-xr-x  3 mysql mysql  4096 2 月  12 23:04 lib
drwxr-xr-x  4 mysql mysql  4096 2 月  12 23:05 man
drwxr-xr-x 10 mysql mysql  4096 2 月  12 23:05 mysql-test
-rw-r--r--  1 mysql mysql  2496 11 月 28 21:36 README
drwxr-xr-x  2 mysql mysql  4096 2 月  12 23:04 scripts
drwxr-xr-x 28 mysql mysql  4096 2 月  12 23:04 share
drwxr-xr-x  4 mysql mysql  4096 2 月  12 23:05 sql-bench
drwxr-xr-x  2 mysql mysql  4096 2 月  12 23:04 support-files

[root@localhost ~]# export PATH=$PATH:/usr/local/mysql/bin/
[root@localhost ~]# echo 'export PATH=$PATH:/usr/local/mysql/bin/' >> /
etc/profile
# 查看環境變數設定是否成功加到 /etc/profile 檔案中
[root@localhost ~]# tail -1 /etc/profile
export PATH=$PATH:/usr/local/mysql/bin/
```

1.2.6 設定 my.cnf 檔案參數

複製範例檔到 /home/mysql/conf 目錄下,並設定好相關路徑系統參數:socket、pid-file、datadir、tmpdir、log-error、slow_query_log_file、log-bin、relay-log、innodb_data_home_dir、innodb_log_group_home_dir、innodb_undo_directory。

```
[root@localhost ~]# cp -ar /usr/local/mysql/support-files/my-default.cnf /home/mysql/conf/my.cnf
[root@localhost ~]# ln -s /home/mysql/conf/my.cnf  /etc/my.cnf

# my.cnf 設定檔內容如下
[root@localhost ~]# cat /home/mysql/conf/my.cnf
[client]
socket=/home/mysql/data/mysqldata1/sock/mysql.sock # sock 檔所在路徑


[mysqld]
user=mysql
basedir = /usr/local/mysql
socket=/home/mysql/data/mysqldata1/sock/mysql.sock # sock 檔所在路徑
pid-file=/home/mysql/data/mysqldata1/sock/mysql.pid # pid 檔所在路徑
datadir=/home/mysql/data/mysqldata1/mydata # 資料檔案路徑
tmpdir=/home/mysql/data/mysqldata1/tmpdir  # 存放暫存檔案的路徑
log-error=/home/mysql/data/mysqldata1/log/error.log
slow_query_log
slow_query_log_file=/home/mysql/data/mysqldata1/slowlog/slow-query.log
log-bin=/home/mysql/data/mysqldata1/binlog/mysql-bin
relay-log=/home/mysql/data/mysqldata1/relaylog/mysql-relay-bin
innodb_data_home_dir = /home/mysql/data/mysqldata1/innodb_ts
innodb_log_group_home_dir = /home/mysql/data/mysqldata1/innodb_log
innodb_undo_directory = /home/mysql/data/mysqldata1/undo/
```

1.2.7 初始化 MySQL

使用 mysql_install_db 命令初始化 MySQL 資料字典庫、ibdata1、log_file* 等檔案。

```
[root@localhost ~]# cd /usr/local/mysql/
[root@localhost mysql]# ./scripts/mysql_install_db --defaults-file=/home/mysql/conf/my.cnf--user=mysql
 Installing MySQL system tables...2020-11-12 23:25:41 0 [Warning] TIMESTAMP
with implicit DEFAULT value is deprecated. Please use --explicit_defaults_
for_timestamp server option (see documentation for more details).
 2020-11-12 23:25:41 0 [Note] Ignoring --secure-file-priv value as server is
running with --bootstrap.
 2020-11-12 23:25:41 0 [Note] ./bin/mysqld (mysqld 8.0.20) starting as
process 8297 ...
```

```
    OK

    Filling help tables...2020-11-12 23:25:44 0 [Warning] TIMESTAMP with
implicit DEFAULT value is deprecated. Please use --explicit_defaults_for_
timestamp server option (see documentation for more details).
    2020-11-12 23:25:44 0 [Note] Ignoring --secure-file-priv value as server is
running with --bootstrap.
    2020-11-12 23:25:44 0 [Note] ./bin/mysqld (mysqld 8.0.20) starting as
process 8319 ...
    OK

    To start mysqld at boot time you have to copy
    support-files/mysql.server to the right place for your system

    PLEASE REMEMBER TO SET A PASSWORD FOR THE MySQL root USER !
    To do so, start the server, then issue the following commands:

      /usr/local/mysql/bin/mysqladmin -u root password 'new-password'
      /usr/local/mysql/bin/mysqladmin -u root -h localhost.localdomain password
'new-password'
    ... 此處省略後續部分輸出

    # 查看關鍵目錄在初始化之後是否有正確的資料檔案、目錄和權限
    [root@localhost mysql]# ll /home/mysql/data/mysqldata1/{mydata,innodb_log,
innodb_ts}/
    /home/mysql/data/mysqldata1/innodb_log/:
    總用量 98304
    -rw-rw---- 1 mysql mysql 50331648 2月  12 23:25 ib_logfile0
    -rw-rw---- 1 mysql mysql 50331648 2月  12 23:25 ib_logfile1

    /home/mysql/data/mysqldata1/innodb_ts/:
    總用量 12288
    -rw-rw---- 1 mysql mysql 12582912 2月  12 23:25 ibdata1

    /home/mysql/data/mysqldata1/mydata/:
    總用量 12
    drwx------ 2 mysql mysql 4096 2月  12 23:25 mysql
    drwx------ 2 mysql mysql 4096 2月  12 23:25 performance_schema
    drwx------ 2 mysql mysql 4096 2月  12 23:25 test
```

　　提示：從 MySQL 5.7 版本刪除了 mysql_install_db 腳本，請直接使用 bin/mysqld
命令處理程序初始化，其中有兩個選項。

● --initialize：以本選項初始化時，會在錯誤日誌寫入一個隨機的 root 密
　碼。初始化完成之後，可於錯誤日誌搜索 password，緊跟其後的字串就
　是隨機密碼（例如，"A temporary password is generated for root@localhost:

XRER<:les9p?"，文字中的粗體字部分即為隨機密碼）。初始化完成並啟動 mysqld 之後，初次登錄需要使用此密碼。

- --initialize-insecure：以本選項初始化時不會產生隨機密碼，而是像 MySQL 5.7 之前的版本一樣，初始化完成之後，第一次登錄資料庫使用空的 root 密碼。

範例：

```
[root@localhost mysql]# mysqld --defaults-file=/etc/my.cnf --initialize

[root@localhost mysql]# mysqld --defaults-file=/etc/my.cnf --initialize-
insecure
```

1.2.8 啟動 MySQL

將 mysql.server 檔複製到 /etc/init.d/ 目錄下，命名為 mysqld 程式，並使用這個腳本啟動和停止 MySQL。

```
[root@localhost mysql]# cp -ar /usr/local/mysql/support-files/mysql.
server/etc/init.d/mysqld
[root@localhost mysql]# chmod +x /etc/init.d/mysqld
# 查看 /etc/init.d/mysqld 是否被成功賦予執行權限
[root@localhost mysql]# ll /etc/init.d/mysqld
-rwxr-xr-x 1 mysql mysql 10875 11 月 28 23:32 /etc/init.d/mysqld

[root@localhost mysql]# service mysqld start
Starting MySQL..                                          [ 確定 ]
# 查看處理程序和通訊埠
[root@localhost mysql]# ps aux |grep mysqld
root     10475  0.0  0.0  11472  1384 pts/2    S    23:37   0:00 /bin/sh /
usr/local/ mysql/bin/mysqld_safe --datadir=/home/mysql/data/mysqldata1/
mydata --pid-file=/home/mysql/ data/mysqldata1/sock/mysql.pid
mysql    10743  0.0 24.2 1078428 464964 pts/2 Sl   23:37   0:00 /usr/local/
mysql/bin/mysqld --basedir=/usr/local/mysql --datadir=/home/ mysql/ data/
mysqldata1/mydata --plugin-dir=/usr/ local/mysql/lib/plugin --user=mysql
--log-error=/home/mysql/data/mysqldata1/log/error.log --pid- file=/home/mysql/
data/mysqldata1/sock/mysql.pid --socket=/home/mysql/data/mysqldata1/sock/
mysql.sock
root     10791  0.0  0.0 103256   860 pts/2    S+   23:46   0:00 grep mysqld
[root@localhost mysql]# netstat -ntupl |grep mysqld
tcp    0   0 :::3306            :::*             LISTEN   10743/mysqld

# 查看錯誤日誌
[root@localhost mysql]# vim /home/mysql/data/mysqldata1/log/error.log
```

```
# 注意：日誌中不能出現 ERROR 錯誤，若看到最後一行輸出版本號和 socket 資訊，表示 MySQL 啟
動成功
    Version: '8.0.20'  socket: '/home/mysql/data/mysqldata1/sock/mysql. sock'
port: 3306  MySQL Community Server (GPL)
```

1.3　簡單安全加固

1.3.1　登錄 MySQL

初始化完成並啟動 MySQL 之後，便可使用免密碼的 root 使用者登錄，同時查看
MySQL 版本和登錄使用者是否為想要的結果。

```
[root@localhost mysql]# mysql
Welcome to the MySQL monitor.  Commands end with ; or \g.
Your MySQL connection id is 1
Server version: 8.0.20 MySQL Community Server (GPL)

Copyright (c) 2000, 2020, Oracle and/or its affiliates. All rights reserved.

Oracle is a registered trademark of Oracle Corporation and/or its
affiliates. Other names may be trademarks of their respective
owners.

Type 'help;' or '\h' for help. Type '\c' to clear the current input
statement.
# 查看目前登錄使用者
mysql> select user();
+----------------+
| user()         |
+----------------+
| root@localhost |
+----------------+
1 row in set (0.00 sec)
# 查看目前 MySQL 版本是否正確
mysql> select version();
+------------+
| version()  |
+------------+
| 8.0.20     |
+------------+
1 row in set (0.00 sec)
```

1.3.2 刪除非 root 或非 localhost 的使用者，並修改 root 密碼

預設情況下，MySQL 初始化完成後，會建立一些預設使用者：匿名使用者、允許 127.0.0.1 和 localhost 登錄的非 root 使用者，建議刪除這些無用且可能對資料庫帶來安全風險的使用者。

提示：MySQL 安全加固也可以使用命令列工具 mysql_secure_installation，根據提示一步一步執行即可。

```
mysql> select user,host from mysql.user;
+-------------------+-----------+
| user              | host      |
+-------------------+-----------+
| mysql.infoschema  | localhost |
| mysql.session     | localhost |
| mysql.sys         | localhost |
| root              | localhost |
+-------------------+-----------+
4 rows in set (0.00 sec)

mysql> delete from mysql.user where user!='root' or host!='localhost';
Query OK, 5 rows affected (0.01 sec)
## 如果是 MySQL 5.7.x（含）之後較新的版本，刪除操作需要排除幾個系統使用者
mysql> DELETE FROM mysql.user WHERE user NOT IN ('mysql.sys', 'mysql.
session','mysqlxsys', 'root','mysql.infoschema') OR host NOT IN ('localhost');

# 查看刪除結果是否正確
mysql> select user,host from mysql.user;
+-------------------+-----------+
| user              | host      |
+-------------------+-----------+
| mysql.infoschema  | localhost |
| mysql.session     | localhost |
| mysql.sys         | localhost |
| root              | localhost |
+-------------------+-----------+
4 rows in set (0.00 sec)

mysql> set password for 'root'@'localhost' = PASSWORD('admin'); # 自 MySQL
5.7.x 版本（含）之後可以不需要 PASSWORD 函數，直接使用純文字密碼也能自動轉換為加密格式密碼
，然後寫入 mysql.user 資料表，且後續版本將移除該用法
Query OK, 0 rows affected (0.00 sec)

mysql> flush privileges;
Query OK, 0 rows affected (0.00 sec)
```

```
mysql>

# 重新使用新密碼登錄 MySQL
[root@localhost mysql]# mysql -uroot -p
Enter password:
Welcome to the MySQL monitor.  Commands end with ; or \g.
Your MySQL connection id is 4
Server version: 8.0.20 MySQL Community Server (GPL)

Copyright (c) 2000, 2020, Oracle and/or its affiliates. All rights reserved.

Oracle is a registered trademark of Oracle Corporation and/or its
affiliates. Other names may be trademarks of their respective
owners.

Type 'help;' or '\h' for help. Type '\c' to clear the current input
statement.

mysql>
```

1.3.3 刪除 test 資料庫，清理 mysql.db 資料表

預設情況下，MySQL 5.6.x（含）版本以前會產生一個測試用途的 test 資料庫，正式環境一般不需要使用，建議可刪除。

MySQL 5.6.x 初始化完成 MySQL 之後，在 mysql.db 資料庫權限等級表中，會有針對 test 資料庫的任意使用者、任意地方的存取權限，亦即：無任何權限或匿名使用者登錄到 MySQL 後，都可以對 test 資料庫進行任意操作。因此，建議完成 MySQL 初始化安裝之後，清理這些不安全的使用者，或者刪除 mysql.db 資料表對 test 資料庫預設的存取權限。

```
mysql> show databases;
+--------------------+
| Database           |
+--------------------+
| information_schema |
| mysql              |
| performance_schema |
| sys                |
+--------------------+
4 rows in set (0.00 sec)
```

如果看到 test 資料庫的話，可執行下列指令。

```
mysql> drop database test;
Query OK, 0 rows affected (0.00 sec)
# 查看刪除結果是否正確
mysql> show databases;
+--------------------+
| Database           |
+--------------------+
| information_schema |
| mysql              |
| performance_schema |
| sys                |
+--------------------+
4 rows in set (0.00 sec)
mysql> select * from mysql.db\G   # 自 MySQL 5.7.x 版本移除 test 資料庫之後，相關
的權限也消失了，但增加了 sys 資料庫，並有對應的預設權限，所以可忽略上述步驟
*************************** 1. row ***************************
                 Host: localhost
                   Db: performance_schema
                 User: mysql.session
          Select_priv: Y
          Insert_priv: N
          Update_priv: N
          Delete_priv: N
          Create_priv: N
            Drop_priv: N
           Grant_priv: N
      References_priv: N
           Index_priv: N
           Alter_priv: N
Create_tmp_table_priv: N
      Lock_tables_priv: N
      Create_view_priv: N
        Show_view_priv: N
   Create_routine_priv: N
    Alter_routine_priv: N
          Execute_priv: N
            Event_priv: N
          Trigger_priv: N
*************************** 2. row ***************************
                 Host: localhost
                   Db: sys
                 User: mysql.sys
          Select_priv: N
          Insert_priv: N
          Update_priv: N
```

```
               Delete_priv: N
               Create_priv: N
                 Drop_priv: N
                Grant_priv: N
           References_priv: N
                Index_priv: N
                Alter_priv: N
       Create_tmp_table_priv: N
           Lock_tables_priv: N
           Create_view_priv: N
             Show_view_priv: N
        Create_routine_priv: N
         Alter_routine_priv: N
              Execute_priv: N
                Event_priv: N
              Trigger_priv: Y
2 rows in set (0.00 sec)

mysql> truncate mysql.db;
Query OK, 0 rows affected (0.00 sec)

## 如果是 MySQL 5.7.x（含）之後較新的版本，則清理操作需要排除幾個系統使用者
mysql> DELETE FROM mysql.db where user NOT IN ('mysql.sys', 'mysql.
session','mysqlxsys', 'root','mysql.infoschema') OR host NOT IN ('localhost') ;

# 查看清理結果是否正確
mysql> select * from mysql.db\G
Empty set (0.00 sec)

mysql> flush privileges;
Query OK, 0 rows affected (0.00 sec)

mysql>
```

提示：自 MySQL 5.7.x 版本已移除 test 資料庫，因此也不存在刪除 test 資料庫這個步驟。如果有使用 test 資料庫的需求，請自行建立。

1.4　建立使用者、資料庫、資料表與資料

不要直接以 DML 語句操作 mysql.user 資料表，而是使用 grant、revoke 或者 create user、drop user 語句。如果非得這麼做的話，請注意 password 欄位名稱變成了 authentication_string。

1.4.1 建立管理者與授權

建立管理者，並為其授予任意位址存取的所有權限（包括 with grant option 權限）。

```
# 建立管理者
mysql> create user 'alvin'@'%' identified by 'admin';
Query OK, 0 rows affected (0.01 sec)

mysql> create user 'alvin'@'localhost' identified by 'admin';
Query OK, 0 rows affected (0.00 sec)

mysql> grant all on *.* to 'alvin'@'%' with grant option;
Query OK, 0 rows affected (0.00 sec)

# 注：在 MySQL 8.0.x 版本中，授予 % 符號位址來源時，同時也包含了 localhost，因此不再單
獨區分
mysql> grant all on *.* to 'alvin'@'localhost' with grant option;
Query OK, 0 rows affected (0.00 sec)

# 使用新建的管理帳號重新登錄 MySQL，並驗證此帳號是否可用
[root@localhost mysql]# mysql -ualvin -p
Enter password:
Welcome to the MySQL monitor.  Commands end with ; or \g.
Your MySQL connection id is 4
Server version: 8.0.20 MySQL Community Server (GPL)

Copyright (c) 2000, 2020, Oracle and/or its affiliates. All rights reserved.

Oracle is a registered trademark of Oracle Corporation and/or its
affiliates. Other names may be trademarks of their respective
owners.

Type 'help;' or '\h' for help. Type '\c' to clear the current input statement.

mysql> show grants;
+--------------------------------------------------------------------+
| Grants for alvin@localhost                                         |
+--------------------------------------------------------------------+
| GRANT ALL PRIVILEGES ON *.* TO 'gangshen'@'localhost' IDENTIFIED BY
PASSWORD '*4ACFE3202A5FF5CF467898FC58AAB1D615029441' WITH GRANT OPTION  |
+--------------------------------------------------------------------+
1 row in set (0.00 sec)
```

1.4.2 建立資料庫、資料表、程式帳號

建立程式帳號（正式環境不建議直接使用 root 帳號，所以這裡新建一個管理員帳號與一個程式帳號）。

程式帳號一般給開發人員使用，給定權限推薦：create routine、alter routine、execute、select、delete、insert、update。

程式帳號需要指定具體的資料庫或資料表，以及具體的存取來源。

```
# 使用管理員帳號建立資料庫、資料表
mysql> create database alvin_db;
Query OK, 1 row affected (0.00 sec)

mysql> use alvin_db;
Database changed
mysql> create table alvin_table(id int primary key auto_increment, alvin_
test varchar(50),datetime_current datetime);
Query OK, 0 rows affected (0.02 sec)

# 建立程式帳號並賦予權限
mysql> create user 'program'@'192.168.2.105' identified by 'admin';
Query OK, 0 rows affected (0.00 sec)

mysql> create user 'program'@'localhost' identified by 'admin';
Query OK, 0 rows affected (0.00 sec)

mysql> grant create routine,alter routine,execute,select,delete, insert,
update on alvin_db.* to 'program'@'localhost';
Query OK, 0 rows affected (0.00 sec)

mysql> grant create routine,alter routine,execute,select,delete,insert,
update on alvin_db.* to 'program'@'192.168.2.105';
Query OK, 0 rows affected (0.00 sec)

mysql> flush privileges;
Query OK, 0 rows affected (0.00 sec)
```

1.4.3 插入資料

改用程式帳號登錄 MySQL，並插入資料。

```
[root@localhost mysql]# mysql -uprogram -p
Enter password:
Welcome to the MySQL monitor.  Commands end with ; or \g.
Your MySQL connection id is 12
```

```
Server version: 8.0.20 MySQL Community Server (GPL)

Copyright (c) 2000, 2020, Oracle and/or its affiliates. All rights reserved.

Oracle is a registered trademark of Oracle Corporation and/or its
affiliates. Other names may be trademarks of their respective owners.

Type 'help;' or '\h' for help. Type '\c' to clear the current input statement.

mysql> select user();
+--------------------+
| user()             |
+--------------------+
| program@localhost  |
+--------------------+
1 row in set (0.00 sec)

# 查看程式帳號的權限是否正確
mysql> show grants;
+--------------------------------------------------------------------+
| Grants for program@localhost                                       |
+--------------------------------------------------------------------+
| GRANT USAGE ON *.* TO 'program'@'localhost'                        |
| GRANT SELECT, INSERT, UPDATE, DELETE, EXECUTE, CREATE ROUTINE, ALTER
ROUTINE ON 'alvin_db'.* TO 'program'@'localhost'                    |
+--------------------------------------------------------------------+
2 rows in set (0.00 sec)

mysql> show databases;
+--------------------+
| Database           |
+--------------------+
| alvin_db           |
| information_schema |
+--------------------+
2 rows in set (0.00 sec)

mysql> use alvin_db;
Database changed
mysql> show tables;
+--------------------+
| Tables_in_alvin_db |
+--------------------+
| alvin_table        |
+--------------------+
1 row in set (0.00 sec)
# 查看資料表結構是否正確
```

```
mysql> show create table alvin_table;
+----------------+------------------------------------------------+
| Table          | Create Table                                   |
+----------------+------------------------------------------------+
| alvin_table | CREATE TABLE 'alvin_table' (
  'id' int(11) NOT NULL AUTO_INCREMENT,
  'alvin_test' varchar(50) DEFAULT NULL,
  'datetime_current' datetime DEFAULT NULL,
  PRIMARY KEY ('id')
) ENGINE=InnoDB DEFAULT CHARSET=latin1                             |
+----------------+------------------------------------------------+
1 row in set (0.04 sec)

mysql> insert into alvin_table('alvin_test','datetime_current') values
('alvin', now());
Query OK, 1 row affected (0.00 sec)
# 查看插入的資料是否正確
mysql> select * from alvin_table;
+----+--------------+---------------------+
| id | alvin_test   | datetime_current    |
+----+--------------+---------------------+
|  1 | alvin        | 2020-11-13 00:21:37 |
+----+--------------+---------------------+
1 row in set (0.00 sec)

mysql>
```

1.5　MySQL 參數範本

可於設定檔加上註解，提示最新版本的變化。

底下列出 MySQL 5.7 版本設定檔的參數範本。

```
[root@localhost ~]# cat /home/mysql/conf/my1.cnf

[client]
loose_default-character-set = utf8
port=3306
socket=/home/mysql/data/mysqldata1/sock/mysql.sock

[mysqldump]
quick
max_allowed_packet = 2G
default-character-set = utf8
```

```
[mysql]
no-auto-rehash
show-warnings
prompt="\\u@\\h : \\d \\r:\\m:\\s> "
default-character-set = utf8

[myisamchk]
key_buffer = 512M
sort_buffer_size = 512M
read_buffer = 8M
write_buffer = 8M

[mysqlhotcopy]
interactive-timeout

[mysqld_safe]
user=mysql
open-files-limit = 65535

[mysqld]
#large-pages
#***********************common parameters*************************
default-storage-engine = INNODB
character-set-server=utf8
collation_server = utf8_bin
log_timestamps=SYSTEM

user=mysql
port=3306
socket=/home/mysql/data/mysqldata1/sock/mysql.sock
pid-file=/home/mysql/data/mysqldata1/sock/mysql.pid
datadir=/home/mysql/data/mysqldata1/mydata
tmpdir=/home/mysql/data/mysqldata1/tmpdir

skip-name-resolve
skip_external_locking

lower_case_table_names=1
event_scheduler=0
back_log=512
default-time-zone='+8:00'

max_connections = 3000
max_connect_errors=99999
max_allowed_packet = 64M
slave_pending_jobs_size_max=128M
```

```
max_heap_table_size = 8M
max_length_for_sort_data = 16k

wait_timeout=172800
interactive_timeout=172800

net_buffer_length = 8K
read_buffer_size = 2M
read_rnd_buffer_size = 2M
sort_buffer_size = 2M
join_buffer_size = 4M
binlog_cache_size = 2M

table_open_cache = 4096
table_open_cache_instances = 2
table_definition_cache = 4096
thread_cache_size = 512
tmp_table_size = 8M

# MySQL 8.0.3 版本已移除 QC 系統變數
query_cache_size=0
query_cache_type=OFF


#*********************** Logs related settings **********************
log-error=/home/mysql/data/mysqldata1/log/error.log
long_query_time = 1
slow_query_log
slow_query_log_file=/home/mysql/data/mysqldata1/slowlog/slow-query.log
log_slow_slave_statements
#log_queries_not_using_indexes

#********************** Replication related settings ***************

#### For Master
server-id=330614
log-bin=/home/mysql/data/mysqldata1/binlog/mysql-bin
binlog-format=ROW
binlog-checksum=CRC32
binlog-rows-query-log-events=1
binlog_max_flush_queue_time=1000
max_binlog_size = 512M
expire_logs_days=15
sync_binlog=1
master-verify-checksum=1
master-info-repository=TABLE
auto_increment_increment=2
```

```
auto_increment_offset=2
```
開啟多執行緒複製之後，如果資料庫意外掛掉，使用 relay_log_recovery=1 crash recovery 時會到 relay log 找尋用於補齊 gaps 的日誌資訊，如果 relay log 沒有即時寫入，將導致複製啟動可能會報出 ERROR 1872 (HY000): Slave failed to initialize relay log info structure from the repository 的錯誤，建議以 sync_relay_log=1 儘量避免。如果不能調整 sync_relay_log 參數為 1，則在報錯時需使用 stop slave;change master to master_auto_position=1;start slave; 這幾筆語句會從資料庫清理掉 relay log，然後重新到主資料庫找尋位置

```
# sync_relay_log=1


#### For Slave
relay-log=/home/mysql/data/mysqldata1/relaylog/mysql-relay-bin
relay-log-info-repository=TABLE
relay-log-recovery=1
#slave-skip-errors=1022,1032,1062,1236
slave-parallel-workers=4
slave-sql-verify-checksum=1
log_bin_trust_function_creators=1
log_slave_updates=1
slave-net-timeout=10


#******************** MyISAM Specific options ********************
key_buffer_size = 8M
bulk_insert_buffer_size = 8M
myisam_sort_buffer_size = 64M
myisam_max_sort_file_size = 10G
myisam_repair_threads = 1
myisam_recover_options=force


# ******************** INNODB Specific options ********************
#### Data options
innodb_data_home_dir = /home/mysql/data/mysqldata1/innodb_ts
innodb_data_file_path = ibdata1:2048M:autoextend
innodb_file_per_table
```
MySQL 8.0 已移除下列三個 format 系統變數，內部預設使用 barracuda
```
innodb_file_format = barracuda
innodb_file_format_max = barracuda
innodb_file_format_check = ON
innodb_strict_mode = 1
innodb_flush_method = O_DIRECT
innodb_checksum_algorithm=crc32
innodb_autoinc_lock_mode=2


#### Buffer Pool options
innodb_buffer_pool_size = 6G
innodb_buffer_pool_instances = 4
innodb_max_dirty_pages_pct = 75
```

```
innodb_adaptive_flushing = ON
innodb_flush_neighbors = 0
innodb_lru_scan_depth = 4096
innodb_change_buffering = all
innodb_old_blocks_time = 1000
innodb_buffer_pool_dump_at_shutdown=ON
innodb_buffer_pool_load_at_startup=ON
# MySQL 8.0 已廢棄
# innodb_adaptive_hash_index_partitions=32


#### Redo options
innodb_log_group_home_dir = /home/mysql/data/mysqldata1/innodb_log
innodb_log_buffer_size = 128M
innodb_log_file_size = 2G
innodb_log_files_in_group = 2
innodb_flush_log_at_trx_commit = 1
innodb_fast_shutdown = 1
# MySQL 8.0 已廢棄，內部預設開啟 XA
innodb_support_xa = ON


#### Transaction options
innodb_thread_concurrency = 64
innodb_lock_wait_timeout = 120
innodb_rollback_on_timeout = 1
transaction_isolation = READ-COMMITTED


#### IO options
performance_schema=on
innodb_read_io_threads = 8
innodb_write_io_threads = 16
innodb_io_capacity = 20000
innodb_use_native_aio = 1


#### Undo options
innodb_undo_directory = /home/mysql/data/mysqldata1/undo/
innodb_undo_tablespaces=4
innodb_undo_log_truncate=ON
innodb_purge_threads = 4
innodb_purge_batch_size = 512
innodb_max_purge_lag = 65536


#### MySQL 5.6
#### GTID
gtid-mode=on # GTID only
enforce-gtid-consistency=true # GTID only
optimizer_switch='mrr=on,mrr_cost_based=off,batched_key_access=on'
```

```
#### MySQL 5.7
#super_read_only=on
explicit_defaults_for_timestamp=ON
secure_file_priv=null
slave_parallel_type=LOGICAL_CLOCK
slave_rows_search_algorithms='INDEX_SCAN,HASH_SCAN'
innodb_page_cleaners=4
```

溫馨提示：關於文中提到的參數的詳細解釋，可參考本書下載資源中的「附錄 C」（網址：http://www.broadview.com.cn/37520）。

第 2 章

MySQL 常用的兩種升級方法

第 1 章介紹了如何安裝 MySQL，後續如果碰到版本有 Bug，或者想使用更新版本的新特性，那麼就需要做升級的工作。本章將為大家介紹兩種升級 MySQL 的常用方法，可先準備好一台 Linux 伺服器，跟隨本章內容同步操作（編註：若是新安裝 MySQL 8.0.x 版本的讀者，可直接跳過本章的內容）。

2.1 背景

以 MySQL 5.5.54 二進位版本安裝單一實例（5.5.x 版本不支援 innodb_undo_directory 參數，請從設定檔移除），再使用 MySQL 5.6.35 二進位版本升級。

作業系統使用 CentOS 6.5 x64。

提示：由於本章內容屬於實驗性質，所以選擇本機直接升級。正式環境建議另外建置一個實例環境，把備份資料複製過去後再執行升級。

2.2 MySQL 5.5.54 的安裝

關於 MySQL 的安裝，請參考 1.2 節內容。

注意：

- MySQL 5.5.x 不支援 innodb_undo_directory 參數，請從設定檔移除。

- MySQL 5.5.x 初始化完成之後，不會產生 ibdata1 和 ib_logfile* 檔案，啟動時才產生。

- MySQL 5.5.x 的 mysql_install_db 是 shell 腳本，只支援 UNIX 平台上使用。MySQL 5.6.8 版本之後以 Perl 進行改寫，可於任意安裝 Perl 語言的平台上使用。

2.3 升級 MySQL 5.5.54 到 MySQL 5.6.35

2.3.1 使用 mysql_upgrade 直接升級資料字典庫

使用 mysql_upgrade 直接升級資料字典庫,這種升級方式不可跨越大版本。

1. 停止 MySQL 5.5.54

先查看 sql_mode,記下其值。

```
mysql> show variables like '%sql_mode%';
Variable_name: sql_mode
        Value:
1 row in set (0.00 sec)
```

動態修改 innodb_fast_shutdown=0,以執行 full purge(當 innodb_fast_shutdown=0,MySQL 在關閉 mysqld 處理程序時,會先清理不再需要的 undo log page,該清理動作非人為觸發)和插入緩衝合併等操作,以乾淨的方式關閉 MySQL。

```
[root@localhost mysql]# mysql -ualvin -p
Enter password:
Welcome to the MySQL monitor.  Commands end with ; or \g.
Your MySQL connection id is 5
Server version: 5.5.54-log MySQL Community Server (GPL)

Copyright (c) 2000, 2013, Oracle and/or its affiliates. All rights reserved.

Oracle is a registered trademark of Oracle Corporation and/or its
affiliates. Other names may be trademarks of their respective
owners.

Type 'help;' or '\h' for help. Type '\c' to clear the current input statement.

mysql> set global innodb_fast_shutdown=0;
Query OK, 0 rows affected (0.00 sec)


[root@localhost mysql]# service mysqld stop
Shutting down MySQL..                                   [  OK  ]

# 確認 MySQL 已經停止
[root@localhost mysql]# ps aux |grep mysqld_safe |grep -v grep
[root@localhost mysql]# netstat -ntupl |grep mysqld
tcp    0   0 :::9104           :::*             LISTEN    1968/mysqld_exporte
```

2. 在 my.cnf 加入 skip_grant_tables 參數

在 my.cnf 加入 skip_grant_tables 參數，確保升級之前，以不載入系統字典庫的方式啟動 MySQL。

```
[root@localhost mysql]# cat /etc/my.cnf
[client]
socket=/home/mysql/data/mysqldata1/sock/mysql.sock # sock 檔所在路徑
[mysqld]
user=mysql
basedir = /usr/local/mysql
socket=/home/mysql/data/mysqldata1/sock/mysql.sock # sock 檔所在路徑
pid-file=/home/mysql/data/mysqldata1/sock/mysql.pid # pid 檔所在路徑
datadir=/home/mysql/data/mysqldata1/mydata # 資料檔案路徑
tmpdir=/home/mysql/data/mysqldata1/tmpdir  # 存放暫存檔案的路徑
log-error=/home/mysql/data/mysqldata1/log/error.log
slow_query_log
slow_query_log_file=/home/mysql/data/mysqldata1/slowlog/slow-query.log
log-bin=/home/mysql/data/mysqldata1/binlog/mysql-bin
relay-log=/home/mysql/data/mysqldata1/relaylog/mysql-relay-bin
innodb_data_home_dir = /home/mysql/data/mysqldata1/innodb_ts
innodb_log_group_home_dir = /home/mysql/data/mysqldata1/innodb_log
skip_grant_tables
```

3. 替換 basedir

解壓縮 MySQL 5.6.35 二進位檔案，並把 MySQL 5.5.54 的 basedir 替換為 MySQL 5.6.35 的 basedir。

```
[root@localhost mysql]# cd /usr/local/
[root@localhost local]# ll
total 44
drwxr-xr-x. 2 root root 4096 Oct 27 17:54 bin
drwxr-xr-x. 2 root root 4096 Jun 28  2011 etc
drwxr-xr-x. 2 root root 4096 Jun 28  2011 games
drwxr-xr-x. 2 root root 4096 Jun 28  2011 include
drwxr-xr-x. 2 root root 4096 Jun 28  2011 lib
drwxr-xr-x. 2 root root 4096 Jun 28  2011 lib64
drwxr-xr-x. 2 root root 4096 Jun 28  2011 libexec
lrwxrwxrwx  1 root root   49 Feb 13 16:10 mysql -> /home/mysql/program/
mysql-5.5.54- linux2.6-x86_64/
drwxr-xr-x  3 root root 4096 Jan 16 14:16 qflame
drwxr-xr-x. 2 root root 4096 Jun 28  2011 sbin
drwxr-xr-x. 5 root root 4096 Jan 29  2016 share
drwxr-xr-x. 2 root root 4096 Jun 28  2011 src
[root@localhost local]# unlink mysql
[root@localhost local]# ll
```

```
total 44
drwxr-xr-x. 2 root root 4096 Oct 27 17:54 bin
drwxr-xr-x. 2 root root 4096 Jun 28  2011 etc
drwxr-xr-x. 2 root root 4096 Jun 28  2011 games
drwxr-xr-x. 2 root root 4096 Jun 28  2011 include
drwxr-xr-x. 2 root root 4096 Jun 28  2011 lib
drwxr-xr-x. 2 root root 4096 Jun 28  2011 lib64
drwxr-xr-x. 2 root root 4096 Jun 28  2011 libexec
drwxr-xr-x  3 root root 4096 Jan 16 14:16 qflame
drwxr-xr-x. 2 root root 4096 Jun 28  2011 sbin
drwxr-xr-x. 5 root root 4096 Jan 29  2016 share
drwxr-xr-x. 2 root root 4096 Jun 28  2011 src
[root@localhost local]# ln -s /home/mysql/ program/mysql-5.6.35-linux-
glibc2.5-x86_64/ /usr/local/mysql
[root@localhost local]# ll /usr/local/
total 44
drwxr-xr-x. 2 root root 4096 Oct 27 17:54 bin
drwxr-xr-x. 2 root root 4096 Jun 28  2011 etc
drwxr-xr-x. 2 root root 4096 Jun 28  2011 games
drwxr-xr-x. 2 root root 4096 Jun 28  2011 include
drwxr-xr-x. 2 root root 4096 Jun 28  2011 lib
drwxr-xr-x. 2 root root 4096 Jun 28  2011 lib64
drwxr-xr-x. 2 root root 4096 Jun 28  2011 libexec
lrwxrwxrwx  1 root root   55 Feb 13 17:20 mysql -> /home/mysql/program/
mysql-5.6.35- linux-glibc2.5-x86_64/
drwxr-xr-x  3 root root 4096 Jan 16 14:16 qflame
drwxr-xr-x. 2 root root 4096 Jun 28  2011 sbin
drwxr-xr-x. 5 root root 4096 Jan 29  2016 share
drwxr-xr-x. 2 root root 4096 Jun 28  2011 src
```

4. 備份資料

升級前一定要備份與資料相關的所有檔案，包括 datadir、ib_logfile*、ibdata1 和 binlog；當升級過程發生意外時，便可透過備份迅速還原（rollback）升級操作。這裡直接備份整個 data 目錄。

```
[root@localhost mysql]# cd /home/mysql/
[root@localhost mysql]# cp -ar data/ data.bak
[root@localhost mysql]# ll
total 28
drwxr-xr-x 2 mysql mysql 4096 Feb 13 17:30 conf
drwxr-xr-x 3 mysql mysql 4096 Dec 10 21:06 data
drwxr-xr-x 3 mysql mysql 4096 Dec 10 21:06 data.bak
drwxr-xr-x 4 mysql mysql 4096 Feb 13 17:01 program
```

5. 啟動並升級 MySQL

確保替換 basedir，以及在設定檔 my.cnf 的 [mysqld] 下增加 skip_grant_tables 參數後，就可以啟動 MySQL 了；啟動之後以 mysql_upgrade 命令升級資料字典庫。

```
[root@localhost local]# service mysqld start
Starting MySQL...                                        [  OK  ]

# 直接以 mysql 命令測試是否可以免密碼登錄
[root@localhost local]# mysql
Welcome to the MySQL monitor.  Commands end with ; or \g.
Your MySQL connection id is 1
Server version: 5.6.35-log MySQL Community Server (GPL)

Copyright (c) 2000, 2016, Oracle and/or its affiliates. All rights reserved.

Oracle is a registered trademark of Oracle Corporation and/or its
affiliates. Other names may be trademarks of their respective
owners.

Type 'help;' or '\h' for help. Type '\c' to clear the current input statement.

mysql> Ctrl-C -- exit!
Aborted

# 以 mysql_upgrade 命令升級資料字典庫。請注意：使用 mysql_upgrade 命令時需透過管理員帳
號，且加上使用者名稱和密碼，否則會出現拒絕存取的錯誤
[root@localhost local]# mysql_upgrade -uroot -p
Enter password:
Warning: Using a password on the command line interface can be insecure.
Looking for 'mysql' as: mysql
Looking for 'mysqlcheck' as: mysqlcheck
Running 'mysqlcheck' with connection arguments: '--socket=/home/mysql/
data/mysqldata1/ sock/mysql.sock'
Running 'mysqlcheck' with connection arguments: '--socket=/home/mysql/
data/mysqldata1/ sock/mysql.sock'
mysql.columns_priv                                 OK
mysql.db                                           OK
mysql.event                                        OK
mysql.func                                         OK
mysql.general_log                                  OK
mysql.help_category                                OK
mysql.help_keyword                                 OK
mysql.help_relation                                OK
mysql.help_topic                                   OK
mysql.host                                         OK
mysql.innodb_index_stats                           OK
```

```
   mysql.innodb_table_stats                              OK
   mysql.ndb_binlog_index                                OK
   mysql.plugin                                          OK
   mysql.proc                                            OK
   mysql.procs_priv                                      OK
   mysql.proxies_priv                                    OK
   mysql.servers                                         OK
   mysql.slave_master_info                               OK
   mysql.slave_relay_log_info                            OK
   mysql.slave_worker_info                               OK
   mysql.slow_log                                        OK
   mysql.tables_priv                                     OK
   mysql.time_zone                                       OK
   mysql.time_zone_leap_second                           OK
   mysql.time_zone_name                                  OK
   mysql.time_zone_transition                            OK
   mysql.time_zone_transition_type                       OK
   mysql.user                                            OK
   Running 'mysql_fix_privilege_tables'...
   Running 'mysqlcheck' with connection arguments: '--socket=/home/mysql/
data/mysqldata1/ sock/mysql.sock'
   Running 'mysqlcheck' with connection arguments: '--socket=/home/mysql/
data/mysqldata1/ sock/mysql.sock'
   mysql.columns_priv                                    OK
   mysql.db                                              OK
   mysql.event                                           OK
   mysql.func                                            OK
   mysql.general_log                                     OK
   mysql.help_category                                   OK
   mysql.help_keyword                                    OK
   mysql.help_relation                                   OK
   mysql.help_topic                                      OK
   mysql.host                                            OK
   mysql.innodb_index_stats                              OK
   mysql.innodb_table_stats                              OK
   mysql.ndb_binlog_index                                OK
   mysql.plugin                                          OK
   mysql.proc                                            OK
   mysql.procs_priv                                      OK
   mysql.proxies_priv                                    OK
   mysql.servers                                         OK
   mysql.slave_master_info                               OK
   mysql.slave_relay_log_info                            OK
   mysql.slave_worker_info                               OK
   mysql.slow_log                                        OK
   mysql.tables_priv                                     OK
   mysql.time_zone                                       OK
```

```
mysql.time_zone_leap_second                                      OK
mysql.time_zone_name                                             OK
mysql.time_zone_transition                                       OK
mysql.time_zone_transition_type                                  OK
mysql.user                                                       OK
performance_schema.accounts                                      OK
performance_schema.cond_instances                                OK
performance_schema.events_stages_current                         OK
performance_schema.events_stages_history                         OK
performance_schema.events_stages_history_long                    OK
performance_schema.events_stages_summary_by_account_by_event_name OK
performance_schema.events_stages_summary_by_host_by_event_name OK
performance_schema.events_stages_summary_by_thread_by_event_name OK
performance_schema.events_stages_summary_by_user_by_event_name OK
performance_schema.events_stages_summary_global_by_event_name OK
performance_schema.events_statements_current                     OK
performance_schema.events_statements_history                     OK
performance_schema.events_statements_history_long OK
performance_schema.events_statements_summary_by_account_by_event_name OK
performance_schema.events_statements_summary_by_digest OK
performance_schema.events_statements_summary_by_host_by_event_name OK
performance_schema.events_statements_summary_by_thread_by_event_name OK
performance_schema.events_statements_summary_by_user_by_event_name OK
performance_schema.events_statements_summary_global_by_event_name OK
performance_schema.events_waits_current                          OK
performance_schema.events_waits_history                          OK
performance_schema.events_waits_history_long                     OK
performance_schema.events_waits_summary_by_account_by_event_name OK
performance_schema.events_waits_summary_by_host_by_event_name OK
performance_schema.events_waits_summary_by_instance OK
performance_schema.events_waits_summary_by_thread_by_event_name OK
performance_schema.events_waits_summary_by_user_by_event_name OK
performance_schema.events_waits_summary_global_by_event_name OK
performance_schema.file_instances                                OK
performance_schema.file_summary_by_event_name                    OK
performance_schema.file_summary_by_instance                      OK
performance_schema.host_cache                                    OK
performance_schema.hosts                                         OK
performance_schema.mutex_instances                               OK
performance_schema.objects_summary_global_by_type OK
performance_schema.performance_timers                            OK
performance_schema.rwlock_instances                              OK
performance_schema.session_account_connect_attrs OK
performance_schema.session_connect_attrs                         OK
performance_schema.setup_actors                                  OK
performance_schema.setup_consumers                               OK
performance_schema.setup_instruments                             OK
```

```
performance_schema.setup_objects                        OK
performance_schema.setup_timers                         OK
performance_schema.socket_instances                     OK
performance_schema.socket_summary_by_event_name         OK
performance_schema.socket_summary_by_instance           OK
performance_schema.table_io_waits_summary_by_index_usage OK
performance_schema.table_io_waits_summary_by_table OK
performance_schema.table_lock_waits_summary_by_table OK
performance_schema.threads                              OK
performance_schema.users                                OK
alvin_db.alvin_table                                    OK
OK
```

注意：每一個步驟都要輸出 OK，且最後一列要有一個整體的 OK。看到這些 OK 後，就表示所有的資料字典表升級成功了

6. 重啓 MySQL 並存取資料，測試升級之後能否正常使用

在 my.cnf 移除 skip_grant_tables 參數並重啟 MySQL 後，請查看 MySQL 版本、使用者權限，然後存取使用者資料，看看是否正常。

```
[root@localhost local]# cat /etc/my.cnf
[client]
socket=/home/mysql/data/mysqldata1/sock/mysql.sock # sock 檔所在路徑
[mysqld]
user=mysql
basedir = /usr/local/mysql
socket=/home/mysql/data/mysqldata1/sock/mysql.sock # sock 檔所在路徑
pid-file=/home/mysql/data/mysqldata1/sock/mysql.pid # pid 檔所在路徑
datadir=/home/mysql/data/mysqldata1/mydata # 資料檔案路徑
tmpdir=/home/mysql/data/mysqldata1/tmpdir # 存放暫存檔案的路徑
log-error=/home/mysql/data/mysqldata1/log/error.log
slow_query_log
slow_query_log_file=/home/mysql/data/mysqldata1/slowlog/slow-query.log
log-bin=/home/mysql/data/mysqldata1/binlog/mysql-bin
relay-log=/home/mysql/data/mysqldata1/relaylog/mysql-relay-bin
innodb_data_home_dir = /home/mysql/data/mysqldata1/innodb_ts
innodb_log_group_home_dir = /home/mysql/data/mysqldata1/innodb_log
# skip_grant_options

[root@localhost local]# service mysqld restart
Shutting down MySQL..                                   [  OK  ]
Starting MySQL.                                         [  OK  ]


[root@localhost local]# mysql -uprogram -p
```

```
Enter password:
Welcome to the MySQL monitor.  Commands end with ; or \g.
Your MySQL connection id is 3
Server version: 5.6.35-log MySQL Community Server (GPL)

Copyright (c) 2000, 2013, Oracle and/or its affiliates. All rights reserved.

Oracle is a registered trademark of Oracle Corporation and/or its
affiliates. Other names may be trademarks of their respective
owners.

Type 'help;' or '\h' for help. Type '\c' to clear the current input statement.

mysql> select user();
+-------------------+
| user()            |
+-------------------+
| program@localhost |
+-------------------+
1 row in set (0.00 sec)
# 查看升級之後的版本
mysql> select version();
+------------+
| version()  |
+------------+
| 5.6.35-log |
+------------+
1 row in set (0.00 sec)
# 查看程式使用者權限
mysql> show grants;
+----------------------------------------------------+
| Grants for program@localhost                       |
+----------------------------------------------------+
| GRANT USAGE ON *.* TO 'program'@'localhost' IDENTIFIED BY PASSWORD
<secret>   |
| GRANT SELECT, INSERT, UPDATE, DELETE, EXECUTE, CREATE ROUTINE, ALTER
ROUTINE ON 'alvin_db'.* TO 'program'@'localhost' |
+----------------------------------------------------+
2 rows in set (0.00 sec)

# 存取使用者資料
mysql> show databases;
+--------------------+
| Database           |
+--------------------+
| information_schema |
| alvin_db           |
```

```
+---------------------+
2 rows in set (0.01 sec)

mysql> use alvin_db;
Reading table information for completion of table and column names
You can turn off this feature to get a quicker startup with -A

Database changed
mysql> show tables;
+----------------------+
| Tables_in_alvin_db   |
+----------------------+
| alvin_table          |
+----------------------+
1 row in set (0.00 sec)

mysql> select * from alvin_table;
+----+--------------+---------------------+
| id | alvin_test   | datetime_current    |
+----+--------------+---------------------+
|  1 | alvin        | 2020-12-13 17:15:15 |
+----+--------------+---------------------+
1 row in set (0.00 sec)

mysql> insert into alvin_table(alvin_test,datetime_current) values
('alvin', now());
Query OK, 1 row affected (0.01 sec)

mysql> select * from alvin_table;
+----+--------------+---------------------+
| id | alvin_test   | datetime_current    |
+----+--------------+---------------------+
|  1 | alvin        | 2020-12-13 17:15:15 |
|  2 | alvin        | 2020-12-13 17:41:23 |
+----+--------------+---------------------+
2 rows in set (0.00 sec)
```

查看新版本的 sql_mode 值，如果與舊版本相同，則忽略此步驟；如果不一樣，則設定為與舊版本相同的 sql_mode 值（建議與相關人員確定舊版本中特定的 sql_mode 是否與業務相關，如果是，則得修改為舊版本的 sql_mode 值；如果不相關，則自行評估）。

```
mysql> show variables like '%sql_mode%'\G
Variable_name: sql_mode
        Value: NO_ENGINE_SUBSTITUTION
1 row in set (0.00 sec)
```

```
mysql> set global sql_mode=''; # 必須全域修改 sql_mode 值，並把 sql_mode 加到
my.cnf 中
Query OK, 0 rows affected (0.00 sec)
```

2.3.2 使用 mysqldump 邏輯備份資料

使用 mysqldump 邏輯備份資料，這種方式等於先利用 mysqldump 以邏輯的方式備份資料，並儲存到 SQL 檔案，等待完整安裝好新版本 MySQL 5.6.35 後，再把備份的 SQL 檔案匯入新版本，然後執行 mysql_upgrade 升級資料字典庫（也可以不執行，但如果資料字典庫的資料表結構發生變更，則可能會出現異常事件，如：MySQL 5.6 升級到 MySQL 5.7，後者 mysql.user 資料表的 password 欄位變成了 authentication_string）。

如果不需要在備份檔案產生「SET @@GLOBAL.GTID_PURGED=xxx」語句，例如：當使用備份臨時恢復資料，或者以備份建置備援資料庫，或者主資料庫發生誤操作，卻在其他實例（通常存在複製延遲的備援資料庫，因為有延遲現象，造成誤操作還未同步，因此可以找到誤刪除的原始資料）dump（匯出）誤操作的資料來恢復時，則可使用 --set-gtid-purged=OFF 選項。這樣在備份檔案就不會產生「SET @@GLOBAL.GTID_PURGED=xxx」語句，以防止在恢復資料時，因為目標實例的 gtid_purged 系統變數非空，而無法執行該語句，最終導致整個資料檔案無法匯入的情況。

1. 安裝並初始化 MySQL 5.6.35

關於安裝並初始化 MySQL，請參考 1.2 節內容。

2. 使用 mysqldump 備份整個實例

先查看 sql_mode，記下其值。

```
mysql> show variables like '%sql_mode%'\G
Variable_name: sql_mode
        Value: NO_ENGINE_SUBSTITUTION
1 row in set (0.00 sec)
```

執行 flush table with read lock 加上全域唯讀鎖，並設定資料庫為唯讀狀態，然後再備份資料。

```
[root@localhost mysql]# mysql -ualvin -p
Enter password:
Welcome to the MySQL monitor.  Commands end with ; or \g.
Your MySQL connection id is 7
Server version: 5.5.54-log MySQL Community Server (GPL)

Copyright (c) 2000, 2016, Oracle and/or its affiliates. All rights reserved.

Oracle is a registered trademark of Oracle Corporation and/or itsaffiliates.
Other names may be trademarks of their respective owners.

Type 'help;' or '\h' for help. Type '\c' to clear the current input
statement.

mysql> flush table with read lock;
Query OK, 0 rows affected (0.01 sec)

mysql> set global read_only=ON;
Query OK, 0 rows affected (0.00 sec)

mysql> Ctrl-C -- exit!

Aborted[root@ localhost local]# mysqldump -u root -p --add-drop-table
--routines -events --all-databases --force > /home/mysql/data/data-for-
upgrade.sql
Enter password:
[root@localhost local]# vim /home/mysql/data/data-for-upgrade.sql
[root@localhost local]# vim /home/mysql/data/data-for-upgrade.sql
[root@localhost local]# service mysqld stop
Shutting down MySQL..                                          [  OK  ]
[root@localhost local]# ll /home/mysql/data/data-for-upgrade.sql
-rw-r--r-- 1 root root 556738 Feb 13 19:31 /home/mysql/data/ data-for-
upgrade.sql
```

3. 安裝 MySQL 5.6.35

停止 MySQL 5.5.54，並替換其 basedir 為 MySQL 5.6.35 的 basedir，備份資料目錄。

```
[root@localhost local]# service mysqld stop
Shutting down MySQL..                                          [  OK  ]
# 查看 MySQL 是否停止成功
[root@localhost local]# ps aux |grep mysqld_safe
root    28775 0.0 0.0 103252  844 pts/0   S+  18:47  0:00 grep mysqld_safe
[root@localhost local]# netstat -ntupl |grep mysqld
tcp     0    0 :::9104        :::*            LISTEN    1968/mysqld_exporte

# 解壓縮 MySQL 5.6.35 二進位檔案
```

```
[root@localhost mysql]# cd
[root@localhost ~]# ll
total 724992
drwxr-xr-x  2 root root      4096 Jan 29  2016 Desktop
drwxr-xr-x  2 root root      4096 Jan 29  2016 Documents
drwxr-xr-x  2 root root      4096 Jan 29  2016 Downloads
drwxr-xr-x  3 root root      4096 Jan 29  2016 install
-rw-r--r--. 1 root root      1971 Jan 29  2016 ks-post.log
-rw-r--r--. 1 root root      1111 Jan 29  2016 ks-pre.log
drwxr-xr-x  7 root root      4096 Dec  8  2015 MLNX_OFED_LINUX-3.1-1.1.0.1-
rhel6.6-x86_64
-rw-r--r--  1 root root 236676414 Jan 29  2016 MLNX_OFED_LINUX-3.1-1.1.0.1-
rhel6.6- x86_64.tgz
drwxr-xr-x  2 root root      4096 Jan 29  2016 Music
-rw-r--r--  1 root root 185911232 Feb 13 15:58 mysql-5.5.54-
linux2.6-x86_64.tar.gz
-rw-r--r--  1 root root 314581668 Jan 17 16:49 mysql-5.6.35-linux-
glibc2.5-x86_64.tar.gz
-rw-r--r--  1 root root   5053796 May 13  2016 percona-xtrabackup-2.2.12-1.
el6.x86_64.rpm
drwxr-xr-x  2 root root      4096 Jan 29  2016 Pictures
drwxr-xr-x  2 root root      4096 Jan 29  2016 Public
-rw-r--r--  1 root root     95240 Feb 22  2016 rlwrap-0.42- 1.el6.x86_64.
rpm
drwxr-xr-x  2 root root      4096 Jan 29  2016 Templates
drwxr-xr-x  2 root root      4096 Jan 29  2016 Videos
[root@localhost ~]# tar xvf mysql-5.6.35-linux-glibc2.5- x86_64.tar.gz -C
/home/mysql/program/

# 替換 basedir
[root@localhost local]# cd /usr/local/
[root@localhost local]# ll
total 44
drwxr-xr-x. 2 root root 4096 Oct 27 17:54 bin
drwxr-xr-x. 2 root root 4096 Jun 28  2011 etc
drwxr-xr-x. 2 root root 4096 Jun 28  2011 games
drwxr-xr-x. 2 root root 4096 Jun 28  2011 include
drwxr-xr-x. 2 root root 4096 Jun 28  2011 lib
drwxr-xr-x. 2 root root 4096 Jun 28  2011 lib64
drwxr-xr-x. 2 root root 4096 Jun 28  2011 libexec
lrwxrwxrwx  1 root root   49 Feb 13 18:04 mysql -> /home/mysql/program/
mysql-5.5.54- linux2.6-x86_64/
drwxr-xr-x  3 root root 4096 Jan 16 14:16 qflame
drwxr-xr-x. 2 root root 4096 Jun 28  2011 sbin
drwxr-xr-x. 5 root root 4096 Jan 29  2016 share
drwxr-xr-x. 2 root root 4096 Jun 28  2011 src
[root@localhost local]# unlink mysql
```

```
[root@localhost local]# ln -s /home/mysql/program/mysql- 5.6.35-linux-
glibc2.5-x86_64/ /usr/local/mysql
[root@localhost local]# ll
total 44
drwxr-xr-x. 2 root root 4096 Oct 27 17:54 bin
drwxr-xr-x. 2 root root 4096 Jun 28  2011 etc
drwxr-xr-x. 2 root root 4096 Jun 28  2011 games
drwxr-xr-x. 2 root root 4096 Jun 28  2011 include
drwxr-xr-x. 2 root root 4096 Jun 28  2011 lib
drwxr-xr-x. 2 root root 4096 Jun 28  2011 lib64
drwxr-xr-x. 2 root root 4096 Jun 28  2011 libexec
lrwxrwxrwx  1 root root   55 Feb 13 18:46 mysql -> /home/mysql/program/
mysql-5.6.35- linux-glibc2.5-x86_64/
drwxr-xr-x  3 root root 4096 Jan 16 14:16 qflame
drwxr-xr-x  2 root root 4096 Jun 28  2011 sbin
drwxr-xr-x. 5 root root 4096 Jan 29  2016 share
drwxr-xr-x. 2 root root 4096 Jun 28  2011 src

# 備份資料目錄
[root@localhost local]# cd /home/mysql/
[root@localhost mysql]# ll
total 24
drwxr-xr-x 2 mysql mysql 4096 Feb 13 17:36 conf
drwxr-xr-x 3 mysql mysql 4096 Feb 13 18:32 data
drwxr-xr-x 4 mysql mysql 4096 Feb 13 17:01 program
[root@localhost mysql]# cp -ar data/ data.bak
[root@localhost mysql]# ll
total 28
drwxr-xr-x 2 mysql mysql 4096 Feb 13 17:36 conf
drwxr-xr-x 3 mysql mysql 4096 Feb 13 18:32 data
drwxr-xr-x 3 mysql mysql 4096 Feb 13 18:32 data.bak
drwxr-xr-x 4 mysql mysql 4096 Feb 13 17:01 program
[root@localhost mysql]# cd data/mysqldata1/
[root@localhost mysqldata1]# ll
total 36
drwxr-xr-x 2 mysql mysql 4096 Feb 13 18:06 binlog
drwxr-xr-x 2 mysql mysql 4096 Feb 13 18:06 innodb_log
drwxr-xr-x 2 mysql mysql 4096 Feb 13 18:06 innodb_ts
drwxr-xr-x 2 mysql mysql 4096 Feb 13 18:06 log
drwxr-xr-x 5 mysql mysql 4096 Feb 13 18:31 mydata
drwxr-xr-x 2 mysql mysql 4096 Feb 13 18:06 slowlog
drwxr-xr-x 2 mysql mysql 4096 Feb 13 18:46 sock
drwxr-xr-x 2 mysql mysql 4096 Feb 13 18:38 tmpdir
drwxr-xr-x 2 mysql mysql 4096 Feb 13 16:08 undo
drwxr-xr-x 2 mysql mysql 4096 Feb 13 16:08 relaylog

# 清理 MySQL 5.5.54 的資料目錄
```

```
[root@localhost mysqldata1]# rm -rf {binlog,innodb_log, innodb_ts,log,
mydata,slowlog,sock,tmpdir,undo}/*
[root@localhost mysqldata1]# tree .
.
├── binlog
├── innodb_log
├── innodb_ts
├── log
├── mydata
├── slowlog
├── sock
├── tmpdir
└── undo
└── relaylog

9 directories, 0 files
```

以替換過 basedir 的 MySQL 5.6.35 重新初始化 MySQL。

```
[root@localhost mysql]# cd /usr/local/mysql/
[root@localhost mysql]# ./scripts/mysql_install_db--defaults-file=/home/
mysql/conf/my.cnf --user=mysql
WARNING: The host 'localhost' could not be looked up with /usr/local/
mysql/bin/resolveip.
This probably means that your libc libraries are not 100 % compatible
with this binary MySQL version. The MySQL daemon, mysqld, should work
normally with the exception that host name resolving will not work.
This means that you should use IP addresses instead of hostnames
when specifying MySQL privileges !

Installing MySQL system tables...2020-12-13 18:52:18 0 [Warning] TIMESTAMP
with implicit DEFAULT value is deprecated. Please use --explicit_defaults_for_
timestamp server option (see documentation for more details).
2020-12-13 18:52:18 0 [Note] Ignoring --secure-file-priv value as server is
running with --bootstrap.
2020-12-13 18:52:18 0 [Note] ./bin/mysqld (mysqld 5.6.35-log) starting as
process 28793 ...
OK

Filling help tables...2020-12-13 18:52:23 0 [Warning] TIMESTAMP with
implicit DEFAULT value is deprecated. Please use --explicit_defaults_for_
timestamp server option (see documentation for more details).
2020-12-13 18:52:23 0 [Note] Ignoring --secure-file-priv value as server is
running with --bootstrap.
2020-12-13 18:52:23 0 [Note] ./bin/mysqld (mysqld 5.6.35-log) starting as
process 28816 ...
OK
```

```
# 必須要看到兩個 OK

[root@localhost mysql]# ll /home/mysql/data/mysqldata1/{mydata,innodb_log,
innodb_ts}
/home/mysql/data/mysqldata1/innodb_log:
total 98304
-rw-rw---- 1 mysql mysql 50331648 Feb 13 18:52 ib_logfile0
-rw-rw---- 1 mysql mysql 50331648 Feb 13 18:52 ib_logfile1

/home/mysql/data/mysqldata1/innodb_ts:
total 12288
-rw-rw---- 1 mysql mysql 12582912 Feb 13 18:52 ibdata1

/home/mysql/data/mysqldata1/mydata:
total 12
drwx------ 2 mysql mysql 4096 Feb 13 18:52 mysql
drwx------ 2 mysql mysql 4096 Feb 13 18:52 performance_schema
drwx------ 2 mysql mysql 4096 Feb 13 18:52 test
[root@localhost mysql]#
```

關於 MySQL 的安全加固，請參考 1.3 節內容。

4. 匯入 MySQL 5.5.54 的備份資料

在 my.cnf 加入 skip_grant_tables 參數，啟動 MySQL 5.6.35，並匯入 MySQL 5.5.54
的備份 SQL 檔。

```
[root@localhost ~]# service mysqld start
Starting MySQL.                                              [  OK  ]

[root@localhost mysql]# mysql --force < /home/mysql/data/data-for-upgrade.
sql
[root@localhost mysql]# echo $?
0
```

提示：如果匯入備份檔案時出現拒絕 performance_schema 加鎖的錯誤，則請留
意 mysql 用戶端命令是否正確（如果 mysqldump 用戶端使用較低版本的備份檔案，
當匯入較高版本時，可能會出現這個錯誤）。

```
[root@localhost ~]# mysql -uroot -p --force < /home/mysql/data/data-for-
upgrade.sql
Enter password:
ERROR 1142 (42000) at line 767: SELECT, LOCK TABLES command denied to user
''@'' for table 'cond_instances'
ERROR 1044 (42000) at line 768: Access denied for user ''@'' to database
```

```
'performance_schema'
   ERROR 1044 (42000) at line 769: Access denied for user ''@'' to database
'performance_schema'
   ERROR 1142 (42000) at line 803: SELECT, LOCK TABLES command denied to user
''@'' for table 'events_waits_current'
   ERROR 1044 (42000) at line 804: Access denied for user ''@'' to database
'performance_schema'
   ....

   [root@localhost ~]# which mysql
   /usr/bin/mysql
   [root@localhost ~]# mysql --version
   mysql  Ver 14.14 Distrib 5.1.73, for redhat-linux-gnu (x86_64) using
readline 5.1
   [root@localhost ~]# rpm -qa |grep mysql
   mysql-libs-5.1.73-3.el6_5.x86_64
   mysql-devel-5.1.73-3.el6_5.x86_64
   mysql-5.1.73-3.el6_5.x86_64
   [root@localhost ~]# rpm -e mysql-5.1.73- 3.el6_5.x86_64
   error: Failed dependencies:
       mysql = 5.1.73-3.el6_5 is needed by (installed) mysql-devel- 5.1.73-3.
el6_5.x86_64
   [root@localhost ~]# rpm -e mysql-5.1.73- 3.el6_5.x86_64 --nodeps
   [root@localhost ~]# which mysql
   /usr/local/mysql/bin/mysql

   # 重新載入環境變數
   [root@localhost ~]# source /etc/profile

   # 到了這裡，請重做本章節吧！
```

5. 執行 mysql_upgrade 升級資料字典庫

```
   [root@localhost mysql]# mysql_upgrade -uroot -p
   Enter password:
   Looking for 'mysql' as: mysql
   Looking for 'mysqlcheck' as: mysqlcheck
   Running 'mysqlcheck' with connection arguments: '--socket=/home/mysql/
data/mysqldata1/sock/mysql.sock'
   Warning: Using a password on the command line interface can be insecure.
   Running 'mysqlcheck' with connection arguments: '--socket=/home/mysql/
data/mysqldata1/sock/mysql.sock'
   Warning: Using a password on the command line interface can be insecure.
   mysql.columns_priv                                OK
   mysql.db                                          OK
   mysql.event                                       OK
```

```
mysql.func                                              OK
mysql.general_log                                       OK
mysql.help_category                                     OK
mysql.help_keyword                                      OK
mysql.help_relation                                     OK
mysql.help_topic                                        OK
mysql.host                                              OK
mysql.innodb_index_stats                                OK
mysql.innodb_table_stats                                OK
mysql.ndb_binlog_index                                  OK
mysql.plugin                                            OK
mysql.proc                                              OK
mysql.procs_priv                                        OK
mysql.proxies_priv                                      OK
mysql.servers                                           OK
mysql.slave_master_info                                 OK
mysql.slave_relay_log_info                              OK
mysql.slave_worker_info                                 OK
mysql.slow_log                                          OK
mysql.tables_priv                                       OK
mysql.time_zone                                         OK
mysql.time_zone_leap_second                             OK
mysql.time_zone_name                                    OK
mysql.time_zone_transition                              OK
mysql.time_zone_transition_type                         OK
mysql.user                                              OK
Running 'mysql_fix_privilege_tables'...
Warning: Using a password on the command line interface can be insecure.
Running 'mysqlcheck' with connection arguments: '--socket=/home/mysql/
data/mysqldata1/sock/mysql.sock'
Warning: Using a password on the command line interface can be insecure.
Running 'mysqlcheck' with connection arguments: '--socket=/home/mysql/
data/mysqldata1/sock/mysql.sock'
Warning: Using a password on the command line interface can be insecure.
alvin_db.alvin_table                                    OK
OK
```

6. 重啟 MySQL 並存取資料，測試升級之後能否正常使用

```
# 移除設定檔的 skip_grant_tables 參數，並重啟 MySQL
[root@localhost mysql]# vim /etc/my.cnf
[root@localhost mysql]# service mysqld restart
Shutting down MySQL..                                   [  OK  ]
Starting MySQL.                                         [  OK  ]

# 以程式帳號存取使用者資料
```

```
[root@localhost mysql]# mysql -uprogram -p
Enter password:
Welcome to the MySQL monitor.  Commands end with ; or \g.
Your MySQL connection id is 2
Server version: 5.6.35-log MySQL Community Server (GPL)

Copyright (c) 2000, 2016, Oracle and/or its affiliates. All rights reserved.

Oracle is a registered trademark of Oracle Corporation and/or its
affiliates. Other names may be trademarks of their respective
owners.

Type 'help;' or '\h' for help. Type '\c' to clear the current input
statement.

mysql> show databases;
+--------------------+
| Database           |
+--------------------+
| alvin_db           |
| information_schema |
+--------------------+
2 rows in set (0.00 sec)

mysql> use alvin_db;
Reading table information for completion of table and column names
You can turn off this feature to get a quicker startup with -A

Database changed
mysql> show tables;
+----------------------+
| Tables_in_alvin_db   |
+----------------------+
| alvin_table          |
+----------------------+
1 row in set (0.00 sec)

mysql> select * from alvin_table;
+----+--------------+---------------------+
| id | alvin_test   | datetime_current    |
+----+--------------+---------------------+
|  1 | alvin        | 2020-12-13 18:32:26 |
+----+--------------+---------------------+
1 row in set (0.00 sec)

mysql> insert into alvin_table(alvin_test,datetime_current) values
('alvin', now());
```

```
Query OK, 1 row affected (0.00 sec)

mysql> select * from alvin_table;
+----+------------+---------------------+
| id | alvin_test | datetime_current    |
+----+------------+---------------------+
|  1 | alvin      | 2020-12-13 18:32:26 |
|  2 | alvin      | 2020-12-13 19:40:58 |
+----+------------+---------------------+
2 rows in set (0.00 sec)

mysql>
```

查看新版本的 sql_mode 值，如果與舊版本相同，則忽略此步驟；如果值不一樣，則設定為與舊版本相同的 sql_mode 值（建議與相關人員確定舊版本中特定的 sql_mode 是否與業務相關，如果是，則得修改為舊版本的 sql_mode 值；如果不相關，則自行評估）。

```
mysql> show variables like '%sql_mode%'\G
Variable_name: sql_mode
Value: ONLY_FULL_GROUP_BY,STRICT_TRANS_TABLES,NO_ZERO_IN_DATE,NO_ZERO_
DATE,ERROR_FOR_DIVISION_BY_ZERO,NO_AUTO_CREATE_USER,NO_ENGINE_SUBSTITUTION
1 row in set (0.00 sec)

mysql> set global sql_mode='NO_ENGINE_SUBSTITUTION';  # 必須全域修改 sql_
mode 值，並把 sql_mode 加到 my.cnf 中
Query OK, 0 rows affected (0.00 sec)
```

2.4 升級注意事項

針對備援架構，在多版本混用的應用場景中，如果有低於 MySQL 5.7 版本的主資料庫，則備援資料庫不建議升級到 MySQL 5.7 版本，否則容易出現莫名其妙的 SQL 執行緒錯誤。例如：

```
# 在主資料庫建立一個帶有主鍵的 InnoDB 資料表（低於 MySQL 5.7 版本），針對主鍵欄位設為
null 值（雖然這個例子不是很恰當，但這裡僅限於説明從 MySQL 5.6 升級到 MySQL 5.7 必須謹慎，
在同一個備援架構中不建議存在多個版本）
mysql> show create table test;
......
| test   | CREATE TABLE 'test' (
  'id' int(10) unsigned NOT NULL,
```

```
    'test1' varchar(100) DEFAULT NULL,
    PRIMARY KEY ('id'),
    KEY 'i_hash' ('test1') USING HASH,
    KEY 'i_test1' ('test1')
) ENGINE=InnoDB DEFAULT CHARSET=utf8 |
......
1 row in set (0.00 sec)

mysql> select version();
+------------+
| version()  |
+------------+
| 5.6.35-log |
+------------+
1 row in set (0.00 sec)

mysql> alter table test modify column id int(10) unsigned NULL;
Query OK, 0 rows affected (0.00 sec)
Records: 0  Duplicates: 0  Warnings: 0

mysql> show create table test;
......
| test  | CREATE TABLE 'test' (
    'id' int(10) unsigned NOT NULL DEFAULT '0',
    'test1' varchar(100) DEFAULT NULL,
    PRIMARY KEY ('id'),
    KEY 'i_hash' ('test1') USING HASH,
    KEY 'i_test1' ('test1')
) ENGINE=InnoDB DEFAULT CHARSET=utf8 |
......
1 row in set (0.00 sec)

## 解析 binlog 查看
[root@localhost data]# mysqlbinlog -vv mysql-bin.000203
Warning: mysqlbinlog: unknown variable 'loose_default-character- set=utf8'
......
# at 120
#170629 23:24:52 server id 1073306  end_log_pos 259 CRC32 0x4c357229
Query   thread_id=1 exec_time=0 error_code=0
use 'xiaoboluo'/*!*/;
......
alter table test modify column id int(10) unsigned NULL
/*!*/;
......
```

　# 在主資料庫建立一個帶有主鍵的 InnoDB 資料表（高於或等於 MySQL 5.7 版本），針對主鍵欄位設為 null 值

```
mysql> show create table test;
......
| test  | CREATE TABLE 'test' (
  'id' int(10) unsigned NOT NULL AUTO_INCREMENT,
  'test1' varchar(100) NOT NULL DEFAULT '0',
  'test2' varchar(100) NOT NULL DEFAULT '0',
  'test3' varchar(100) DEFAULT NULL,
  'test4' varchar(100) DEFAULT NULL,
  'test5' varchar(100) DEFAULT NULL,
  PRIMARY KEY ('id'),
  KEY 'i_test3' ('test3'),
  KEY 'i_test4' ('test3','test4'),
  KEY 'i_hash' ('test5') USING HASH,
  FULLTEXT KEY 'f_test5_test5' ('test4','test5')
) ENGINE=InnoDB AUTO_INCREMENT=30 DEFAULT CHARSET=utf8 |
......
1 row in set (0.00 sec)

mysql> select version();
+------------+
| version()  |
+------------+
| 5.7.17-log |
+------------+
1 row in set (0.00 sec)

mysql> alter table test modify column id int(10) unsigned NULL;
ERROR 1171 (42000): All parts of a PRIMARY KEY must be NOT NULL; if you
need NULL in a key, use UNIQUE instead
```

從上面的結果（指的是執行 alter table test modify column id int(10) unsigned NULL 語句）得知，MySQL 5.7 版本不允許對主鍵設定為 null 值，MySQL 5.6 版本卻可以，但會在儲存引擎內部自動忽略這個動作。因此，這道語句執行成功，同時記錄到 binlog 中。如果備援資料庫是 MySQL 5.7，就會在 SQL 執行緒重放到這道 SQL 語句時出錯：ERROR 1171 (42000): All parts of a PRIMARY KEY must be NOT NULL; if you need NULL in a key, use UNIQUE instead，如圖 2-1 所示。

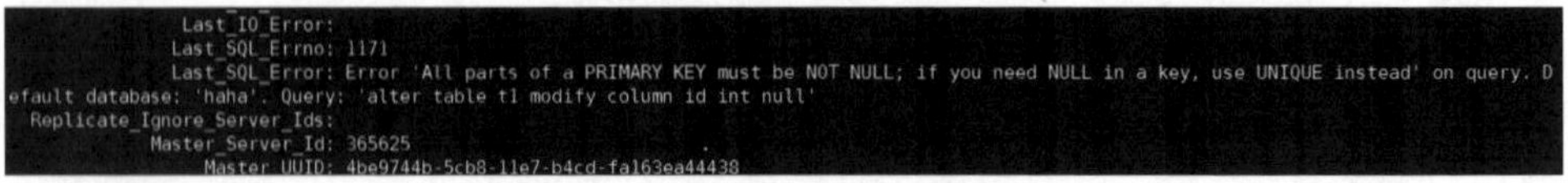

圖 2-1

第 3 章
MySQL 架構

本章從整體上簡要介紹 MySQL Server 體系是由哪些元件組成、MySQL 預設支援哪些儲存引擎、常用的 InnoDB 儲存引擎的元件、各個元件的作用、InnoDB 儲存引擎有哪些後台執行緒，以及 MySQL 有哪些前台執行緒等內容。下面將以 MySQL 8.0.x 版本為例進行介紹。

3.1 快速安裝 MySQL

開始安裝 MySQL 之前，首先對 MySQL 做一個簡單的介紹。

MySQL 原本是一個開放原始碼的關聯式資料庫管理系統，原開發者為瑞典的 MySQL AB 公司，該公司於 2008 年被昇陽電腦（Sun Microsystems）公司收購。2009 年，甲骨文公司（Oracle）又收購了昇陽電腦，從此，MySQL 成為 Oracle 旗下產品。截至本書寫作日期為止，Oracle MySQL 官方最新的 GA 版本為 8.0.20。

過去 MySQL 由於效能高、成本低、可靠性好，業已成為最流行的開源資料庫，因此廣泛應用於 Internet 的中小型網站。隨著 MySQL 的不斷成熟，現在也逐漸應用至更多大規模的網站和應用中，例如維基百科、Google 和 Facebook 等網站。非常流行的開源軟體組合 LAMP 中，「M」指的就是 MySQL。

現在，開始下載和安裝 MySQL。

下載 MySQL 最新的 GA 版本：

```
wget https://dev.mysql.com/get/Downloads/MySQL-8.0/mysql-8.0.20-linux-
glibc2.12-x86_64.tar.xz
```

解壓縮下載的二進位檔案：

```
[root@localhost ~]# mkdir -p /home/mysql/program
[root@localhost ~]# tar Jxvf mysql-8.0.20-linux-glibc2.12-x86_64.tar.xz -C
/home/mysql/program/
[root@localhost ~]# ll /home/mysql/program/mysql-8.0.20-linux-
glibc2.12-x86_64/
總用量 52
drwxr-xr-x  2 root root  4096 12 月 11 23:38 bin
-rw-r--r--  1 7161 31415 17987 9 月  13 23:48 COPYING
drwxr-xr-x  2 root root  4096 12 月 11 23:39 docs
drwxr-xr-x  3 root root  4096 12 月 11 23:38 include
drwxr-xr-x  5 root root  4096 12 月 11 23:39 lib
drwxr-xr-x  4 root root  4096 12 月 11 23:38 man
-rw-r--r--  1 7161 31415  2478 9 月  13 23:48 README
drwxr-xr-x 28 root root  4096 12 月 11 23:39 share
drwxr-xr-x  2 root root  4096 12 月 11 23:39 support-files
```

程式目錄結構：根據不同的發行方式（如 RPM 套件、tar.gz 檔、tar.gz 編譯好的二進位檔），目錄結構稍有差別。這裡以二進位安裝檔為例進行說明，如上面的訊息所示，對應的目錄解釋如下。

- bin：包含用戶端程式和 mysqld 等二進位執行檔。

- docs：包含 ChangeLog 等資訊。

- include：包含（標頭）檔的目錄。

- lib：可動態載入的 so 程式庫目錄。

- man：包含 man1、man8，可以利用這兩個目錄設定 MySQL 的說明手冊。

- share：包含 MySQL 初始化的一些 SQL 腳本以及錯誤代碼、當地語系的語言檔等。

- support-files：包含單一實例啟、停腳本 mysql.server，以及多實例啟、停腳本 mysqld_multi. server 等。

現在，準備建立一個設定檔範本，以及所需的磁碟目錄（注：本節後續內容與「第 1 章 MySQL 初始化安裝、簡單安全加固」有少許重疊，這是為了方便大家跟隨操作，因此單獨列出初始化資料庫的步驟。如果已有透過二進位檔安裝的資料庫環境，則可跳過本節的內容）。

設定檔範本，詳見 1.5 節「MySQL 參數範本」。

建立目錄和使用者：

```
# 建立 mysql 使用者
[root@localhost ~]# useradd mysql -s /sbin/nologin

# 建立目錄
[root@localhost ~]# mkdir -p /home/mysql/data/mysqldata1/{binlog,innodb_
log,innodb_ts,log,mydata,relaylog,slowlog,sock,tmpdir,undo}
[root@localhost ~]# chown mysql.mysql /home/mysql/data -R
```

簡單設定 MySQL 的快捷方式和環境變數：

```
[root@localhost ~]# ln -s /home/mysql/program/mysql-8.0.x-linux-glibc2.
12-x86_64/ /usr/local/mysql
[root@localhost ~]# export PATH=$PATH:/usr/local/mysql/bin/
[root@localhost ~]# echo 'export PATH=$PATH:/usr/local/mysql/bin/' >>
/etc/profile
```

初始化資料庫：

```
[root@localhost ~]# mysqld --defaults-file=/etc/my.cnf --initialize-
insecure
```

設定 MySQL 啟、停腳本（注意，這裡是為了便於實驗和學習，正式環境不建議
設定自動啟動腳本）：

```
[root@localhost ~]# cp -ar /usr/local/mysql/support-files/mysql.server/
etc/init.d/mysqld
[root@localhost ~]# chmod +x /etc/init.d/mysqld
[root@localhost ~]# chkconfig mysqld on
[root@localhost ~]# chkconfig --list mysqld
mysqld          0: 關閉    1: 關閉    2: 啟用    3: 啟用    4: 啟用    5: 啟用    6: 關閉
```

啟動並登錄 MySQL：

```
# 啟動
[root@localhost ~]# service mysqld start
Starting MySQL..                                        [ 確定 ]

# 登錄（由於初始化資料庫時使用 --initialize-insecure 選項，所以初始化完成之後沒有密碼
，直接登錄）
[root@localhost ~]# mysql
Welcome to the MySQL monitor.  Commands end with ; or \g.
Your MySQL connection id is 6
Server version: 8.0.20 MySQL Community Server (GPL)

Copyright (c) 2000, 2020, Oracle and/or its affiliates. All rights reserved.
```

```
Oracle is a registered trademark of Oracle Corporation and/or its affiliates.
Other names may be trademarks of their respective owners.

Type 'help;' or '\h' for help. Type '\c' to clear the current input
statement.

mysql>
```

至此，資料庫快速安裝完成。注意：正式環境還需要對資料庫進行簡單加固（例如：刪除資料庫的匿名帳號及其對應的權限，修改 root 密碼等）。

3.2 資料目錄結構

本節從整體上檢視 MySQL Server 包含哪些與資料相關的檔案（包括資料檔案和日誌檔）。不同的儲存引擎會有不同的資料檔案，這裡以 MySQL 官方版本預設支援的儲存引擎為例，進行簡要的説明。

```
# 使用下列兩個命令搜尋 datadir 目錄下的所有檔案
[root@localhost ~]# tree /home/mysql/data/mysqldata1/* | grep -Ei '.frm|
.myi|.myd|.ibd' |awk -F '.' '{print $2}' |sort |uniq -c
    236 frm
     36 ibd
     11 MYD
     11 MYI

[root@localhost ~]# tree /home/mysql/data/mysqldata1/* | grep -Eiv '.frm|
.myi|.myd|.ibd'
/home/mysql/data/mysqldata1/binlog
├── mysql-bin.000001
└── mysql-bin.index
/home/mysql/data/mysqldata1/innodb_log
├── ib_logfile0
└── ib_logfile1
/home/mysql/data/mysqldata1/innodb_ts
└── ibtmp1
/home/mysql/data/mysqldata1/log
└── error.log
├── auto.cnf
├── localhost.log
│   ├── db.opt
├── mysql
│   ├── db.opt
```

```
|     ├── general_log.CSM
|     ├── general_log.CSV
|     ├── slow_log.CSM
|     └── slow_log.CSV
├── performance_schema
|     ├── db.opt
├── qfsys
|     ├── db.opt
├── sbtest
|     ├── db.opt
└── sys
      ├── db.opt
      ├── sys_config_insert_set_user.TRN
      ├── sys_config.TRG
      ├── sys_config_update_set_user.TRN
/home/mysql/data/mysqldata1/relaylog
/home/mysql/data/mysqldata1/slowlog
├── slow-query.log
/home/mysql/data/mysqldata1/sock
├── mysql.pid
├── mysql.sock
└── mysql.sock.lock
/home/mysql/data/mysqldata1/tmpdir
/home/mysql/data/mysqldata1/undo
├── undo001
├── undo002
├── undo003
└── undo004

# 如果是備援資料庫，還會有 relaylog 等檔案，類似如下
/home/mysql/data/mysqldata1/relaylog
├── mysql-relay-bin.000001
└── mysql-relay-bin.index

# 另外，加上自訂的 MySQL 設定檔 my.cnf
```

從上述資訊中整理出來的檔案列表如下。

（1）設定檔：my.cnf。MySQL 讀取設定檔的順序為（非 Windows 系統）/etc/
my.cnf、/etc/mysql/my.cnf、/usr/local/mysql/etc/my.cnf、~/.my.cnf，可以使用 mysql --help
|grep '/etc/my.cnf' 命令查看。如果啟動 MySQL 時未明確指定設定檔，則 MySQL 會按
照該順序讀取，直至讀到最後一個設定檔為止。其間，如果讀取到相同的組態參數，
則以最後一個參數值為準，並覆蓋前面相同的參數值。

（2）資料檔案：.frm、.MYI、.MYD、.ibd、.ibdata*、.ib_logfile*、undo*、ibtmp1、auto.cnf、db.opt、.CSM、.CSV、.TRN、.TRG。

- .frm：資料表結構定義檔。

- .MYI：MyISAM 儲存引擎索引檔。

- .MYD：MyISAM 儲存引擎資料檔案。

- .ibd：InnoDB 儲存引擎獨立資料表空間檔。

- .ibdata*：InnoDB 儲存引擎共用資料表空間檔。

- .ib_logfile*：InnoDB 儲存引擎 redo log 檔。

- undo*：InnoDB 儲存引擎獨立 undo 檔。

- ibtmp1：InnoDB 儲存引擎臨時資料表空間檔。

- auto.cnf：用於存放 MySQL 實例、全域唯一的 server-uuid 的檔案。

- db.opt：用於存放 MySQL 實例 schema 等級的預設字元集，以及預設校對規則的檔案。

- .CSM：用於存放 CSV 儲存引擎中繼資料等相關資訊的檔案。

- .CSV：用於存放 CSV 儲存引擎的資料檔案，每列資料的各欄之間以逗號分隔。

- .TRN：用於存放與觸發器相關的中繼資料。

- .TRG：用於存放觸發器定義語句以及與定義相關的資訊。

（3）日誌檔：error.log（error log）、localhost.log（general log）、mysql-bin.*（binlog）、mysql-relay-bin.*（relay log）、slow-query.log（slow log）。

- error.log（error log）：錯誤日誌，記錄 MySQL 啟動之後 mysqld 輸出的相關訊息。啟動 MySQL Server 之後必須存在錯誤日誌檔；否則，在以 mysqld_safe 啟動資料庫時，會因為找不到錯誤日誌檔而報錯，因此終止啟動過程（如果直接使用 mysqld 程式啟動資料庫，則不會有這個問題，因為 mysqld 處理程序發現錯誤日誌不存在時會重新建立）。

- localhost.log（general log）：一般查詢日誌，啟用該日誌之後，MySQL Server 會記錄執行的所有 SQL 語句。查詢日誌可以在 MySQL Server 啟動之後動態開關、自動建立。

- mysql-bin.*（binlog）：二進位日誌，用於備援架構的資料同步（備援資料庫 I/O 執行緒從主資料庫讀取），MySQL Server 中涉及資料變更的 SQL 語句都會被記錄。可以指定單個檔案的大小，好在寫滿指定大小的檔案之後自動切換到一個新檔。

- mysql-relay-bin.*（relay log）：中繼日誌，用於備援架構的資料同步（備援資料庫 I/O 執行緒從主資料庫讀取 binlog 之後，寫入本身的中繼日誌）。

- slow-query.log（slow log）：慢查詢日誌，當 SQL 語句的執行超過指定時間，則被認為執行緩慢，然後記錄到該檔中。

（4）其他檔案：mysql.pid（pid）、mysql.sock（socket）、mysql.sock.lock（socket lock）。

- mysql.pid（pid）：MySQL Server 啟動之後存放處理程序號的檔案。

- mysql.sock（socket）：MySQL Server 啟動之後用於本地 UNIX Domain 通訊的 sock 檔。

- mysql.sock.lock（socket lock）：MySQL Server 啟動之後用於鎖定本地 socket 檔的鎖標記檔。這是從 MySQL 5.7.x 版本新增的功能，如果 MySQL Server 非正常關閉，該檔可能殘留而導致 MySQL 重新啟動失敗，刪除該檔即可重新啟動。

在 MySQL 8.0 中，資料字典庫 performance_schema、mysql、sys 中的所有 MyISAM 引擎都改為採用 InnoDB 儲存引擎，且所有的 .frm 檔案也不見了。資料表結構檔和檢視（View）等定義資訊，都存放到 InnoDB 儲存引擎的資料字典表中。performance_schema 資料字典表和 mysql 下的 general_log、slow_log 資料表較為特殊，因為不支援交易，所以使用新的 .sdi 副檔名的檔案來代替，該檔記錄的是 JSON 格式的資料表結構描述資訊。

3.3　MySQL Server 架構

MySQL Server 的架構如圖 3-1 所示（該圖來自 MySQL 官方網站：https://www.mysql.com/common/images/PSEA_diagram.jpg）。

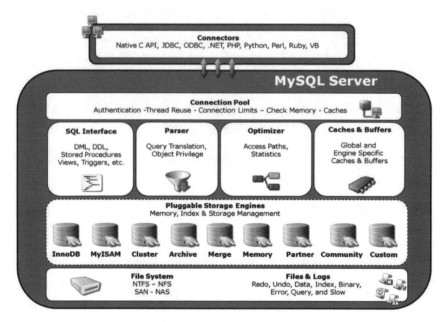

圖 3-1

現在分別解釋圖 3-1 的各個元件。

- Connectors（連接者）：指的是不同語言與 SQL 的互動，從圖 3-1 可以看到目前流行的語言都支援 MySQL 用戶端連接。

- Connection Pool（連接池）：管理緩衝使用者連線、執行緒等需要快取的需求。這裡也會進行使用者帳號、密碼和資料庫 / 資料表權限的驗證。

- SQL Interface（SQL 介面）：接收使用者執行的 SQL 語句，並返回其結果。

- Parser（查詢解析器）：當 SQL 語句傳遞到解析器時會進行驗證和解析（解析成 MySQL 認識的語法，查詢什麼資料表、什麼欄位）。解析器是由 Lex 和 YACC 實作，是一段很長的腳本。其主要功能是將 SQL 語句分解成資料結構，並將此結構傳遞到後續步驟，後續 SQL 語句的傳遞和處理就是根據這個結構。如果分解過程遇到錯誤，則說明該 SQL 語句可能有語法錯誤或者不合理。

- Optimizer（查詢最佳化工具）：查詢之前，SQL 語句會使用查詢最佳化工具對查詢進行最佳化（產生查詢路徑樹，並選擇一條最佳的查詢路徑）。它採用「選取—投影—連接」策略進行查詢。

- Caches & Buffers（快取 & 緩衝）：主要包含 QC 以及資料表快取、權限快取等。針對 QC，以往主要用於 MyISAM 儲存引擎，目前 MySQL 8.0 已放棄。對現在非常流行的 InnoDB 儲存引擎來講，QC 已無任何意義，因為 InnoDB 儲存引擎有自己非常完善的快取功能。除了 QC 之外（記錄快取、key 快取，可透過參數單獨關閉），該快取機制還包括資料表快取和權限快取等，這些是屬於 Server 層級的功能，其他儲存引擎仍需要使用。

- Pluggable Storage Engines（外掛式儲存引擎）：儲存引擎是 MySQL 具體與檔案打交道的子系統，也是 MySQL 最具特色的一個地方。MySQL 的儲存引擎屬於外掛式，它根據 MySQL AB 公司提供的檔案存取層的一個抽象介面，進而制定一種檔案存取機制（這種機制就叫儲存引擎）。目前儲存引擎眾多，且優勢各不相同，現在最常用於 OLTP 場景的是 InnoDB（當然也支援 OLAP 儲存引擎，但 MySQL 本身的機制並不擅長 OLAP 場景）。

- Files & Logs（磁碟實體檔）：包含 MySQL 各個引擎的資料、索引檔案，以及 redo log、undo log、binary log、error log、query log、slow log 等各種日誌檔。

- File System（檔案系統）：對存放裝置的空間進行組織和分配，負責檔案儲存，並對存入的檔案進行保護和檢索的系統。它負責為使用者建立檔案，存入、讀出、修改、轉存，控制檔案的存取等。常見的檔案系統包括 XFS、NTFS、EXT4、EXT3、NFS 等，通常資料庫伺服器使用的磁碟建議採用 XFS。

那麼，上述各個元件之間如何協同工作？下面舉一個查詢例子進行說明。

假如在 MySQL 有一個查詢會話請求，大概的流程如下：

（1）MySQL 用戶端對 MySQL Server 的監聽埠發起請求。

（2）在連接者元件層建立連接、分配執行緒，並驗證使用者名稱、密碼和資料庫 / 資料表權限。

（3）如果開啟了 query_cache，則檢查之，有資料直接返回，沒有便繼續往下執行。

（4）SQL 介面元件接收 SQL 語句，將 SQL 語句分解成資料結構，並將此結構傳遞到後續步驟中（將 SQL 語句解析成 MySQL 認識的語法）。

（5）查詢最佳化工具元件產生查詢路徑樹，並選擇一條最佳的查詢路徑。

（6）呼叫儲存引擎介面，開啟資料表、執行查詢，檢查儲存引擎快取中是否有對應的記錄，如果沒有就繼續往下執行。

（7）到磁碟檔中尋找資料。

（8）當查詢到所需的資料之後，先寫入儲存引擎快取中，如果開啟了 query_cache，也會同時寫進去。

（9）返回資料給用戶端。

（10）關閉資料表。

（11）關閉執行緒。

（12）關閉連接。

3.4 MySQL 中的儲存引擎

關於 MySQL 支援的儲存引擎清單，可於登錄資料庫後，執行如圖 3-2 所示的語句查詢。

```
mysql> select * from information_schema.engines order by engine;
+--------------------+---------+----------------------------------------------------------------+--------------+------+------------+
| ENGINE             | SUPPORT | COMMENT                                                        | TRANSACTIONS | XA   | SAVEPOINTS |
+--------------------+---------+----------------------------------------------------------------+--------------+------+------------+
| ARCHIVE            | YES     | Archive storage engine                                        | NO           | NO   | NO         |
| BLACKHOLE          | YES     | /dev/null storage engine (anything you write to it disappears) | NO           | NO   | NO         |
| CSV                | YES     | CSV storage engine                                            | NO           | NO   | NO         |
| FEDERATED          | NO      | Federated MySQL storage engine                                | NULL         | NULL | NULL       |
| InnoDB             | DEFAULT | Supports transactions, row-level locking, and foreign keys    | YES          | YES  | YES        |
| MEMORY             | YES     | Hash based, stored in memory, useful for temporary tables     | NO           | NO   | NO         |
| MRG_MYISAM         | YES     | Collection of identical MyISAM tables                         | NO           | NO   | NO         |
| MyISAM             | YES     | MyISAM storage engine                                         | NO           | NO   | NO         |
| PERFORMANCE_SCHEMA | YES     | Performance Schema                                            | NO           | NO   | NO         |
+--------------------+---------+----------------------------------------------------------------+--------------+------+------------+
9 rows in set (0.00 sec)
```

圖 3-2

從查到的儲存引擎清單得知，在已安裝的引擎中，InnoDB 是預設的儲存引擎，並且是唯一一個支援交易、XA 和 SAVEPOINTS 的引擎（這裡只針對 MySQL 官方發行的版本）。當然，MySQL 本身是一個支援外掛式儲存引擎的資料庫管理系統，這也是它與其他資料庫的不同之處。除了預設安裝的儲存引擎之外，MySQL 還可以透過外掛安裝方式，以支援更多的合作廠商儲存引擎，例如 TokuDB、infobright 等。

雖然 MySQL 支援眾多的儲存引擎，但是在 MySQL 官方版本以及其他分支版本中，InnoDB 儲存引擎的使用率最高，且能滿足 99% 的使用場景。甚至從 MySQL 8.0.x

開始，MySQL 所有的資料字典庫都把 MyISAM 改為 InnoDB 儲存引擎。接下來會簡單介紹 InnoDB 儲存引擎架構（後續章節將詳細説明相關元件）。

3.5　InnoDB 儲存引擎架構

InnoDB 儲存引擎架構如圖 3-3 所示（該圖來自 Percona Database Performance Blog，請參考連結：https://www.percona.com/blog/2010/04/26/xtradb-innodb-internals-in-drawing/）。

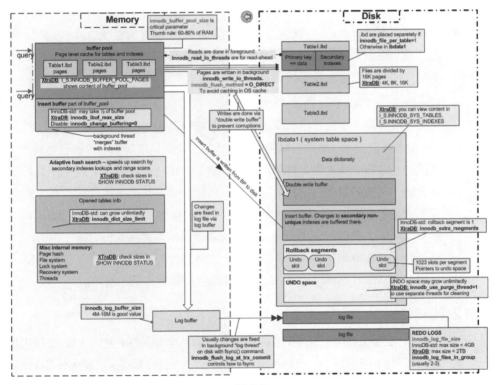

圖 3-3

由圖 3-3 得知，InnoDB 儲存引擎架構主要包含下列元件，分為兩大部分。

1. 記憶體結構

- Buffer Pool：緩衝池是 InnoDB 在啟動時分配的一個記憶體區域，用於 InnoDB 在存取資料時快取資料表和索引資料。利用緩衝池，便可合併一些經常存取資料的操作，直接從記憶體處理，以加快處理速度。通常，在專用

資料庫伺服器上，可將 80% 的實體記憶體分配給 InnoDB 緩衝池。為了提高快取管理的效率，建議使用頁面鏈表的方式 +LRU（最久未使用）演算法進行管理。

- Change Buffer（Insert buffer part of buffer pool）：這是一種特殊的資料結構（早期只支援 INSERT 操作的緩衝，所以也叫作 Insert Buffer），當受影響的頁面不在緩衝池時，將會快取對輔助索引頁的更改。這些更動可能是由 INSERT、UPDATE、DELETE（DML）語句所導致。當其他讀取操作從磁碟載入資料頁時，如果這些資料頁包含 Change Buffer 中快取的更改動作頁，那麼將進行合併操作。

- Adaptive Hash Index：自我調整雜湊索引（AHI），用於管理緩衝池的內部資料結構，並對其內的相關工作負載和記憶體操作組合進行自動調節，且不會犧牲任何交易功能、效能和可靠性。

- Log Buffer（Redo Log Buffer）：重做日誌緩衝區是一塊記憶體緩衝區域，用來保存將要寫入重做日誌檔案的資料。該緩衝區的大小由 innodb_log_buffer_size 組態參數定義。重做日誌緩衝區的內容，會定期刷新到磁碟的日誌檔中。更大的重做日誌緩衝區允許運行更大的交易，這在一定程度上避免提交大交易之前，需要將重做日誌寫入磁碟中。因此，如果某應用場景經常有大量交易，則可考慮增大重做日誌緩衝區，以減少磁碟 I/O 操作。innodb_flush_log_at_trx_commit 參數控制如何將重做日誌緩衝區的內容寫入日誌檔（例如，設為 1 時，提交每筆交易，代表需執行一次將重做日誌緩衝區的內容寫入日誌檔中）。innodb_flush_log_at_timeout 參數控制重做日誌的刷新頻率。

2. 磁碟結構

- System Tablespace：InnoDB 系統資料表空間包含 InnoDB 資料字典（InnoDB 相關物件的中繼資料）、Doublewrite Buffer、Change Buffer 磁碟部分和 Undo Logs，還有在系統資料表空間建立的任何資料表和索引。之所以稱為系統資料表空間，是因為它可以被多個用戶資料表共享。此空間可以由一個或多個資料檔案構成。預設情況下，只會建立一個名為 ibdata1 的共用資料表空間檔，但可使用 innodb_data_file_path 啟動選項控制此空間的數量和大小。

- Data Dictionary（InnoDB Data Dictionary）：InnoDB 資料字典由內部系統資料表組成，其中包含用於追蹤物件（如資料表、索引和表列）的中繼資料。中繼資料存放在 InnoDB 系統資料表空間。由於歷史原因，資料字典中繼資料，在一定程度上與存放於 InnoDB 資料表的 .frm 檔案中的資訊重疊。

- Doublewrite Buffer：雙寫緩衝區是一個位於系統資料表空間的區域，InnoDB 在進行刷髒（flush）操作時，會在將髒資料寫入資料檔案的正確位置之前，先把髒頁從 InnoDB 緩衝池寫入雙寫緩衝區。只有將髒頁成功寫到 ibdata1 共用資料表空間的雙寫緩衝區之後，InnoDB 才能把髒頁從緩衝池寫入資料檔案的正確位置。如果作業系統、儲存子系統或 mysqld 處理程序在刷新髒頁的過程中崩潰，那麼可能發生部分寫入（InnoDB 預設的分頁大小為 16KB，而檔案系統預設的區塊大小為 4KB，如果 InnoDB 的一個分頁在寫入磁碟過程發生異常，便可能導致資料頁只寫入了一部分）。InnoDB 在重新開機時的崩潰恢復期間，會從雙寫緩衝區找到正確的分頁副本進行覆蓋恢復。

- 雖然雙寫會造成髒頁寫入磁碟兩次，但雙寫緩衝區不需要兩倍的 I/O 開銷或 I/O 操作。因為髒頁在雙寫時是以一次 1MB，作為一個大的順序區塊寫入雙寫緩衝區，並執行一次 fsync() 呼叫。另外，如果系統資料表空間檔（ibdata 檔）存放在支援原子寫入的 Fusion-io 設備，則自動禁用雙寫緩衝區功能，並將 Fusion-io 原子寫入功能用於所有的資料檔案。注意：由於雙寫緩衝區是全域的設定參數（innodb_doublewrite），因此對於存放在非 Fusion-io 設備的資料檔案，也會禁用雙寫緩衝區功能（這部分資料檔案可能造成部分寫入）。所以，原子寫入功能僅在 Fusion-io 設備，且在 Linux 啟用 Fusion-io NVMFS 時生效。若想充分利用該功能，建議將 innodb_flush_method 參數設為 O_DIRECT。

- Undo Logs：用於存放交易修改之前的舊資料（undo log 內含有關如何撤銷交易對聚集索引記錄最新更改的資訊），根據 undo 實作了 MVCC 和一致性非鎖定讀。InnoDB 總共支援 128 個還原（rollback）區段，每個還原區段有 1023 個交易槽位。在平行交易場景中，一個交易槽位對應一個交易。其中 32 個還原區段位於臨時資料表空間（Temporary Tablespace），也就是說，對臨時資料表操作的最大平行交易數，大約為 32×1023 個。96 個還原區段位於非臨時資料表空間（系統資料表空間至少一個，因為自 MySQL 5.7 版之後新增的線上 undo truncate 功能需要，Undo Tablespace 最多 95 個），換句話說，對非臨時資料表操作的最大平行交易數，大約為 96×1023 個。

- File-Per-Table Tablespaces：設定參數 innodb_file_per_table=1 啟用獨立資料表空間時，每個資料表都會對應產生一個 .ibd 檔，用來存放自己的索引和資料等；否則，建立資料表時，資料和索引將存放在 ibdata 系統資料表空間檔案中（系統資料表空間）。

- General Tablespaces：常規資料表空間，在 datadir 路徑下使用 CREATE TABLESPACE 語法建立的 InnoDB 共用資料表空間（tablespace_name.ibd）。允許在 MySQL datadir 之外建立，能夠保存多個資料表，並支援所有列格式的資料表。使用 CREATE TABLE tbl_name ... TABLESPACE [=] tablespace_name 或 ALTER TABLE tbl_name TABLESPACE [=] tablespace_name 語法，將資料表增加到常規資料表空間，此為 MySQL 5.7 新增的功能。

- Undo Tablespace：undo 資料表空間，包含一個或多個 undo log 檔，檔案個數由組態參數 innodb_undo_tablespaces 控制。關於還原段的分配，詳見「Undo Logs」說明。

- Temporary Tablespace：臨時資料表空間用於存放非壓縮的 InnoDB 臨時資料表和相關物件。組態參數 innodb_temp_data_file_path 為臨時資料表空間的資料檔案，定義了相對路徑和初始大小等。如果未設定 innodb_temp_data_file_path 參數，便會在資料目錄建立一個名為 ibtmp1、自動擴展的 12MB 初始大小的檔案。每次重啟伺服器時都會重新建立臨時資料表空間檔（正常停止或終止初始化時會自動刪除，但發生崩潰時不會），並使用動態產生的空間標識 ID 避免與現有空間標識 ID 衝突。另外，在 INFORMATION_SCHEMA.INNODB_TEMP_TABLE_INFO 資料表可以查看有關 InnoDB 臨時資料表的中繼資料（包括 InnoDB 實例中處於活動狀態的所有使用者和系統建立的臨時資料表）。注意：如果無法建立臨時資料表空間，則 Server 將啟動失敗。此為 MySQL 5.7 新增的功能。

- Redo Logs：重做日誌是在崩潰恢復期間使用根據磁碟的資料結構檔，用來恢復不完整提交交易寫入的資料。當 MySQL 實例正常運行時，重做日誌對交易產生的資料變更部分進行編碼，並持久化到磁碟中（重做日誌的資料就是對受影響的列記錄進行編碼，而利用這些編碼資料把交易進行前滾的操作就叫作重做）。預設情況下，重做日誌在磁碟建立一組名為 ib_logfile0 和 ib_logfile1 的檔案。MySQL 以循環滾動方式寫入重做日誌檔，並使用一個不斷增加的 LSN 值表示重做日誌的寫入量，以及標記寫入重做日誌檔中的位置。根據 WAL（Write-Ahead Logging，日誌先行）原則，在提交交易時會先以 redo log 持久化交易發生修改的部分資料（只要 redo log 寫入磁碟並打上 commit 標記，就表示交易已經持久化）。

　　那麼，InnoDB 儲存引擎架構中，各個元件是如何協同運作？接著列舉一個 UPDATE 場景加以說明。

　　假設正在執行一個 UPDATE 語句：UPDATE test SET idx = 2 WHERE id=10，執行流程如下（這裡主要以 InnoDB 儲存引擎架構中的元件為主）：

　　（1）在 Server 層進行詞法解析，解析成 MySQL 認識的語法，查詢什麼資料表、什麼欄位，並產生查詢路徑樹，然後選擇最佳的查詢路徑。

　　（2）到了 InnoDB 儲存引擎這裡，先判斷 id=10 這列資料對應的分頁是否位於緩衝池，如果不在，則將 id=10 記錄對應的分頁，從 datafile 讀入 InnoDB 緩衝池（如果該分頁已經在緩衝池，就省略這一步），並對相關記錄加上獨佔鎖。

　　（3）將 idx 修改之前的值和對應的主鍵、交易 ID 原來的資訊，寫入 Undo Tablespace 的還原區段。

　　（4）更改快取頁的資料，並將更新記錄和新產生的 LSN 值（日誌序號）寫入 Log Buffer。更新完成之後，緩衝池的這個分頁就是髒頁了。

　　（5）提交交易時，根據 innodb_flush_log_at_trx_commit 的設定，以不同的方式將 Log Buffer 的更新記錄刷新到 redo log 中，然後寫入 binlog（二進位日誌檔）。寫完 binlog 就開始 commit（是指 binlog 的 commit，就是同步到磁碟），binlog 同步之後就把 binlog 檔名和 position（binlog 檔案內的位置）也寫到 redo log。然後在 redo log 寫入一個 commit 標記，此時就完成這個交易的提交。接下來釋放獨佔鎖。

　　（6）後台 I/O 執行緒根據需求，擇機將快取中合適的髒頁刷新到磁碟資料檔案。當然，刷新髒頁前要先複製一份到雙寫緩衝區（如果開啟雙寫緩衝區功能的話），當雙寫緩衝區的資料寫入磁碟後，再從緩衝池把髒頁刷新到各個資料檔案。

3.6　InnoDB 儲存引擎後台執行緒

　　MySQL 是一個單處理程序、多執行緒架構的資料庫管理系統，所以一旦啟動 MySQL 實例之後，會存在眾多的執行緒處理各式各樣的事情。可透過 performance_schema.threads 資料表查詢所有執行緒，包括後台和前台執行緒，這裡主要介紹後台執行緒（前台執行緒其實就是透過 TCP/IP 協定或用戶端程式建立的執行緒，因此包括與主備複製相關的執行緒，以及使用者建立的連接執行緒）。

```
mysql> select name,type,thread_id, processlist_id from performance_
schema.threads;
+----------------------------------+------------+-----------+----------------+
| name                             | type       | thread_id | processlist_id |
+----------------------------------+------------+-----------+----------------+
| thread/sql/main                  | BACKGROUND |         1 |           NULL |
| thread/mysys/thread_timer_notifier | BACKGROUND |       2 |           NULL |
| thread/innodb/io_ibuf_thread     | BACKGROUND |         4 |           NULL |
| thread/innodb/io_log_thread      | BACKGROUND |         5 |           NULL |
| thread/innodb/io_read_thread     | BACKGROUND |         6 |           NULL |
......
| thread/innodb/io_write_thread    | BACKGROUND |        10 |           NULL |
......
| thread/mysqlx/worker             | BACKGROUND |        29 |           NULL |
| thread/mysqlx/acceptor_network   | BACKGROUND |        30 |           NULL |
| thread/innodb/buf_dump_thread    | BACKGROUND |        34 |           NULL |
| thread/innodb/clone_gtid_thread  | BACKGROUND |        35 |           NULL |
| thread/innodb/srv_purge_thread   | BACKGROUND |        36 |           NULL |
......
| thread/innodb/srv_worker_thread  | BACKGROUND |        43 |           NULL |
| thread/sql/event_scheduler       | FOREGROUND |        44 |              5 |
| thread/mysqlx/acceptor_network   | BACKGROUND |        45 |           NULL |
| thread/sql/compress_gtid_table   | FOREGROUND |        46 |              7 |
| thread/sql/con_sockets           | BACKGROUND |        48 |           NULL |
| thread/sql/one_connection        | FOREGROUND |        57 |             16 |
+----------------------------------+------------+-----------+----------------+
44 rows in set (0.00 sec)
```

可以看到總共有 28 種後台執行緒（扣掉 13 個重疊的部分和 3 個前台執行緒），茲將重要後台執行緒的主要功能條列如下。

- srv_master_thread（主執行緒）：InnoDB 儲存引擎主執行緒，由 4 個迴圈組成，即主迴圈（loop）、後台迴圈（background loop）、刷新迴圈（flush loop）、暫停迴圈（suspend loop）。其中大多數工作都在主迴圈完成，它主要負責將髒快取分頁刷新到資料檔案、執行 undo purge 操作、觸發檢查點、合併插入緩衝區，以及刷新 redo log 到磁碟中等。

- io_ibuf_thread（插入緩衝執行緒）：主要負責插入緩衝區的合併操作。針對輔助索引頁的修改操作從隨機變成循序 I/O，大幅提升了效率（會先判斷發生修改的輔助索引頁是否在緩衝池，如果是則直接修改；如果不在，則先存放到一個 Change Buffer 物件。當其他讀取操作把該修改對應的分頁，從磁碟讀取到緩衝池時，就會合併該 Change Buffer 物件中保存的記錄到輔助索引頁）。

- io_read_thread（讀取 I/O 操作執行緒）：負責資料庫的 AIO（非同步 I/O）讀取操作，可以配置多個讀取執行緒，由參數 innodb_read_io_threads 設定，預設值為 4。

- io_write_thread（寫入 I/O 操作執行緒）：負責資料庫的 AIO 寫入操作，可配置多個寫入執行緒，由參數 innodb_write_io_threads 設定，預設值為 4。

- io_log_thread（日誌執行緒）：用來將重做日誌刷新到日誌檔中。

- srv_purge_thread（undo 清理執行緒）：主要負責 undo 分頁清理操作，在 MySQL 5.6 之後可設定獨立的執行緒執行 undo purge 操作，以減少主執行緒負載。

- srv_lock_timeout_thread（鎖執行緒）：負責鎖控制和鎖死檢測等。

- srv_error_monitor_thread（錯誤監控執行緒），主要負責錯誤控制和錯誤處理。

- thread_timer_notifier（計時器過期通知執行緒）：超過計時器時間，便通知執行緒。一般在超過 MAX_EXECUTION_TIME 時自動中止 SQL 語句的執行。

- main（主執行緒）：MySQL 服務的主執行緒（請與 InnoDB 儲存引擎主執行緒區別開），包括初始化、讀取設定檔等功能。

- srv_monitor_thread（InnoDB 監控列印執行緒）：如果開啟 InnoDB 監控器，那麼每隔 5 秒輸出一次 InnoDB 監視器採集的資訊。

- srv_worker_thread（InnoDB 工作執行緒）：InnoDB 的實際工作執行緒，輪詢並從任務佇列取出任務（row select、row insert 等）與執行。

- buf_dump_thread（InnoDB 緩衝池匯入 / 匯出執行緒）：InnoDB 緩衝池熱點資料分頁匯入 / 匯出的執行緒。

- dict_stats_thread（InnoDB 後台統計執行緒）：負責 InnoDB 資料表統計資訊更新的後台執行緒。

3.7　MySQL 前台執行緒

跟 MySQL 後台執行緒類似，也可以透過 performance_schema.threads 資料表來查詢 MySQL 有哪些前台執行緒（以下為雙主備援架構資料庫實例的查詢結果）。

```
mysql> select name,type,thread_id, processlist_id from performance_
schema.threads where type='FOREGROUND';
+-------------------------------+-------------+-----------+----------------+
| name                          | type        | thread_id | processlist_id |
+-------------------------------+-------------+-----------+----------------+
| thread/sql/compress_gtid_table | FOREGROUND |        46 |              7 |
| thread/sql/one_connection     | FOREGROUND  |        58 |             17 |
......
| thread/sql/slave_io           | FOREGROUND  |        54 |             11 |
| thread/sql/slave_sql          | FOREGROUND  |        55 |             12 |
| thread/sql/slave_worker       | FOREGROUND  |        56 |             13 |

+-------------------------------+-------------+-----------+----------------+
9 rows in set (0.00 sec)
```

可以看到，有 5 種前台執行緒，主要功能如下。

- compress_gtid_table（GTID 壓縮執行緒）：用來壓縮 MySQL 5.7 新增 mysql. gtid_executed 資料表中的 GTID 記錄數量。當從資料庫關閉 log-bin 或者 log_ slave_updates 參數之後，SQL 執行緒每應用一個交易，就會即時更新一次 mysql.gtid_executed 資料表（啟用 GTID 複製時可以關閉 log_slave_updates 參數，並以該資料表記錄 GTID）。當時間一長，該資料表就會存在大量的 GTID 記錄（每筆交易一列），透過該執行緒，便可把多筆記錄壓縮成一列。

- one_connection（用戶連接執行緒）：用來處理使用者請求的執行緒。

- slave_io（I/O 執行緒）：用來拉取主資料庫 binlog 日誌的執行緒。

- slave_sql（SQL 執行緒）：用來應用從主資料庫拉取的 binlog 日誌的執行緒。 注意：在多執行緒備援中，該執行緒為協調器執行緒，目的是分發 binlog 日 誌給工作執行緒（slave_worker）使用，並對多個工作執行緒進行協調。

- slave_worker（工作執行緒）：在多執行緒備援場景中，接收與應用 SQL 執 行緒（slave_sql）分發的主資料庫 binlog 日誌。多個工作執行緒之間的一致 性，則依靠 SQL 執行緒（slave_sql）進行協調。

第 4 章

performance_schema 初相識

　　本章首先介紹什麼是 performance_schema，以及它的功用；然後簡單説明如何快速上手 performance_schema 的方法；最後舉出 performance_schema 是由哪些資料表組成，以及這些資料表的大致作用。

4.1 什麼是 performance_schema

　　MySQL 的 performance_schema 是運行於較低等級，用來監控 MySQL Server 執行過程的資源消耗、資源等待等情況的一個功能特性，它具有下列特點。

- performance_schema 提供一種在資料庫運行時期即時檢查 Server 內部執行情況的方法。performance_schema 資料庫使用 performance_schema 儲存引擎。該資料庫主要關注資料庫運行過程的效能相關資料，與 information_schema 不同，後者主要關注 Server 運行過程的中繼資料資訊。

- performance_schema 透過監視 Server 事件來監視內部執行的情況，「事件」就是在 Server 內部活動所做的任何事情以及對應的時間消耗，利用這些資訊判斷 Server 的相關資源消耗在哪裡。一般來説，事件可以是函數呼叫、作業系統的等待、SQL 語句執行階段 [如 SQL 語句執行過程中的 parsing（解析）或 sorting（排序）階段]，或者整個 SQL 語句的集合。採集事件便能方便地提供 Server 中相關儲存引擎對磁碟檔、資料表 I/O、資料表鎖等資源的同步呼叫資訊。

- performance_schema 的事件與寫入 binlog 的事件（描述資料修改的事件）、事件計畫調度程式（一種儲存程式）的事件不同，該事件記錄的是 Server 執行某些活動時，對某些資源的消耗、耗時以及這些活動執行的次數等情況。

- performance_schema 的事件只記錄於本地 Server 的 performance_schema 中，資料發生變化時不會寫入 binlog，也不會透過複製機制抄寫到其他 Server。

- 目前活躍事件、歷史事件和事件摘要相關資料表記錄的資訊，能夠提供某個事件的執行次數、使用時長，進而分析與某個特定執行緒、特定物件（如 mutex 或 file）相關聯的活動。

- performance_schema 儲存引擎使用 Server 原始程式碼的「檢測點」完成事件資料的收集。對於 performance_schema 實作機制本身的程式碼，並沒有相關的單獨執行緒來檢測，這與其他功能（如複製或事件計畫程式）不同。

- 收集到的事件資料存放在 performance_schema 資料庫的資料表中。可以利用 SELECT 語句查詢，或者以 SQL 語句更新 performance_schema 資料庫的資料表記錄（例如動態修改 performance_schema 中以「setup_」開頭的組態資料表，但請注意，這類資料表的更改將立即生效，因此會影響資料收集）。

- performance_schema 資料表的資料不會持久化存放到磁碟，而是保存於記憶體中，一旦伺服器重啟，這些資料就會丟失（包括組態表在內、整個 performance_schema 下的所有資料）。

- 可使用 MySQL 支援所有平台的事件監控功能，但不同平台用來統計事件時間開銷的計時器類型，可能會有差異。

performance_schema 實作機制遵循下列設計目標。

- 啟用 performance_schema 不會導致 Server 的行為發生變化。例如，它不會改變執行緒調度機制，因此不會造成查詢執行計畫（如 EXPLAIN）發生變化。

- 啟用 performance_schema 之後，Server 會持續不斷地監測，開銷很小，不會導致 Server 不可用。

- 在 performance_schema 實作機制沒有增加新的關鍵字或語句，所以解析器不會發生變化。

- 即使 performance_schema 的監測機制在內部對某事件執行監測失敗，也不會影響 Server 正常運行。

- 如果在開始收集事件資料時，碰到有其他執行緒正在查詢這些事件，那麼會優先執行事件資料的收集，因為收集是一個持續不斷的過程，而檢索（查詢）這些事件資訊，僅是在有需要查看時才進行。也可能永遠都不會檢索到某些事件資訊。

- 如果需要，可以很容易增加新的 instruments（事件採集組態項）監測點。

- instruments 程式碼版本化：如果 instruments 程式碼發生變更，那麼舊的 instruments 程式碼還是可以繼續工作。

注意：MySQL sys schema 是一組物件（包括相關的檢視、預存程序和函數），可以方便地存取 performance_schema 收集的資料，同時檢索的資料可讀性也更高（例如：performance_schema 的時間單位是 ps（皮秒，10-12 秒），經過 sys schema 查詢時會轉換為可讀的 us、ms、s、min、hour、day 等單位），MySQL 8.0.x 版本預設會安裝 sys schema。

4.2　performance_schema 快速使用入門

透過上面的介紹，相信對於什麼是 performance_schema 應瞭解得更清晰了。下面開始介紹 performance_schema 的使用。

4.2.1　檢查目前資料庫版本是否支援

performance_schema 被 視 為 儲 存 引 擎，如 果 該 引 擎 可 用，則 應 該 在 INFORMATION_SCHEMA.ENGINES 資料表，或 show engines 語句的輸出中看到它的 Support 欄位值為 YES，如下所示。

使用 INFORMATION_SCHEMA.ENGINES 資料表查詢資料庫實例是否支援 PERFORMANCE_SCHEMA 儲存引擎。

```
mysql> SELECT * FROM INFORMATION_SCHEMA.ENGINES WHERE ENGINE
='PERFORMANCE_SCHEMA';
+--------------------+---------+-------------------+------------+------+-----------+
| ENGINE             | SUPPORT | COMMENT           |TRANSACTIONS| XA   |SAVEPOINTS|
+--------------------+---------+-------------------+------------+------+-----------+
| PERFORMANCE_SCHEMA | YES     | Performance Schema | NO        | NO   | NO        |
+--------------------+---------+-------------------+------------+------+-----------+
1 row in set (0.00 sec)
```

使用 show engines 語句查詢資料庫實例是否支援 PERFORMANCE_SCHEMA 儲存引擎。

```
mysql> show engines;
+--------------------+---------+-------------------+--------------+------+-----------+
| Engine             | Support | Comment           | Transactions | XA   |Savepoints|
+--------------------+---------+-------------------+--------------+------+-----------+
......
```

```
| PERFORMANCE_SCHEMA | YES    | Performance Schema | NO    | NO  | NO  |
......
9 rows in set (0.00 sec)
```

看到 performance_schema 對應的 Support 欄位值為 YES 時，就表示目前的資料庫版本支援 performance_schema。但確認此點後，就可以使用了嗎？ NO，很遺憾，MySQL 5.6 及之前的版本預設沒有啟用 performance_schema，在 MySQL 5.7 及之後的版本才改為啟用。下面來看看如何設定 performance_schema 的預設啟用。

4.2.2 啓用 performance_schema

如果要明確啟用或關閉 performance_schema，則需要以參數 performance_schema = ON|OFF 來設定，並且寫入 my.cnf 中。

```
[mysqld]
performance_schema = ON   # 注意：該參數為唯讀參數，需要在啟動實例之前設定才有效
```

啟動 mysqld 之後，可透過下列語句查看 performance_schema 的啟用是否生效（值為 ON 表示 performance_schema 已初始化成功且可以使用；值為 OFF 表示在啟用 performance_schema 時發生某些錯誤，可查看錯誤日誌進行排查）。

```
mysql> show variables like 'performance_schema';
+--------------------+-------+
| Variable_name      | Value |
+--------------------+-------+
| performance_schema | ON    |
+--------------------+-------+
1 row in set (0.00 sec)
```

接下來，可以透過查詢 INFORMATION_SCHEMA.TABLES 資料表中與 performance_schema 儲存引擎相關的中繼資料，或者在 performance_schema 資料庫使用 show tables 語句瞭解有哪些資料表。

透過 INFORMATION_SCHEMA.TABLES 資料表，查詢有哪些 performance_schema 引擎資料表。

```
mysql> SELECT TABLE_NAME FROM INFORMATION_SCHEMA.TABLES WHERE TABLE_
SCHEMA ='performance_schema' and engine='performance_schema';
+----------------------------------------------------+
| TABLE_NAME                                         |
+----------------------------------------------------+
| accounts                                           |
......
```

```
| cond_instances                                       |
......
| users                                                |
| variables_by_thread                                  |
| variables_info                                       |
+------------------------------------------------------+
104 rows in set (0.00 sec)
```

利用 show tables 語句查詢有哪些 performance_schema 引擎資料表。

```
mysql> use performance_schema;
Database changed
mysql> show tables from performance_schema;
+------------------------------------------------------+
| Tables_in_performance_schema                         |
+------------------------------------------------------+
| accounts                                             |
......
| cond_instances                                       |

......
| users                                                |
| variables_by_thread                                  |
| variables_info                                       |
+------------------------------------------------------+
104 rows in set (0.00 sec)
```

現在知道在 MySQL 8.0.20 版本中，performance_schema 資料庫一共有 104 個資料表，這些資料表都存放什麼資料呢？如何利用它們來查詢資料？別著急，先看看這些資料表是如何分類。

4.2.3 performance_schema 資料表的分類

performance_schema 資料庫的資料表允許按照監視的不同維度進行分組，例如：依照資料庫物件、事件類型，或者先根據事件類型分組之後，再進一步按照帳號、主機、程式、執行緒、使用者等進行細分。

下文介紹按照事件類型分組記錄效能事件的資料表。

- 語句事件記錄表：記錄語句事件資訊的資料表，包括：events_statements_current（目前語句事件表）、events_statements_history（歷史語句事件表）、events_statements_history_long（長語句歷史事件表）以及一些 summary 表（聚合後的摘要資料表）。其中，summary 表還可以根據帳號（account）、主機

（host）、程式（program）、執行緒（thread）、使用者（user）和全域（global）
再進行細分。

```
mysql> show tables like 'events_statement%';
+----------------------------------------------------+
| Tables_in_performance_schema (events_statement%)   |
+----------------------------------------------------+
| events_statements_current                          |
| events_statements_histogram_by_digest              |
| events_statements_histogram_global                 |
| events_statements_history                          |
| events_statements_history_long                     |
| events_statements_summary_by_account_by_event_name |
| events_statements_summary_by_digest                |
| events_statements_summary_by_host_by_event_name    |
| events_statements_summary_by_program               |
| events_statements_summary_by_thread_by_event_name  |
| events_statements_summary_by_user_by_event_name    |
| events_statements_summary_global_by_event_name     |
+----------------------------------------------------+
12 rows in set (0.00 sec)
```

- 等待事件記錄表：與語句事件記錄表類似。

```
mysql> show tables like 'events_wait%';
+-----------------------------------------------+
| Tables_in_performance_schema (events_wait%)   |
+-----------------------------------------------+
| events_waits_current                          |
| events_waits_history                          |
| events_waits_history_long                     |
| events_waits_summary_by_account_by_event_name |
| events_waits_summary_by_host_by_event_name    |
| events_waits_summary_by_instance              |
| events_waits_summary_by_thread_by_event_name  |
| events_waits_summary_by_user_by_event_name    |
| events_waits_summary_global_by_event_name     |
+-----------------------------------------------+
9 rows in set (0.01 sec)
```

- 階段事件記錄表：記錄語句執行階段事件的資料表，與語句事件記錄表類似。

```
mysql> show tables like 'events_stage%';
+-----------------------------------------------+
| Tables_in_performance_schema (events_stage%)  |
+-----------------------------------------------+
| events_stages_current                         |
```

```
| events_stages_history                          |
| events_stages_history_long                     |
| events_stages_summary_by_account_by_event_name |
| events_stages_summary_by_host_by_event_name    |
| events_stages_summary_by_thread_by_event_name  |
| events_stages_summary_by_user_by_event_name    |
| events_stages_summary_global_by_event_name     |
+------------------------------------------------+
8 rows in set (0.00 sec)
```

- 交易事件記錄表：記錄與交易相關事件的資料表，與語句事件記錄表類似。

```
mysql> show tables like 'events_transaction%';
+-------------------------------------------------------+
| Tables_in_performance_schema (events_transaction%)    |
+-------------------------------------------------------+
| events_transactions_current                           |
| events_transactions_history                           |
| events_transactions_history_long                      |
| events_transactions_summary_by_account_by_event_name  |
| events_transactions_summary_by_host_by_event_name     |
| events_transactions_summary_by_thread_by_event_name   |
| events_transactions_summary_by_user_by_event_name     |
| events_transactions_summary_global_by_event_name      |
+-------------------------------------------------------+
8 rows in set (0.00 sec)
```

- 監視檔案系統層呼叫的資料表：

```
mysql> show tables like '%file%';
+------------------------------------------+
| Tables_in_performance_schema (%file%)    |
+------------------------------------------+
| file_instances                           |
| file_summary_by_event_name               |
| file_summary_by_instance                 |
+------------------------------------------+
3 rows in set (0.01 sec)
```

- 監視記憶體使用的資料表：

```
mysql> show tables like '%memory%';
+----------------------------------------+
| Tables_in_performance_schema (%memory%) |
+----------------------------------------+
| memory_summary_by_account_by_event_name |
| memory_summary_by_host_by_event_name    |
```

```
| memory_summary_by_thread_by_event_name  |
| memory_summary_by_user_by_event_name    |
| memory_summary_global_by_event_name     |
+-----------------------------------------+
5 rows in set (0.01 sec)
```

● 動態對 performance_schema 進行設定的組態資料表：

```
mysql> show tables like '%setup%';
+-----------------------------------------+
| Tables_in_performance_schema (%setup%)  |
+-----------------------------------------+
| setup_actors                            |
| setup_consumers                         |
| setup_instruments                       |
| setup_objects                           |
| setup_timers                            |
+-----------------------------------------+
5 rows in set (0.00 sec)
```

現在，我們已經大致瞭解 performance_schema 中主要資料表的分類，但如何利用它們提供效能事件資料呢？下文就介紹如何透過 performance_schema 的組態表，簡單設定與使用 performance_schema。

4.2.4 performance_schema 簡單設定與使用

當資料庫初始化完成與啟動後，不代表所有的 instruments（採集組態項的組態資料表中，每一項都有一個開關欄位，或為 YES，或為 NO）和 consumers（與採集組態項類似，也有一個對應的事件類型保存資料表組態項，YES 表示保存效能資料，NO 表示不保存效能資料）都啟用了，所以預設不會收集所有的事件。可能想檢測的事件並未開啟，需要進行設定。可以使用下列兩道語句開啟對應的 instruments 和 consumers（列數可能會因 MySQL 版本而異），底下以設定監測等待事件資料為例進行說明。

開啟等待事件的採集器組態項開關，需要修改 setup_instruments 組態資料表中對應的採集器組態項。

```
 mysql> UPDATE setup_instruments SET ENABLED = 'YES', TIMED = 'YES' where
name like 'wait%';
 Query OK, 0 rows affected (0.00 sec)
 Rows matched: 323  Changed: 0  Warnings: 0
```

開啟等待事件的保存資料表組態項開關，修改 setup_consumers 組態資料表中對應的組態項。

```
mysql> UPDATE setup_consumers SET ENABLED = 'YES' where name like '%wait%';
Query OK, 3 rows affected (0.04 sec)
Rows matched: 3  Changed: 3  Warnings: 0
```

設定完成之後，接著就能查看 Server 目前的工作。可以透過查詢 events_waits_current 資料表取得，該資料表中每個執行緒只包含一列資料，用來顯示每個執行緒的最新監視事件（正在做的事情）。

```
mysql> SELECT * FROM events_waits_current limit 1\G
*************************** 1. row ***************************
            THREAD_ID: 14
             EVENT_ID: 60
         END_EVENT_ID: 60
           EVENT_NAME: wait/synch/mutex/innodb/log_sys_mutex
               SOURCE: log0log.cc:1572
          TIMER_START: 1582395491787124480
            TIMER_END: 1582395491787190144
           TIMER_WAIT: 65664
                SPINS: NULL
        OBJECT_SCHEMA: NULL
          OBJECT_NAME: NULL
           INDEX_NAME: NULL
          OBJECT_TYPE: NULL
 OBJECT_INSTANCE_BEGIN: 955681576
      NESTING_EVENT_ID: NULL
    NESTING_EVENT_TYPE: NULL
            OPERATION: lock
      NUMBER_OF_BYTES: NULL
                FLAGS: NULL
1 row in set (0.02 sec)
```

該事件訊息表示執行緒 ID 為 14 的執行緒，正在等待 InnoDB 儲存引擎的 log_sys_mutex 鎖，這是 InnoDB 儲存引擎的一個互斥鎖，等待時間為 65664 皮秒（*_ID 列表示事件來自哪個執行緒、事件編號是多少；EVENT_NAME 表示檢測到的具體內容；SOURCE 表示檢測程式碼在哪個原始檔案及其行號；計時器欄位 TIMER_START、TIMER_END、TIMER_WAIT 分別表示該事件的開始時間、結束時間和整體花費時間，如果該事件正在執行尚未結束，那麼 TIMER_END 和 TIMER_WAIT 的值顯示為 NULL。注意：計時器統計的是近似值，並不是完全精確）

*_current 資料表的每個執行緒只保留一筆記錄，而且一旦執行緒完成工作，資料表就不會再記錄該執行緒的事件資訊。*_history 資料表記錄每個執行緒已經完成的事件資訊，但每個執行緒的事件資訊只允許 10 筆，再多就會被覆蓋掉。*_history_ long 資料表記錄所有執行緒的事件資訊，但總記錄數量是 10000 列，超過便被覆蓋掉。接著查看歷史資料表 events_waits_history 有什麼內容。

```
mysql> SELECT THREAD_ID, EVENT_ID,EVENT_NAME,TIMER_WAIT FROM events_
waits_history ORDER BY THREAD_ID limit 21;
+---------+--------+----------------------------------------------+------------+
|THREAD_ID|EVENT_ID| EVENT_NAME                                   | TIMER_WAIT |
+---------+--------+----------------------------------------------+------------+
|      14 |    341 | wait/synch/mutex/innodb/page_cleaner_mutex   |      84816 |
|      14 |    342 | wait/synch/mutex/innodb/buf_pool_flush_state_mutex|  32832 |
|      14 |    343 | wait/synch/mutex/innodb/flush_list_mutex     |     274208 |
......
|      14 |    348 | wait/synch/mutex/innodb/flush_list_mutex     |    2209000 |
|      14 |    349 | wait/synch/mutex/innodb/buf_pool_flush_state_mutex|  65664 |
|      14 |    350 | wait/synch/mutex/innodb/dblwr_mutex          |      25536 |
|      15 |  35081 | wait/synch/mutex/innodb/log_checkpointer_mutex |   111264 |
|      15 |  35082 | wait/synch/mutex/innodb/flush_list_mutex     |    8708688 |
......
|      15 |  35090 | wait/synch/mutex/innodb/log_limits_mutex     |     122208 |
|      16 |    701 | wait/synch/mutex/innodb/log_closer_mutex     |      37392 |
+---------+--------+----------------------------------------------+------------+
21 rows in set (0.00 sec)
```

Summary 資料表提供所有事件的匯總資訊。群組中的資料表以不同的方式匯總事件資料（如：按照使用者、主機、執行緒等）。例如：若想查看哪些 instruments 佔用的時間最多，則可透過對 events_waits_summary_global_by_event_name 資料表的 COUNT_STAR 或 SUM_TIMER_WAIT 行進行查詢（二者是針對事件的記錄數執行 COUNT(*)、事件記錄的 TIMER_WAIT 行執行 SUM(TIMER_WAIT) 統計而來）。

```
mysql> SELECT EVENT_NAME, COUNT_STAR FROM events_waits_summary_global_
by_event_name ORDER BY COUNT_STAR DESC LIMIT 10;
+----------------------------------------------+------------+
| EVENT_NAME                                   | COUNT_STAR |
+----------------------------------------------+------------+
| wait/synch/mutex/innodb/log_limits_mutex     |    1022172 |
| wait/synch/mutex/innodb/flush_list_mutex     |     344152 |
| wait/synch/mutex/innodb/log_checkpointer_mutex |   340724 |
| wait/synch/mutex/innodb/trx_sys_mutex        |      34345 |
| wait/synch/mutex/innodb/log_flusher_mutex    |      34256 |
| wait/synch/mutex/innodb/log_writer_mutex     |      34255 |
| wait/synch/mutex/innodb/log_closer_mutex     |      34254 |
| wait/synch/mutex/innodb/log_flush_notifier_mutex |  34253 |
| wait/synch/mutex/innodb/log_write_notifier_mutex |  34253 |
| wait/synch/mutex/innodb/lock_wait_mutex      |      10284 |
+----------------------------------------------+------------+
```

```
10 rows in set (0.02 sec)
mysql> SELECT EVENT_NAME, SUM_TIMER_WAIT FROM events_waits_summary_
global_by_event_name ORDER BY SUM_TIMER_WAIT DESC LIMIT 10;

+------------------------------------------------------------+--------------------+
| EVENT_NAME                                                 | SUM_TIMER_WAIT     |
+------------------------------------------------------------+--------------------+
| idle                                                       | 63263133912331431  |
| wait/synch/cond/mysqlx/scheduler_dynamic_worker_pending    | 6846184683499568   |
| wait/io/file/innodb/innodb_data_file                       | 6255254142104      |
| wait/io/file/innodb/innodb_log_file                        | 3568007897080      |
| wait/io/file/innodb/innodb_temp_file                       | 912015377042       |
| wait/io/file/sql/binlog                                    | 535045927240       |
| wait/synch/mutex/innodb/log_checkpointer_mutex             | 324447264922       |
| wait/io/file/innodb/innodb_dblwr_file                      | 289472428278       |
| wait/synch/mutex/innodb/flush_list_mutex                   | 113030922290       |
| wait/synch/mutex/innodb/log_limits_mutex                   | 106047583136       |
+------------------------------------------------------------+--------------------+
10 rows in set (0.01 sec)
```

由這些結果表明，THR_LOCK_malloc 互斥事件最為熱絡。注意：THR_LOCK_malloc 互斥事件僅存在於 DEBUG 版本，GA 版本不存在

　　Instance 資料表記錄檢測的物件類型。當 Server 使用這些物件時，該資料表會產生一筆事件記錄。例如，file_instances 資料表列出檔案 I/O 操作及其關聯的檔名。

```
mysql> SELECT * FROM file_instances limit 20;
+---------------------------------------------------+----------------------------------+------------+
|FILE_NAME                                          |EVENT_NAME                        |OPEN_COUNT|
+---------------------------------------------------+----------------------------------+------------+
|/home/mysql/program/share/english/errmsg.sys       |wait/io/file/sql/ERRMSG           |    0     |
|/home/mysql/program/share/charsets/Index.xml       |wait/io/file/mysys/charset        |    0     |
|/data/mysqldata1/innodb_ts/ibdata1                 |wait/io/file/innodb/innodb_data_file|  3     |
|/data/mysqldata1/innodb_log/ib_logfile0            |wait/io/file/innodb/innodb_log_file|   2     |
|/data/mysqldata1/innodb_log/ib_logfile1            |wait/io/file/innodb/innodb_log_file|   2     |
|/data/mysqldata1/undo/undo001                      |wait/io/file/innodb/innodb_data_file|  3     |
|/data/mysqldata1/undo/undo002                      |wait/io/file/innodb/innodb_data_file|  3     |
|/data/mysqldata1/undo/undo003                      |wait/io/file/innodb/innodb_data_file|  3     |
|/data/mysqldata1/undo/undo004                      |wait/io/file/innodb/innodb_data_file|  3     |
|/data/mysqldata1/mydata/multi_master/test.ibd      |wait/io/file/innodb/innodb_data_file|  1     |
|/data/mysqldata1/mydata/mysql/engine_cost.ibd      |wait/io/file/innodb/innodb_data_file|  3     |
|/data/mysqldata1/mydata/mysql/gtid_executed.ibd    |wait/io/file/innodb/innodb_data_file|  3     |
|/data/mysqldata1/mydata/mysql/help_category.ibd    |wait/io/file/innodb/innodb_data_file|  3     |
|/data/mysqldata1/mydata/mysql/help_keyword.ibd     |wait/io/file/innodb/innodb_data_file|  3     |
|/data/mysqldata1/mydata/mysql/help_relation.ibd    |wait/io/file/innodb/innodb_data_file|  3     |
|/data/mysqldata1/mydata/mysql/help_topic.ibd       |wait/io/file/innodb/innodb_data_file|  3     |
|/data/mysqldata1/mydata/mysql/innodb_index_stats.ibd|wait/io/file/innodb/innodb_data_file|  3    |
```

```
|/data/mysqldata1/mydata/mysql/innodb_table_stats.ibd|wait/io/file/innodb/innodb_data_file|    3   |
|/data/mysqldata1/mydata/mysql/plugin.ibd           |wait/io/file/innodb/innodb_data_file |    3   |
|/data/mysqldata1/mydata/mysql/server_cost.ibd      |wait/io/file/innodb/innodb_data_file |    3   |
+---------------------------------------------------+-------------------------------------+--------+
20 rows in set (0.00 sec)
```

　　溫馨提示：本章內容到這裡就接近尾聲，可能很多人會有疑問，大多數時候並不會直接使用 performance_schema 查詢效能資料，而是使用 sys schema 下的檢視，為什麼不直接學習 sys schema 呢？您知道 sys schema 的資料是從何而來嗎？其資料實際上主要是從 performance_schema、information_schema 中取得，所以若想操控 sys schema，全面瞭解 performance_schema 非常有必要。另外，對於 sys schema、information_schema 甚至 mysql schema，後續章節也會進行介紹。

第 5 章

performance_schema 組態詳解

本章首先介紹編譯時期的組態選項，只適用於原始碼編譯安裝；然後是啟動時組態，即在啟動之前如何透過設定檔持久化 performance_schema 的組態，內容包括 performance_schema 的 system variables（系統變數）、status variables（狀態變數）和啟動選項；最後是執行時組態，即在執行過程中如何動態設定 performance_schema，主要是如何透過 performance_schema 的組態表進行動態設定，以及這些組態表的欄位涵義、組態表的項目之間有什麼關聯等。

提示：本章涉及兩個基本概念。

- instruments：生產者，採集 MySQL 各種操作產生的事件資訊，對應組態表的組態項目，稱之為事件採集組態項目。以下提及的生產者均統稱為 instruments。

- consumers：消費者，對應的消費者表用於儲存來自 instruments 採集的資料，同樣對應到組態表的組態項目，稱之為消費儲存組態項目。以下提及的消費者均統稱為 consumers。

5.1 編譯時組態

以往，一般人認為自行編譯與安裝 MySQL 後，其效能要優於編譯好的二進位檔與 RPM 套件等。可能在 MySQL 早期的版本有這樣的情況，但隨著 MySQL 版本不斷更迭，業界不少人親測證實，目前已不存在上述的情形。所以，正常情況下，通常不建議編譯安裝 MySQL，因為在大規模部署的場景中，此舉十分浪費時間（需要透過編譯安裝的方式精簡模組的場景除外）。

可以利用 cmake 的編譯選項，自行決定 MySQL 實例是否支援 performance_schema 的某個等待事件類別。

```
shell> cmake . \
        -DDISABLE_PSI_STAGE=1 \        # 關閉 STAGE 事件監視器
        -DDISABLE_PSI_STATEMENT=1      # 關閉 STATEMENT 事件監視器
```

注意：雖然可以透過上述方式關閉 performance_schema 的某些功能模組，但是通常不建議這麼做，除非十分清楚後續不可能使用這些功能模組，否則還得重新編譯。

如果接手一個別人安裝好的 MySQL 資料庫伺服器，或者不清楚自己安裝的 MySQL 版本是否支援 performance_schema 時，則可藉由 mysqld 命令查看。

```
# 如果發現以 performance_schema 開頭的選項，表示目前 mysqld 支援 performance_schema
；否則，説明目前資料庫版本不支援，可能需要升級 MySQL 版本

shell> mysqld --verbose --help
...
  --performance_schema
...
  --performance_schema_events_waits_history_long_size=#
...
```

還可以登入 MySQL 實例，使用 SQL 命令查看是否支援 performance_schema。

```
# Support 欄位值為 YES 表示目前資料庫支援；否則，可能需要升級 MySQL 版本

mysql> SHOW ENGINES\G
...
*************************** 5. row ***************************
      Engine: PERFORMANCE_SCHEMA
     Support: YES
     Comment: Performance Schema
Transactions: NO
          XA: NO
  Savepoints: NO
9 rows in set (0.00 sec)
```

注意：在 mysqld 選項或 show engines 語句輸出的結果中，如果看到 performance_schema 相關資訊，並不代表已經啟用，而是資料庫有支援。如果打算啟用，還需要在伺服器啟動時利用系統參數 performance_schema = ON（MySQL 5.7 之前的版本預設為關閉）明確開啟。

5.2　啓動時組態

performance_schema 的 組 態 存 放 在 記 憶 體，容 易 丟 失。也 就 是 説，位 於 performance_schema 組態表（後續內容會講到）中的組態項目，在 MySQL 實例停止時會全部遺失。所以，必須在 MySQL 的設定檔以啟動選項持久化組態項目，好讓 MySQL 每次重啟時都自動載入相關組態，而不需要再重新設定。

5.2.1　啓動選項

performance_schema 有哪些啟動選項呢？可以透過下列命令查看。

```
[root@localhost ~]# mysqld --verbose --help |grep performance-schema |grep
-v '\-\-' |sed '1d' |sed '/[0-9]\+/d'
......
performance-schema-consumer-events-stages-current FALSE
performance-schema-consumer-events-stages-history FALSE
performance-schema-consumer-events-stages-history-long FALSE
performance-schema-consumer-events-statements-current TRUE
performance-schema-consumer-events-statements-history TRUE
performance-schema-consumer-events-statements-history-long FALSE
performance-schema-consumer-events-transactions-current FALSE
performance-schema-consumer-events-transactions-history FALSE
performance-schema-consumer-events-transactions-history-long FALSE
performance-schema-consumer-events-waits-current FALSE
performance-schema-consumer-events-waits-history FALSE
performance-schema-consumer-events-waits-history-long FALSE
performance-schema-consumer-global-instrumentation TRUE
performance-schema-consumer-statements-digest TRUE
performance-schema-consumer-thread-instrumentation TRUE
performance-schema-instrument
......
```

下面將簡單描述一些啟動選項（這些啟動選項用來指定 consumers 和 instruments 組態項目，是否在 MySQL 啟動時跟隨打開。之所以叫作啟動選項，是因為它們在 mysqld 啟動時就需要透過命令列指定，或者儲存於 my.cnf 中。啟動之後藉由 show variables 命令無法查看，因為它們不屬於 system variables）。

（1）performance_schema_consumer_events_statements_current=TRUE

是 否 在 MySQL Server 啟 動 時 就 開 啟 events_statements_current 資 料 表 的 記 錄功能（記錄目前的語句事件資訊），啟動之後也可以在 setup_consumers 組態表以 UPDATE 語句動態更新其中的 events_statements_current 組態項目，預設值為 TRUE。

（2）performance_schema_consumer_events_statements_history=TRUE

與 performance_schema_consumer_events_statements_current 選項類似，但用來設定是否記錄語句事件短歷史資訊，預設值為 TRUE。

（3）performance_schema_consumer_events_stages_history_long=FALSE

與 performance_schema_consumer_events_statements_current 選項類似，但用來設定是否記錄語句事件長歷史資訊，預設值為 FALSE。

除了 statement（語句）事件之外，它還支援 wait（等待）事件、stage（階段）事件、transaction（交易）事件，它們與語句事件一樣都有三個啟動項要分別設定，但等待事件預設未啟用。如果要在 MySQL Server 啟動時一同啟動，通常要寫進 my.cnf 設定檔中。

（4）performance_schema_consumer_global_instrumentation=TRUE

是否在 MySQL Server 啟動時就開啟全域表（如：mutex_instances、rwlock_instances、cond_instances、file_instances、users、hostsaccounts、socket_summary_by_event_name、file_summary_by_instance 等大部分全域物件計數統計和事件匯總統計資訊表）的記錄功能，啟動之後也可以在 setup_consumers 組態表以 UPDATE 語句動態更新全域組態項目。預設值為 TRUE。

（5）performance_schema_consumer_statements_digest=TRUE

是否在 MySQL Server 啟動時就開啟 events_statements_summary_by_digest 資料表的記錄功能，啟動之後也可以在 setup_consumers 資料表以 UPDATE 語句動態更新 digest 組態項目。預設值為 TRUE。

（6）performance_schema_consumer_thread_instrumentation=TRUE

是否在 MySQL Server 啟動時就開啟 events_xxx_summary_by_yyy_by_event_name 資料表的記錄功能，啟動之後也可以在 setup_consumers 組態表以 UPDATE 語句動態更新執行緒組態項目。預設值為 TRUE。

（7）performance_schema_instrument[=name]

是否在 MySQL Server 啟動時就啟用某些採集器。由於 instruments 組態項目多達數千個，所以該組態項目支援 key-value 模式，甚至能以「%」進行配置等。

```
# [=name] 可以是具體的 instruments 名稱（但是如果需要指定多個 instruments 時，就得使用
該選項多次），還可以使用萬用字元，或者指定 instruments 相同的前綴＋萬用字元，甚至以 % 代表所
有的 instruments
## 指定開啟單個 instruments
--performance-schema-instrument='instrument_name=value'

## 以萬用字元指定開啟多個 instruments
--performance-schema-instrument='wait/synch/cond/%=COUNTED'

## 開關所有的 instruments
--performance-schema-instrument='%=ON'
--performance-schema- instrument='%=OFF'
```

　　注意： 這些啟動選項生效的前提是設定 performance_schema=ON。另外，雖然無法以 show variables 語句查看這些啟動選項，但是可以透過 setup_instruments 和 setup_consumers 組態表查詢這些選項指定的值。

5.2.2 system variables

　　show variables 語句能夠查看與 performance_schema 相關的 system variables，這些 system variables 用來限定 consumers 組態表的儲存限制。它們都是唯讀變數，必須在 MySQL 啟動之前就設定好這些變數值。

```
mysql> show variables like '%performance_schema%';
+--------------------------------------------------------+-------+
| Variable_name                                          | Value |
+--------------------------------------------------------+-------+
| performance_schema                                     | ON    |
| performance_schema_accounts_size                       | -1    |
| performance_schema_digests_size                        | 10000 |
| performance_schema_error_size                          | 4367  |
| performance_schema_events_stages_history_long_size     | 10000 |
| performance_schema_events_stages_history_size          | 10    |
.....
44 rows in set (0.01 sec)
```

　　下文簡單解釋幾個需要關注的 system variables（以下簡稱為變數，其中大部分變數值是 -1，代表會自動調整，不需要太多關注。另外，大於 -1 的變數在大多數時候也夠用，如果無特殊需求，則不建議調整，因為調整這些參數會增加記憶體使用量）。

　　（1）performance_schema=ON

　　控 制 performance_schema 功 能 的 開 關，若 想 使 用 MySQL 的 performance_schema，則得在 mysqld 啟動時就開啟，以啟用事件收集功能。

該參數在 MySQL 5.7.x 版之前支援 performance_schema 的預設關閉，從 MySQL 5.7.x 版本（含）之後開啟。

注意：如果 mysqld 在初始化 performance_schema 時發現無法分配任何相關的內部緩衝區，便將自動禁用 performance_schema，並將 performance_schema 設為 OFF。

（2）performance_schema_digests_size=10000

控制 events_statements_summary_by_digest 資料表的最大列數。如果產生的語句摘要資訊超過最大值，便無法繼續存入該表，此時 performance_schema 會增加狀態變數。

（3）performance_schema_events_statements_history_long_size=10000

控制 events_statements_history_long 資料表的最大列數。該參數控制所有工作階段在 events_statements_history_long 資料表能夠存放的總事件記錄數，超過這個限制之後，將覆蓋最早的記錄。

這是全域變數、唯讀變數，取整數值，從 MySQL 5.6.3 版本開始引入。

- 在 MySQL 5.6.x 版本中，5.6.5 及之前的版本預設值為 10000，5.6.6 及之後的版本預設值為 -1。正常情況下，自動計算的值都是 10000。

- 在 MySQL 5.7.x 版本中，預設值為 -1。正常情況下，自動計算的值都是 10000。

（4）performance_schema_events_statements_history_size=10

控制 events_statements_history 資料表單一執行緒（工作階段）的最大列數。該參數控制單個工作階段在 events_statements_history 資料表能夠存放的事件記錄數，超過這個限制之後，將覆蓋單個工作階段最早的記錄。

這是全域變數、唯讀變數，取整數值，從 MySQL 5.6.3 版本開始引入。

- 在 MySQL 5.6.x 版本中，5.6.5 及之前的版本預設值為 10，5.6.6 及之後的版本預設值為 -1。正常情況下，自動計算的值都是 10。

- 在 MySQL 5.7.x 版本中，預設值為 -1。正常情況下，自動計算的值都是 10。

除了 statement（語句）事件之外，它還支援 wait（等待）事件、stage（階段）事件、transaction（交易）事件。它們與語句事件一樣，都有三個參數要分別設定儲存限制，有興趣的讀者請自行研究，這裡不再贅述。

（5）performance_schema_max_digest_length=1024

控制標準化形式的 SQL 語句文字在存入 performance_schema 時的限制長度。該變數與 max_digest_length 變數相關（關於 max_digest_length 變數的涵義，請自行查閱相關資料）。

這是全域變數、唯讀變數，取整數值，取值範圍為 0~1048576，預設值為 1024 位元組。在 MySQL 5.6.26 和 5.7.8 版本引入該變數。

（6）performance_schema_max_sql_text_length=1024

控制存入 events_statements_current、events_statements_history 和 events_statements_history_long 語句事件表中，SQL_TEXT 欄的最大 SQL 語句長度位元組數。超出此系統變數限定的部分將被丟棄，不會記錄。一般情況下不需要調整該參數，除非被截斷的部分與其他 SQL 語句比起來有極大差異。

這是全域變數、唯讀變數，取整數值，取值範圍為 0~1048576，預設值為 1024 位元組。從 MySQL 5.7.6 版本開始引入。

降低系統變數 performance_schema_max_sql_text_length 的值，可以減少記憶體使用。但如果在匯總的 SQL 語句中被截斷部分有較大差異，則會導致沒有辦法再區分這些 SQL 語句。增加該系統變數的值會增加記憶體使用，但對於匯總的 SQL 語句來說，反倒可以更精準地區分不同的部分。

5.3　執行時期組態

啟動 MySQL 之後，一般就無法以啟動選項開關對應的 consumers 和 instruments，此時如何根據需求靈活地開關 performance_schema 的採集資訊呢？（例如：預設情況下很多組態項目並未開啟，可能需要即時修改組態；再如：在高並行場景中，有大量的執行緒連接 MySQL，並執行各種 SQL 語句產生大量的事件資訊，但只想查看某一個工作階段產生的事件資訊時，也可能會即時修改組態）通常可以透過修改 performance_schema 下的一些組態項目來實現。

這些組態表的組態項目之間存在著關聯性，按照組態影響的先後順序，可整理成如圖 5-1 所示的關係（僅代表個人理解）。

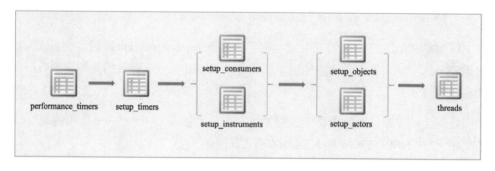

圖 5-1

5.3.1 performance_timers 資料表

performance_timers 資料表記錄了 Server 有哪些可用的事件計時器（注意：表內的組態項目不支援增、刪、改，是唯讀的屬性。表示目前的版本支援這些計時器）。setup_timers 資料表的組態項目會參照此資料表的計時器。

每個計時器的精度和數量相關的特徵值有所不同，可透過下列語句查看 performance_timers 資料表中記錄的計時器和相關的特徵資訊。

```
mysql> SELECT * FROM performance_timers;
+-------------+-----------------+------------------+----------------+
| TIMER_NAME  | TIMER_FREQUENCY | TIMER_RESOLUTION | TIMER_OVERHEAD |
+-------------+-----------------+------------------+----------------+
| CYCLE       | 2389029850      | 1                | 72             |
| NANOSECOND  | 1000000000      | 1                | 112            |
| MICROSECOND | 1000000         | 1                | 136            |
| MILLISECOND | 1036            | 1                | 168            |
+-------------+-----------------+------------------+----------------+
```

performance_timers 資料表中各欄位的涵義如下。

- TIMER_NAME：表示可用計時器的名稱，其中 CYCLE 是指根據 CPU（處理器）週期的計數器。在 setup_timers 資料表可以使用 performance_timers 資料表中欄位值不為 NULL 的計時器（如果某個欄位值為 NULL，則表示該計時器可能不支援目前 Server 所在平台）。

- TIMER_FREQUENCY：表示每秒對應的計時器單位的數量（即相對於每秒時間，換算為對應計時器單位之後的數值，例如，每秒 =1,000 毫秒 =1,000,000 微秒 =1,000,000,000 奈秒）。對於 CYCLE 計時器的換算值，通常與 CPU 的頻率有關。在 performance_timers 資料表看到 CYCLE 計時器的

TIMER_FREQUENCY 欄位值，是從根據 2.4GHz 處理器的系統獲得的預設值（在該系統上，CYCLE 計時器的 TIMER_FREQUENCY 欄位值可能接近 2,400,000,000）。NANOSECOND、MICROSECOND、MILLISECOND 計時器的 TIMER_FREQUENCY 欄位值是根據固定的 1 秒換算而來。

- TIMER_RESOLUTION：計時器精度值，表示呼叫每個計時器時額外增加的值（即使用該計時器時，每呼叫計時器一次，因此額外增加的值）。如果計時器的精度為 10，則每次呼叫該計時器時，其時間值相當於 TIMER_FREQUENCY 值 +10。

- TIMER_OVERHEAD：使用計時器獲取事件時開銷的最小週期值（例如 performance_schema 在初始化期間呼叫計時器 20 次，選擇一個最小值作為此欄位值）。每個事件的時間開銷都是計時器顯示值的兩倍，因為在事件的開始和結束時都呼叫了計時器。注意：計時器程式碼僅用於支援計時類事件，對於非此類型的事件（如呼叫次數的統計事件），這種計時器統計開銷方法便不適用。

提示：對於 performance_timers 資料表，不允許使用 TRUNCATE TABLE 語句。

5.3.2　setup_consumers 資料表

setup_consumers 資料表列出 consumers 可組態清單項目（注意：該表不支援增加和刪除記錄，只允許修改和查詢記錄）。

```
mysql> SELECT * FROM setup_consumers;
+----------------------------------+---------+
| NAME                             | ENABLED |
+----------------------------------+---------+
| events_stages_current            | NO      |
| events_stages_history            | NO      |
| events_stages_history_long       | NO      |
| events_statements_current        | YES     |
| events_statements_history        | YES     |
| events_statements_history_long   | NO      |
| events_transactions_current      | YES     |
| events_transactions_history      | YES     |
| events_transactions_history_long | NO      |
| events_waits_current             | NO      |
| events_waits_history             | NO      |
| events_waits_history_long        | NO      |
| global_instrumentation           | YES     |
```

```
| thread_instrumentation                       | YES        |
| statements_digest                            | YES        |
+----------------------------------------------+------------+
```

對 setup_consumers 資料表的修改會立即影響監控,該表各欄位的涵義如下。

- NAME:consumers 名稱。

- ENABLED:是否啟用 consumers,有效值為 YES 或 NO,此欄位可以透過
  UPDATE 語句修改。如果打算禁用 consumers,就將 ENABLED 欄位設為
  NO。NO 表示 Server 不會對 consumers 資料表的內容新增和刪除進行維護,
  並且也會關閉 consumers 對應的 instruments(如果 instruments 發現採集資料
  沒有任何 consumers 消費的話)。

提示:對於 setup_consumers 資料表,不允許使用 TRUNCATE TABLE 語句。

setup_consumers 資料表的 consumers 組態項目具有層級關係,按照優先順序,
顯示為如圖 5-2 的層級結構(可依此關閉不需要、較低等級的 consumers,這樣有助
於節省效能開銷,並且後續查看採集的事件資訊時也方便篩選)。

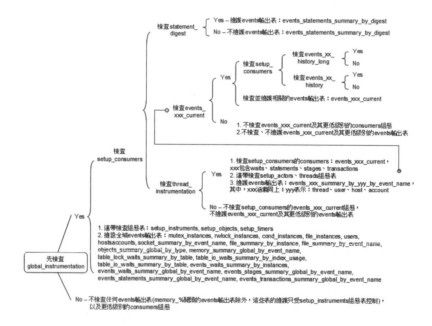

圖 5-2

從圖 5-2 的資訊可以看到：

（1）global_instrumentation 處於頂級位置，優先順序最高。

- 當 global_instrumentation 為 YES 時，會檢查 setup_consumers 資料表的 statements_digest 和 thread_instrumentation 的組態，並附帶檢查 setup_instruments、setup_objects、setup_timers 組態表。

- 當 global_instrumentation 為 YES 時（無論 setup_consumers 資料表的 statements_digest 和 thread_instrumentation 如何設定，只依賴於 global_instrumentation 的組態），將維護全域 events 輸出表：mutex_instances、rwlock_instances、cond_instances、file_instances、users、hostsaccounts、socket_summary_by_event_name、file_summary_by_instance、file_summary_by_event_name、objects_summary_global_by_type、memory_summary_global_by_event_name、table_lock_waits_summary_by_table、table_io_waits_summary_by_index_usage、table_io_waits_summary_by_table、events_waits_summary_by_instance、events_waits_summary_global_by_event_name、events_stages_summary_global_by_event_name、events_statements_summary_global_by_event_name、events_transactions_summary_global_by_event_name。

- 當 global_instrumentation 為 NO 時，不會檢查任何更低等級的 consumers 組態，也不會維護任何 events 輸出表（以 memory_% 開頭的 events 輸出表除外，因為這些表的維護只受 setup_instruments 組態表控制）。

（2）statements_digest 和 thread_instrumentation 處於同一等級，其優先順序僅次於 global_instrumentation，且依賴於 global_instrumentation 為 YES 時才會被檢測。

- 當 statements_digest 為 YES 時，由於 statements_digest consumers 沒有更低等級的組態，因此還需要依賴於 global_instrumentation 為 YES 時才會生效。同時會維護 events 輸出表：events_statements_summary_by_digest。

- 當 statements_digest 為 NO 時，不維護 events 輸出表：events_statements_summary_by_digest。

- 當 thread_instrumentation 為 YES 時，會檢查 setup_consumers 資料表的 events_xxx_current 組態（xxx 表示 waits、stages、statements、transactions），並且連帶檢查 setup_actors、threads 組態表。同時會維護 events 輸出表：events_xxx_summary_by_yyy_by_event_name，其中 xxx 的涵義同上，yyy 表示 thread、user、host、account。

- 當 thread_instrumentation 為 NO 時，不檢查 setup_consumers 資料表的 events_xxx_current 組態，不維護 events_xxx_current 以及更低等級的 events 輸出表。

（3）events_xxx_current 系列（xxx 的涵義同上）consumers 處於同一等級，且依賴於 thread_instrumentation 為 YES 時才會被檢測。

- 當 events_xxx_current 為 YES 時，將檢測 setup_consumers 組態表中 events_xxx_history 和 events_xxx_history_long 系列的 consumers 組態，同時會維護 events_xxx_current 系列表。

- 當 events_xxx_current 為 NO 時，不檢測 setup_consumers 組態表中 events_xxx_history 和 events_xxx_history_long 系列的 consumers 組態，也不維護 events_xxx_current 系列表。

（4）events_xxx_history 和 events_xxx_history_long 系列（xxx 的涵義同上）consumers 處於同一等級，優先順序次於 events_xxx_current 系列 consumers，依賴於 events_xxx_current 系列 consumers 組態為 YES 時才會被檢測。

- 當 events_xxx_history 為 YES 時，沒有更低等級的 consumers 組態需要檢測，但會附帶檢測 setup_actors、threads 組態表的 HISTORY 欄位值，同時維護 events_xxx_history 系列表，反之則不維護。

- 當 events_xxx_history_long 為 YES 時，沒有更低等級的 consumers 組態需要檢測，但會附帶檢測 setup_actors、threads 組態表中 HISTORY 欄位值，同時維護 events_xxx_history_long 系列表，反之則不維護。

注意：

- events 輸出表 events_xxx_summary_by_yyy_by_event_name 的開關由 global_instrumentation 控制，且表中有固定資料列，不可清理。當 truncate 或者關閉相關的 consumers 時，只是不統計對應 instruments 收集的 events 資料，相關欄位值為 0。

- 如果 performance_schema 在檢查 setup_consumers 資料表時，發現某個 consumers 組態列的 ENABLED 欄位值不為 YES，則與該組態項目相關的 events 輸出表中，就不會接收儲存任何事件記錄。

- 當高等級的 consumers 組態不為 YES 時，依賴於此 consumers 組態為 YES 時才啟用的那些更低等級的 consumers，將一同被禁用。

組態項目修改範例如下：

```
# 開啟 events_waits_current 資料表的目前等待事件記錄功能
mysql> UPDATE setup_consumers SET ENABLED ='YES' WHERE NAME ='events_
waits_current';

# 關閉歷史事件記錄功能
mysql> UPDATE setup_consumers SET ENABLED ='NO' where name like '%history%';

# where 條件 ENABLED ='YES' 即表示開啟對應的記錄表功能
......
```

5.3.3 setup_instruments 資料表

setup_instruments 資料表列出 instruments 可組態清單項目，亦即哪些事件支援收集功能。

```
mysql> SELECT * FROM setup_instruments;
+----------------------------------------------------+---------+-------+
| NAME                                               | ENABLED | TIMED |
+----------------------------------------------------+---------+-------+
...
| wait/synch/mutex/sql/LOCK_global_read_lock         | YES     | YES   |
| wait/synch/mutex/sql/LOCK_global_system_variables  | YES     | YES   |
| wait/synch/mutex/sql/LOCK_lock_db                  | YES     | YES   |
| wait/synch/mutex/sql/LOCK_manager                  | YES     | YES   |
...
| wait/synch/rwlock/sql/LOCK_grant                   | YES     | YES   |
| wait/synch/rwlock/sql/LOGGER::LOCK_logger          | YES     | YES   |
| wait/synch/rwlock/sql/LOCK_sys_init_connect        | YES     | YES   |
| wait/synch/rwlock/sql/LOCK_sys_init_slave          | YES     | YES   |
...
| wait/io/file/sql/binlog                            | YES     | YES   |
| wait/io/file/sql/binlog_index                      | YES     | YES   |
| wait/io/file/sql/casetest                          | YES     | YES   |
| wait/io/file/sql/dbopt                             | YES     | YES   |
...
```

setup_instruments 資料表的各欄位詳解如下。

- NAME：instruments 名稱，該名稱可能由多個部分組成並形成層級結構。當執行 instruments 時，產生的事件名稱就取自 instruments 名稱（事件沒有真正的名稱，於是直接採用 instruments 的名稱），可將 instruments 與產生的事件進行關聯。

- **ENABLED**：是否啟用 instruments，有效值為 YES 或 NO，此欄位可以利用 UPDATE 語句修改。如果設定為 NO，代表不執行這個 instruments，也不會產生任何事件資訊。

- **TIMED**：instruments 是否收集時間資訊，有效值為 YES 或 NO，此欄位可以利用 UPDATE 語句修改。如果設定為 NO，代表這個 instruments 不會收集時間資訊。

instruments 具有樹狀結構的命名空間，由 setup_instruments 資料表的 NAME 欄位得知，在 instruments 名稱的組成中，最左邊是頂層 instruments 類型命名，最右邊則是一個具體的 instruments 名稱。有一些頂層 instruments 沒有其他層級的元件（如：transaction 和 idle，那麼它既是類型又是具體的 instruments 名稱），也有一些頂層 instruments 擁有下層 instruments（如：wait/io/file/myisam/log），一個層級的 instruments 名稱對應的元件數量，取決於 instruments 類型。

一個給定 instruments 名稱的涵義，需要根據 instruments 名稱的左側命名而定。例如，下面兩個與 MyISAM 相關的 instruments 名稱的涵義各不相同。名稱中給定元件的解釋，取決於其左側的元件。

```
# 第一個 instruments 表示與 MyISAM 儲存引擎的檔案 I/O 相關
wait/io/file/myisam/log

# 第二個 instruments 表示與 MyISAM 儲存引擎的磁碟同步相關
wait/synch/cond/myisam/MI_SORT_INFO::cond
```

instruments 的命名格式組成：performance_schema 實作的一個前綴結構（如：wait/io/file/myisam/log 中的 wait）＋由開發人員實作的 instruments 程式碼定義的一個後綴名稱（如：wait/io/file/myisam/log 中的 io/file/myisam/log）。

- instruments 名稱前綴表示 instruments 的類型（如 wait/io/file/myisam/log 中的 wait），該前綴還用於 setup_timers 資料表組態某個事件類型的計時器，也稱作頂層元件。

- instruments 名稱後綴來自 instruments 本身的程式碼。後綴可能包括：

  - 主要元件的名稱（如：myisam、innodb、mysys 或 sql，這些都是 Server 的子系統模組元件）或外掛程式名稱。

  - 程式碼中變數的名稱，格式為 XXX（全域變數）或 CCC::MMM（CCC 表示一個類別名稱，MMM 表示在類別 CCC 作用域的一個成員物件），如：

'wait/synch/cond/sql/COND_thread_cache' instruments 中 的 COND_thread_cache、'wait/synch/mutex/mysys/THR_LOCK_myisam' instruments 中　的 THR_LOCK_myisam、'wait/synch/mutex/sql/MYSQL_BIN_LOG::LOCK_index' instruments 中的 MYSQL_BIN_LOG:: LOCK_index。

在原始程式碼實作的每一個 instruments，如果載入到 Server 中，那麼 setup_instruments 資料表就會有一列對應的組態。當啟用或執行 instruments 時，將建立對應的 instruments 實例，可於 *_instances 資料表查看這些實例。

大多數 setup_instruments 組態列修改後會立即影響監控，但對於某些 instruments，執行時期的修改不生效（允許修改，但無作用），只有在啟動之前的修改才會生效（使用 system variables 寫到設定檔）。不生效的 instruments 主要有 mutex、condition、rwlock。

針對記憶體 instruments，將忽略 setup_instruments 資料表的 TIMED 欄位（以 UPDATE 語句對這些記憶體 instruments 設定 TIMED 欄位值為 YES 時，可以執行成功；但在此語句之後，再以 SELECT 語句查詢這些 instruments 的 TIMED 欄位值還是 NO），因為記憶體操作沒有計時器資訊。

如果某個 instruments 的 ENABLED 設為 YES（表示啟用），而 TIMED 欄位值未設為 YES（表示禁用計時器功能），則 instruments 會產生事件資訊，但是事件資訊對應的 TIMER_START、TIMER_END 和 TIMER_WAIT 計時器值都為 NULL。後續在匯總表計算 sum、minimum、maximum 和 average 時間值時，將忽略這些 NULL 值。

提示：setup_instruments 資料表不允許使用 TRUNCATE TABLE 語句。

setup_instruments 資料表的 instruments 名稱層級結構，如圖 5-3 所示。

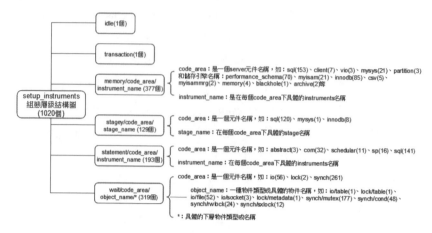

圖 5-3

setup_instruments 資料表中頂級 instruments 元件的分類如下。

（1）Idle Instrument 元件：用來檢測空閒事件的 instruments，該 instruments 沒有其他層級的元件。空閒事件的收集時機如下：

- 依據 socket_instances 資料表的 STATE 欄位而定，此欄位有 ACTIVE 和 IDLE 兩個值。如果 STATE 欄位值為 ACTIVE，則 performance_schema 使用與 socket 類型相對應的 instruments，以追蹤活躍的 socket 連接的等待時間（監聽活躍的 socket 的 instruments 有 wait/io/socket/sql/server_tcpip_socket、wait/io/socket/sql/server_unix_socket、wait/io/socket/sql/client_connection）；如果 STATE 欄位值為 IDLE，則 performance_schema 使用 idle instruments 追蹤空閒 socket 連接的等待時間。

- 如果 socket 連接在等待來自用戶端的請求，則此時 socket 連接處於空閒狀態。socket_instances 資料表中處於空閒 socket 連接的 STATE 欄位值，會從 ACTIVE 變為 IDLE。EVENT_NAME 欄位值保持不變，instruments 的計時器會暫停，並於 events_waits_current 資料表產生一列 EVENT_NAME 欄位值為 idle 的事件記錄（需要設定 setup_consumers 資料表中 events_waits_current 組態項目的 ENABLED 欄位值為 YES 之後，該表才會記錄內容）。

- 當 socket 連接接收到用戶端的下一個請求時，便終止空閒事件，socket 實例從空閒狀態切換到活動狀態，並恢復 socket instruments 的計時器工作。

注意：socket_instances 資料表不允許使用 TRUNCATE TABLE 語句。

（2）Transaction Instrument 元件：用來檢測 transactions 事件的 instruments，該 instruments 沒有其他層級的元件。

（3）Memory Instrument 元件：用來檢測 memory 事件的 instruments。

預設情況下停用大多數的 memory instruments，但可在啟動 Server 時於 my.cnf 設定啟用或禁用，或者在執行時期更新 setup_instruments 資料表中相關 instruments 的組態動態啟用或禁用。memory instruments 的命名格式為：memory/code_area/ instrument_name，其中 code_area 是一個 Server 元件字串值（如 sql、client、vio、 mysys、partition 和 儲 存 引 擎 名 稱：performance_schema、myisam、innodb、csv、 myisammrg、memory、blackhole、archive 等 ）， 而 instrument_name 是 具 體 的 instruments 名稱。

以前綴 memory/performance_schema 命名的 instruments，代表為 performance_ schema 內部緩衝區分配了多少記憶體。以 memory/performance_schema 開頭 的 instruments 是內建的，無法在啟動或執行時人為開關，內部始終啟用。這些 instruments 採集的 events 事件記錄，僅存放於 memory_summary_global_by_event_ name 資料表。

（4）Stage Instrument 元件：用來檢測 stages 事件的 instruments。

stage instruments 的 命 名 格 式 為：stage/code_area/stage_name， 其 中 code_area 是一個 Server 元件字串值（與 memory instruments 類似），stage_name 表示語句 的執行階段，如 'Sorting result' 和 'Sending data'。這些執行階段字串值與 SHOW PROCESSLIST 的 State 欄位值、INFORMATION_SCHEMA.PROCESSLIST 資料表的 STATE 欄位值類似。

（5）Statement Instrument 元件：用來檢測 statements 事件的 instruments，包含 下列幾個子類別。

- statement/abstract/：statement 操作的抽象 instruments。此類 instruments 用於 沒有確定語句類型的早期階段，一旦確定語句類型之後，便採用對應語句類 型的 instruments 代替。

- statement/com/：與 command 操作相關的 instruments。名稱對應於 COM_ xxx 操作命令（詳見 mysql_com.h 標頭檔和 sql/sql_parse.cc 檔案。例如： statement/com/Connect 和 statement/com/Init DB instruments， 分 別 對 應 至 COM_CONNECT 和 COM_INIT_DB 命令）。

- statement/scheduler/event：用於追蹤一個事件調度器執行過程中所有事件的 instruments，該類型的 instruments 只有一個。

- statement/sp/：用來檢測預存程式執行過程中內部命令的 instruments。例如，statement/sp/cfetch 和 statement/sp/freturn instruments，分別表示檢測預存程式內部使用游標提取資料、函數返回資料等相關命令。

- statement/sql/：與 SQL 語句操作相關的 instruments。例如，statements/sql/create_db 和 statement/sql/select instruments，分別表示檢測 CREATE DATABASE 和 SELECT 語句的 instruments。

（6）Wait Instrument 元件：用來檢測 waits 事件的 instruments，包含下列幾個子類別。

- wait/io：檢測 I/O 操作的 instruments，又包含下列幾個子類別。

  - wait/io/file：檢測檔案 I/O 操作的 instruments。對於檔案來説，表示與等待檔案相關的系統呼叫完成，例如呼叫 fwrite() 系統。由於快取的存在，資料庫進行相關操作時，不一定需要讀寫磁碟。

  - wait/io/socket：檢測 socket 操作的 instruments。socket instruments 的命名格式為：wait/io/socket/sql/socket_type，Server 在支援的每一種網路通訊協定上監聽 socket。socket instruments 監聽 TCP/IP、UNIX 通訊端檔案連接的 socket_type 值有 server_tcpip_socket 和 server_unix_socket。當監聽到有用戶端連接進來時，Server 將其轉移到以單獨執行緒管理的新通訊端來處理。新連接執行緒對應的 socket_type 值為 client_connection。利用語句「select * from setup_instruments where name like 'wait/io/socket%';」，便可查詢這三個 socket_type 值對應的 instruments。

- wait/io/table/sql/handler：與資料表 I/O 操作相關的 instruments。這個類別包括對持久化基礎表或臨時表的列級存取（取得、插入、更新和刪除資料列）。對於檢視來説，檢測 instruments 時會參照被檢視參照的基礎表存取情況。

與大多數等待事件不同，資料表 I/O 等待可以包括其他等待。例如，包含檔案 I/O 或記憶體操作。因此，資料表 I/O 等待的事件，在 events_waits_current 資料表的記錄通常有兩列（除了 wait/io/table/sql/handler 的事件記錄之外，可能還有一列 wait/io/file/myisam/dfile 的事件記錄）。這種情況叫作資料表 I/O 操作的原子事件。

某些列操作可能會導致多個資料表 I/O 等待。例如，如果有 INSERT 觸發器，那麼插入操作可能造成觸發器更新操作。

- wait/lock：與鎖操作相關的 instruments。

  - wait/lock/table：與資料表鎖操作相關的 instruments。

  - wait/lock/metadata/sql/mdl：與 MDL 鎖操作相關的 instruments。

- wait/synch：與磁碟同步物件相關的 instruments。performance_schema. events_waits_xxx 資料表的 TIMER_WAIT 欄位，包含在嘗試取得某個物件的鎖（如果該物件已經存在鎖）時被阻塞的時長。

  - wait/synch/cond：一個執行緒使用一個狀態向其他執行緒發出訊號，通知它們正在等待的事情已經發生了。如果只有一個執行緒在等待這個狀態，那麼便被此狀態喚醒，然後繼續往下執行。如果有多個執行緒都在等待這個狀態，就一併喚醒這些執行緒，並競爭它們正等待的資源。該 instruments 用來採集某執行緒等待此資源時，被阻塞的事件資訊。

  - wait/synch/mutex：一個執行緒在存取某個資源時，使用互斥物件防止其他執行緒同時存取此資源。該 instruments 用來採集發生互斥時的事件資訊。

  - wait/synch/rwlock：一個執行緒使用一個讀寫鎖物件鎖定某個特定變數，以防止其他執行緒同時存取。對於以共用讀鎖鎖定的資源，允許多個執行緒同時存取；對於以獨佔寫鎖鎖定的資源，則只有一個執行緒可以存取。該 instruments 用來採集發生讀寫鎖鎖定時的事件資訊。

  - wait/synch/sxlock：Shared-Exclusive（SX）鎖是一種 rwlock 鎖物件，它在對公用資源寫入的同時，允許其他執行緒的不一致讀取。sxlocks 鎖物件可用來最佳化資料庫讀寫場景的並行性和可擴展性。

若想控制這些 instruments 的啟停，可將 ENABLED 欄位值設為 YES 或 NO。若想組態 instruments 是否收集計時器資訊，應將 TIMED 欄位值設為 YES 或 NO。

針對 setup_instruments 資料表大多數 instruments 的修改，會立即影響監控。但對於某些 instruments，則在 MySQL Server 重啟後才有作用，執行時修改不生效，因為可能會影響 mutexes、conditions 和 rwlocks。下面來看一些 setup_instruments 資料表的修改範例。

```
# 禁用所有的 instruments，修改之後，生效的 instruments 會立即產生影響，亦即即刻關閉收
集功能
mysql> UPDATE setup_instruments SET ENABLED = 'NO';

# 禁用所有檔案類 instruments，利用 NAME 欄位結合 like 模糊比對
mysql> UPDATE setup_instruments SET ENABLED = 'NO' WHERE NAME LIKE 'wait/
io/file/%';

# 僅禁用檔案類 instruments，但啟用所有其他 instruments，利用 NAME 欄位結合 if 函數，
LIKE 模糊比對到就改為 NO，沒有找到便改為 YES
mysql> UPDATE setup_instruments SET ENABLED = IF(NAME LIKE 'wait/io/
file/%', 'NO', 'YES');

# 啟用所有類型 events 的 mysys 子系統的 instruments
mysql> UPDATE setup_instruments SET ENABLED = CASE WHEN NAME LIKE '%/
mysys/%' THEN 'YES' ELSE 'NO' END;

# 禁用指定的 instruments
mysql> UPDATE setup_instruments SET ENABLED = 'NO' WHERE NAME = 'wait/
synch/mutex/mysys/ TMPDIR_mutex';

# 切換 instruments 開關的狀態，「翻轉」ENABLED 欄位值。利用 ENABLED 欄位值 +if 函數
IF(ENABLED = 'YES', 'NO', 'YES') 表示，如果 ENABLED 欄位值為 YES，則修改為 NO；反之，
便修改為 YES
mysql> UPDATE setup_instruments SET ENABLED = IF(ENABLED = 'YES', 'NO',
'YES') WHERE NAME = 'wait/synch/mutex/mysys/TMPDIR_mutex';

# 禁用所有 instruments 的計時器
mysql> UPDATE setup_instruments SET TIMED = 'NO';
```

找尋與 InnoDB 儲存引擎檔相關的 instruments，可以使用下列語句：

```
mysql> select * from setup_instruments where name like 'wait/io/file/
innodb/%';
+------------------------------------------+---------+-------+
| NAME                                     | ENABLED | TIMED |
+------------------------------------------+---------+-------+
| wait/io/file/innodb/innodb_data_file     | YES     | YES   |
| wait/io/file/innodb/innodb_log_file      | YES     | YES   |
| wait/io/file/innodb/innodb_temp_file     | YES     | YES   |
...
+------------------------------------------+---------+-------+
8 rows in set (0.00 sec)
```

提示：官方文件沒有找到所有 instruments 的具體說明，原因如下。

- instruments 是服務端程式碼，可能會經常發生變動。

- instruments 有數百種，全部列出不現實。

- instruments 會因為安裝的版本不同而有差異，每一個版本支援的 instruments 可以透過查詢 setup_instruments 資料表取得。

與常用的場景相關的設定如下：

- 監控 metadata locks（MDL 中繼資料鎖）需要開啟 'wait/lock/metadata/sql/mdl' instruments，開啟後，在 performance_schema.metadata_locks 資料表便可查詢 MDL 鎖資訊。

- profiling 功能即將廢除，監控與原 profiling 功能相關的事件資訊需要啟用對應的 instruments，具體的 instruments 列表可使用「select * from setup_instruments where name like '%stage/sql%' and name not like '%stage/sql/Waiting%' and name not like '%stage/sql/%relay%' and name not like '%stage/sql/%binlog%' and name not like '%stage/sql/%load%' ;」語句查看。開啟這些 instruments 之後，可於 performance_schema.events_stages_xxx 資料表查看原 show profiles 語句輸出的相關事件資訊。

- 監控表鎖需要開啟 'wait/io/table/sql/handler' instruments，開啟之後，在 performance_schema.table_handles 資料表會記錄目前開啟了哪些資料表（當執行 flush tables 強制關閉開啟的資料表時，表內的資訊會被清空）、哪些資料表已經加了表鎖（當某工作階段持有表鎖時，相關記錄列中的 OWNER_THREAD_ID 和 OWNER_EVENT_ID 欄位會記錄對應的 thread id 和 event id），以及表鎖被哪個工作階段持有（一旦釋放表鎖時，相關記錄列中的 OWNER_THREAD_ID 和 OWNER_EVENT_ID 欄位值會被清零）。

- 監控查詢語句 top number 需要開啟 'statement/sql/select' instruments，然後打開 events_statements_xxx 資料表，透過查詢 performance_schema.events_statements_xxx 資料表的 SQL_TEXT 欄位，便可看到原始的 SQL 語句；查詢 TIMER_WAIT 欄位可以知道整體的回應時間；查詢 LOCK_TIME 欄位可以知道加鎖時間（注意時間單位是皮秒，需要除以 1,000,000,000,000 單位才是秒）。

5.3.4 setup_actors 資料表

setup_actors 資料表用來設定是否為新的前台 Server 執行緒（與用戶端連接相關的執行緒）啟用監視和歷史事件日誌記錄。預設情況下，此表的最大列數為 100。可以利用系統變數 performance_schema_setup_actors_size，在 Server 啟動之前更改此表的最大組態列數。

- 對於每個新的前台 Server 執行緒，performance_schema 會比對該表中的 User、Host 欄位，如果某個組態列符合，則繼續比對該列的 ENABLED 和 HISTORY 欄位值。這些欄位也會用產生 threads 資料表的 INSTRUMENTED 和 HISTORY 欄位。如果在建立使用者執行緒時，該資料表沒有相符的 User、Host 欄位，則該執行緒的 INSTRUMENTED 和 HISTORY 欄位值將被設為 NO，表示不對這個執行緒進行監控，不記錄該執行緒的歷史事件資訊。

- 對於後台執行緒（如 I/O 執行緒、日誌執行緒、主執行緒、purged 執行緒等），沒有關聯的使用者，INSTRUMENTED 和 HISTORY 欄位值預設為 YES。並且在建立後台執行緒時，不會查看 setup_actors 資料表的組態，因為該表只能控制前台執行緒，後台執行緒也不具備使用者與主機等屬性。

setup_actors 資料表的初始內容是任何相符的使用者和主機，因此對於所有的前台執行緒來說，預設啟用監視和歷史事件收集功能。

```
mysql> SELECT * FROM setup_actors;
+------+------+------+---------+---------+
| HOST | USER | ROLE | ENABLED | HISTORY |
+------+------+------+---------+---------+
| %    | %    | %    | YES     | YES     |
+------+------+------+---------+---------+
```

setup_actors 資料表中各欄位的涵義如下。

- HOST：一個具體的字串名稱（夠解析為 IP 位址的主機名稱或 DNS 網域名稱），或者以「%」表示任意主機。

- USER：一個具體的字串名稱，或者以「%」表示任意使用者。

- ROLE：目前未使用，在 MySQL 8.0 才啟用角色功能。

- ENABLED：是否啟用與 HOST、USER、ROLE 相符的前台執行緒的監控功能，有效值為 YES 或 NO。

- HISTORY：是否啟用與 HOST、USER、ROLE 相符的前台執行緒的歷史事件記錄功能，有效值為 YES 或 NO。

　　提示：對於 setup_actors 資料表來說，允許以 TRUNCATE TABLE 語句清空資料，以及 DELETE 語句刪除指定列。

　　對 setup_actors 資料表的修改，僅影響修改之後新建立的前台執行緒，不包括修改之前的前台執行緒。如果要更改已經建立的前台執行緒的監控和歷史事件記錄功能，則可編輯 threads 資料表的 INSTRUMENTED 和 HISTORY 欄位值。

　　當一個前台執行緒初始化連接 MySQL Server 時，performance_schema 會查詢 setup_actors 資料表，並且找尋每個組態列。首先嘗試以 USER 和 HOST 欄位（ROLE 未使用）依序找出相符的組態列，然後再找出最佳匹配列、讀取該列的 ENABLED 和 HISTORY 欄位值，以便填充 threads 資料表的 ENABLED 和 HISTORY 欄位。

　　範例：假如 setup_actors 資料表有下列的 HOST 和 USER 欄位值。

```
USER ='literal' and HOST ='literal'
USER ='literal' and HOST ='%'
USER ='%' and HOST ='literal'
USER ='%' and HOST ='%'
```

　　比對順序很重要，因為不同的匹配列可能具有不同的 USER 和 HOST 欄位值（MySQL 針對使用者帳號是以 user@host 進行區分），根據匹配列的 ENABLED 和 HISTORY 欄位值，決定對每個 HOST、USER 或 ACCOUNT（USER 和 HOST 組合，如：user@host）對應的執行緒，在 threads 資料表產生對應匹配列的 ENABLED 和 HISTORY 欄位值，以便決定是否啟用相關的 instruments 和歷史事件記錄功能。

- 當 setup_actors 資料表最佳匹配列的 ENABLED = YES 時，threads 資料表中對應執行緒組態列的 INSTRUMENTED 欄位值將變為 YES。HISTORY 欄位同理。

- 當 setup_actors 資料表最佳匹配列的 ENABLED = NO 時，threads 資料表中對應執行緒組態列的 INSTRUMENTED 欄位值將變為 NO。HISTORY 欄位同理。

- 當 setup_actors 資料表找不到匹配列時，threads 資料表中對應執行緒組態列的 INSTRUMENTED 和 HISTORY 欄位值將變為 NO。

- setup_actors 資料表組態列的 ENABLED 和 HISTORY 欄位值，允許相互獨立設為 YES 或 NO，互不影響；其中一個表示是否啟用執行緒對應的 instruments，另一個表示是否啟用與執行緒相關的歷史事件記錄的 consumers。

預設情況下，所有新的前台執行緒都啟用 instruments 和歷史事件記錄功能，因為 setup_actors 資料表的預設值是「HOST='%', USER='%', ENABLED='YES', HISTORY='YES'」。如果要執行更精細的比對（例如，僅對某些前台執行緒進行監控），那麼就得修改 setup_actors 資料表的預設值。範例如下：

```
# 首先使用 UPDATE 語句禁用預設組態列
mysql> UPDATE setup_actors SET ENABLED = 'NO', HISTORY = 'NO' WHERE HOST
= '%' AND USER = '%';

# 插入使用者 joe@'localhost' 對應的 ENABLED 和 HISTORY 欄位值都為 YES 的組態列
mysql> INSERT INTO setup_actors (HOST,USER,ROLE,ENABLED,HISTORY) VALUES
('localhost','joe','%', 'YES','YES');

# 插入使用者 joe@'hosta.example.com' 對應的 ENABLED=YES、HISTORY=NO 的組態列
mysql> INSERT INTO setup_actors (HOST,USER,ROLE,ENABLED,HISTORY) VALUES
('hosta.example.com', 'joe','%','YES','NO');

# 插入使用者 sam@'%' 對應的 ENABLED=NO、HISTORY=YES 的組態列
mysql> INSERT INTO setup_actors (HOST,USER,ROLE,ENABLED,HISTORY) VALUES
('%','sam','%','NO', 'YES');

## 此時，threads 資料表中對應的前台執行緒組態列的 INSTRUMENTED 和 HISTORY 欄位，有效
值如下
## 當 joe 從 localhost 連接到 MySQL Server 時，則連接符合第一個 INSERT 語句插入的組態列
，threads 資料表中對應組態列的 INSTRUMENTED 和 HISTORY 欄位值變為 YES
## 當 joe 從 hosta.example.com 連接到 MySQL Server 時，則連接符合第二個 INSERT 語句插
入的組態列，threads 資料表中對應組態列的 INSTRUMENTED 欄位值為 YES，HISTORY 欄位值為 NO
## 當 joe 從其他任意主機 (% 比對除 localhost 和 hosta.example.com 之外的主機 ) 連接到
MySQL Server 時，則連接符合第三個 INSERT 語句插入的組態列，threads 資料表中對應組態列的
INSTRUMENTED 和 HISTORY 欄位值變為 NO
## 當 sam 從任意主機 (% 比對 ) 連接到 MySQL Server 時，則連接符合第三個 INSERT 語句插入的
組態列，threads 資料表中對應組態列的 INSTRUMENTED 欄位值變為 NO，HISTORY 欄位值為 YES
## 除 joe 和 sam 使用者之外，其他任何使用者從任意主機連接到 MySQL Server 時，則比對到第
一個 UPDATE 語句更新之後的預設組態列，threads 資料表中對應組態列的 INSTRUMENTED 和
HISTORY 欄位值變為 NO
## 如果把 UPDATE 語句改成 DELETE，讓未明確指定的使用者在 setup_actors 資料表找不到任何
匹配列，則 threads 資料表中對應組態列的 INSTRUMENTED 和 HISTORY 欄位值變為 NO
```

就後台執行緒而言，針對 setup_actors 資料表的修改不生效。如果要干預後台執行緒預設的設定，則得查詢 threads 資料表對應的執行緒，然後以 UPDATE 語句直接更改 threads 資料表的 INSTRUMENTED 和 HISTORY 欄位值。

5.3.5 setup_objects 資料表

setup_objects 資料表控制 performance_schema 是否監控特定物件。預設情況下，此表的最大列數為 100。若想更改，可於 Server 啟動之前修改系統變數 performance_schema_setup_objects_size 的值。

setup_objects 資料表的初始內容如下：

```
mysql> SELECT * FROM setup_objects;
+--------------+--------------------+--------------+---------+-------+
| OBJECT_TYPE  | OBJECT_SCHEMA      | OBJECT_NAME  | ENABLED | TIMED |
+--------------+--------------------+--------------+---------+-------+
| EVENT        | mysql              | %            | NO      | NO    |
| EVENT        | performance_schema | %            | NO      | NO    |
| EVENT        | information_schema | %            | NO      | NO    |
| EVENT        | %                  | %            | YES     | YES   |
| FUNCTION     | mysql              | %            | NO      | NO    |
| FUNCTION     | performance_schema | %            | NO      | NO    |
| FUNCTION     | information_schema | %            | NO      | NO    |
| FUNCTION     | %                  | %            | YES     | YES   |
| PROCEDURE    | mysql              | %            | NO      | NO    |
| PROCEDURE    | performance_schema | %            | NO      | NO    |
| PROCEDURE    | information_schema | %            | NO      | NO    |
| PROCEDURE    | %                  | %            | YES     | YES   |
| TABLE        | mysql              | %            | NO      | NO    |
| TABLE        | performance_schema | %            | NO      | NO    |
| TABLE        | information_schema | %            | NO      | NO    |
| TABLE        | %                  | %            | YES     | YES   |
| TRIGGER      | mysql              | %            | NO      | NO    |
| TRIGGER      | performance_schema | %            | NO      | NO    |
| TRIGGER      | information_schema | %            | NO      | NO    |
| TRIGGER      | %                  | %            | YES     | YES   |
+--------------+--------------------+--------------+---------+-------+
```

對 setup_objects 資料表的修改會立即影響監控物件。

setup_objects 資料表列出了監控物件類型，在進行比對時，performance_schema 根據 OBJECT_SCHEMA 和 OBJECT_NAME 欄位依序往後比對，如果沒有相符的物件，則不會監控。

預設組態開啟監控的物件，不包含 mysql、information_schema 和 performance_schema 資料庫的所有資料表（從上面的資訊得知，這幾個資料庫的 ENABLED 和 TIMED 欄位值都為 NO。注意：對於 information_schema 資料庫，雖然該表有一列組

態，但是無論如何設定，都沒有作用。setup_objects 資料表中 information_schema.% 的組態列僅作為一個預設值）。

當 performance_schema 在 setup_objects 資料表進行比對檢測時，首先會嘗試找到最具體（最精確）的符合項。例如，比對 db1.t1 資料表時，它會從 setup_objects 資料表先找尋「db1」和「t1」的符合項，然後是「db1」和「%」，最後是「%」和「%」。比對順序很重要，因為不同的匹配列可能具有不同的 ENABLED 和 TIMED 欄位值。

如果使用者對該表具有 INSERT 和 DELETE 權限，則允許刪除組態列和插入新的組態列。對於已經存在的組態列，如果使用者對該表具有 UPDATE 權限，則可修改 ENABLED 和 TIMED 欄位，其有效值為 YES 或 NO。

setup_objects 資料表中各欄位的涵義如下。

- OBJECT_TYPE：instruments 類型，有效值為 EVENT（事件調度器事件）、FUNCTION（預存函數）、PROCEDURE（預存程序）、TABLE（資料表）、TRIGGER（觸發器），TABLE 物件類型的組態會影響資料表 I/O 事件（wait/io/table/sql/handler instruments）和表鎖事件（wait/lock/table/sql/ handler instruments）的收集。

- OBJECT_SCHEMA：某個監控類型物件涵蓋的資料庫名稱，可以是一個字串或「%」（表示任意資料庫）。

- OBJECT_NAME：監控類型物件的名稱，可以是一個字串或「%」（表示任意資料庫內的物件）。

- ENABLED：是否開啟某個類型物件的監控功能，有效值為 YES 或 NO。此欄位允許修改。

- TIMED：是否開啟某個類型物件的時間收集功能，有效值為 YES 或 NO。此欄位允許修改。

提示：對於 setup_objects 資料表，允許使用 TRUNCATE TABLE 語句。

setup_objects 資料表預設的組態規則，是不啟用 mysql、information_schema、performance_schema 資料庫物件的監控（ENABLED 和 TIMED 欄位值全都為 NO）。

performance_schema 在 setup_objects 資料表進行查詢比對時，如果發現某個 OBJECT_TYPE 欄位值有多列，則會嘗試比對更多的組態列，performance_schema 按照下列順序進行檢查：

```
OBJECT_SCHEMA ='literal' and OBJECT_NAME ='literal'
OBJECT_SCHEMA ='literal' and OBJECT_NAME ='%'
OBJECT_SCHEMA ='%' and OBJECT_NAME ='%'
```

例如，若想比對資料表物件 db1.t1，performance_schema 在 setup_objects 資料表先找尋「OBJECT_SCHEMA = db1」和「OBJECT_NAME = t1」的相符項，然後是「OBJECT_SCHEMA = db1」和「OBJECT_NAME =%」，最後是「OBJECT_SCHEMA =%」和「OBJECT_NAME = %」。比對順序很重要，因為不同匹配列中的 ENABLED 和 TIMED 欄位可能有不同的值，最終會選擇一個最精確的相符項。

對於與資料表物件相關的事件，instruments 是否生效需要結合 setup_objects 和 setup_instruments 兩個資料表的組態項目，以確定是否啟用 instruments 以及計時器功能（例如前面説的 I/O 事件：wait/io/table/sql/handler instruments 和表鎖事件：wait/lock/table/sql/ handler instruments，在 setup_instruments 資料表也有明確的組態項目）。

- 只有 setup_instruments 資料表和 setup_objects 資料表的 ENABLED 欄位值都為 YES 時，資料表的 instruments 才會產生事件資訊。

- 只有 setup_instruments 資料表和 setup_objects 資料表的 TIMED 欄位值都為 YES 時，資料表的 instruments 才會啟用計時器功能（收集時間資訊）。

例如：若想監控 db1.t1、db1.t2、db2.%、db3.% 這些資料表，setup_instruments 和 setup_objects 兩個資料表有下列組態項目。

```
# setup_instruments 資料表
mysql> select * from setup_instruments where name like '%/table/%';
+-------------------------------+---------+-------+
| NAME                          | ENABLED | TIMED |
+-------------------------------+---------+-------+
| wait/io/table/sql/handler     | YES     | YES   |
| wait/lock/table/sql/handler   | YES     | YES   |
+-------------------------------+---------+-------+
2 rows in set (0.00 sec)

# setup_objects 資料表
mysql> select * from setup_objects;
+-------------+---------------+-------------+---------+-------+
| OBJECT_TYPE | OBJECT_SCHEMA | OBJECT_NAME | ENABLED | TIMED |
+-------------+---------------+-------------+---------+-------+
| TABLE       | db1           | t1          | YES     | YES   |
| TABLE       | db1           | t2          | NO      | NO    |
| TABLE       | db2           | %           | YES     | YES   |
| TABLE       | db3           | %           | NO      | NO    |
```

```
| TABLE         | %              | %               | YES      | YES    |
+---------------+----------------+-----------------+----------+--------+
```

結合以上兩個資料表的組態項目之後，只會啟用 db1.t1、db2.%、%.% 資料表物件的 instruments，不包括 db1.t2 和 db3.%，因為這兩個物件在 setup_objects 資料表的 ENABLED 和 TIMED 欄位值都為 NO

對於與預存程序物件相關的事件，performance_schema 只需從 setup_objects 資料表讀取組態項目的 ENABLED 和 TIMED 欄位值即可。因為該類物件在 setup_instruments 資料表沒有對應的組態項目。

如果持久性資料表和臨時資料表的名稱相同，則在 setup_objects 資料表進行比對時，針對這兩種類型的資料表的比對規則同時生效（不會發生一個資料表啟用監控，另一個資料表卻不啟用的情況）。

5.3.6 threads 資料表

threads 資料表對每個 Server 執行緒，都會產生一列執行緒相關資訊，例如：顯示是否啟用監控和歷史事件記錄功能。

```
mysql> select * from threads where TYPE='FOREGROUND' limit 2\G
*************************** 1. row ***************************
          THREAD_ID: 48
               NAME: thread/sql/compress_gtid_table
               TYPE: FOREGROUND
     PROCESSLIST_ID: 1
   PROCESSLIST_USER: NULL
   PROCESSLIST_HOST: NULL
     PROCESSLIST_DB: NULL
PROCESSLIST_COMMAND: Daemon
   PROCESSLIST_TIME: 27439
  PROCESSLIST_STATE: Suspending
   PROCESSLIST_INFO: NULL
   PARENT_THREAD_ID: 1
               ROLE: NULL
       INSTRUMENTED: YES
            HISTORY: YES
    CONNECTION_TYPE: NULL
       THREAD_OS_ID: 3652
*************************** 2. row ***************************
............
2 rows in set (0.00 sec)
```

初始化 performance_schema 時，它根據當時存在的執行緒，在 threads 資料表為每個執行緒都產生一列資訊。此後，每新建一個執行緒，便重複一次前述步驟。

新執行緒資訊的 INSTRUMENTED 和 HISTORY 欄位值，由 setup_actors 資料表的組態決定。

當某個執行緒結束時，會從 threads 資料表刪除對應列。對於與用戶端工作階段關聯的執行緒，結束工作階段時也會刪除 threads 資料表中該執行緒的組態列。如果用戶端自動重新連接，相當於斷開一次（刪除斷開連接的組態列），再重新建立新的連接，兩次連接建立的 PROCESSLIST_ID 欄位值不同。新執行緒的初始 INSTRUMENTED 和 HISTORY 欄位值，可能與斷開之前執行緒的初始 INSTRUMENTED 和 HISTORY 欄位值不同。在此期間 setup_actors 資料表或許已發生變化，如果一個執行緒在建立之後，後續又修改 setup_actors 資料表的 INSTRUMENTED 或 HISTORY 欄位值，那麼後來的值不會影響 threads 資料表已經建好的執行緒的 INSTRUMENTED 或 HISTORY 欄位值。

以 PROCESSLIST_ 開頭的欄位，提供與 INFORMATION_SCHEMA. PROCESSLIST 資料表或 SHOW PROCESSLIST 語句類似的資訊，但 threads 資料表的資訊來源與它們有所差別。

- 存取 threads 資料表不需要互斥體，對 Server 的效能影響最小。而使用 INFORMATION_SCHEMA.PROCESSLIST 資料表和 SHOW PROCESSLIST 語句查詢執行緒資訊的方式，將損耗一定的效能，因為它們需要互斥體。

- threads 資料表為每個執行緒都提供附加資訊，例如：它是前台還是後台執行緒，以及與執行緒相關的 Server 內部資訊。

- threads 資料表可以提供有關後台執行緒的資訊，而 INFORMATION_ SCHEMA.PROCESSLIST 資料表和 SHOW PROCESSLIST 語句則不能。

- 可透過 threads 資料表的 INSTRUMENTED 和 HISTORY 欄位，分別靈活地動態開關某個執行緒的監控和歷史事件記錄功能。若想控制新的前台執行緒的初始 INSTRUMENTED 和 HISTORY 欄位值，則可藉由 setup_actors 資料表的 HOST、USER 欄位設定某個主機、使用者。若想控制已建立執行緒的採集和歷史事件記錄功能，則可透過 threads 資料表的 INSTRUMENTED 和 HISTORY 欄位進行組態。

- 對於 INFORMATION_SCHEMA.PROCESSLIST 資料表和 SHOW PROCESSLIST 語句，需要有 PROCESS 權限；而對於 threads 資料表，只要有 SELECT 權限就能查看所有使用者的執行緒資訊。

threads 資料表中各欄位的涵義如下。

- THREAD_ID：執行緒的唯一識別碼（ID）。

- NAME：與 Server 的執行緒檢測程式碼相關聯的名稱（注意，這裡不是 instruments 名稱）。例如，thread/sql/one_connection 對應於負責處理使用者連接程式碼的執行緒函數名稱，thread/sql/main 表示 Server 的 main() 函數名稱。

- TYPE：執行緒類型，有效值為 FOREGROUND 和 BACKGROUND，分別表示前台執行緒和後台執行緒。如果是使用者建立的連接或者是複製執行緒建立的連接，則標記為前台執行緒，如複製 I/O 和 SQL 執行緒、Worker 執行緒、Dump 執行緒等；如果是 Server 內部建立的執行緒（使用者不能干預的執行緒），則標記為後台執行緒，如 InnoDB 的後台 I/O 執行緒等。

- PROCESSLIST_ID：對應於 INFORMATION_SCHEMA.PROCESSLIST 資料表的 ID 欄位。該欄位值與 SHOW PROCESSLIST 語句、INFORMATION_SCHEMA.PROCESSLIST 資料表、connection_id() 函數返回的執行緒 ID 值相等。另外，threads 資料表記錄了內部執行緒，而 INFORMATION_SCHEMA.PROCESSLIST 資料表並沒有。所以對於內部執行緒而言，threads 資料表中該欄位值顯示為 NULL。因此，threads 資料表的 NULL 值不唯一（可能有多個後台執行緒）。

- PROCESSLIST_USER：與前台執行緒關聯的使用者，以後台執行緒來說為 NULL。

- PROCESSLIST_HOST：與前台執行緒關聯的用戶端的主機名稱，以後台執行緒來說為 NULL。與 INFORMATION_SCHEMA.PROCESSLIST 資料表的 HOST 欄位或 SHOW PROCESSLIST 語句輸出的主機欄位不同，PROCESSLIST_HOST 欄位不包括 TCP/IP 連接的埠號。若想從 performance_schema 取得埠號資訊，需要查詢 socket_instances 資料表（關於 socket 的 wait/io/socket/sql/* instruments 預設關閉）。

- PROCESSLIST_DB：執行緒的預設資料庫，如果沒有，則該欄位值為 NULL。

- PROCESSLIST_COMMAND：對於前台執行緒，該欄位值代表目前客戶端正在執行的 command，如果是 sleep，表示目前工作階段處於空閒狀態。對於後台執行緒，則不會執行這些 command，因此欄位值可能為 NULL。

- PROCESSLIST_TIME：執行緒已處於目前狀態的持續時間（秒）。

- PROCESSLIST_STATE：表示執行緒正在做什麼事情。如果欄位值為 NULL，則該執行緒可能處於空閒狀態或者是一個後台執行緒。大多數狀態停留的時間非常短暫。倘若一個執行緒在某個狀態停留了非常長的時間，表示可能需要排查效能問題。

- PROCESSLIST_INFO：執行緒正在執行的語句，如果沒有，則該欄位值為 NULL。該語句可能是傳送到 Server 的語句，也可能是其他語句執行時內部呼叫的語句。例如：如果 CALL 語句執行預存程序，而該程序正在執行 SELECT 語句，那麼 PROCESSLIST_INFO 欄位值將顯示為 SELECT 語句。

- PARENT_THREAD_ID：如果執行緒是一個子執行緒（由另一個執行緒產生），那麼該欄位值顯示為其父執行緒 ID。

- ROLE：暫未使用。

- INSTRUMENTED：是否檢測執行緒執行的事件，有效值為 YES 或 NO。

對於前台執行緒，初始 INSTRUMENTED 欄位值還有賴控制前台執行緒的 setup_actors 資料表的 ENABLED 欄位值。如果該表有對應的使用者和主機列，便採用其內的 ENABLED 欄位值，以產生 threads 資料表的 INSTRUMENTED 欄位值。setup_actors 資料表的 USER 和 HOST 欄位值，也會一併寫入 threads 資料表的 PROCESSLIST_USER 和 PROCESSLIST_HOST 欄位。如果某個執行緒產生一個子執行緒，則該子執行緒會再次與 setup_actors 資料表進行比對。

對於後台執行緒，INSTRUMENTED 欄位值預設為 YES。初始值無須查看 setup_actors 資料表，該表不控制後台執行緒，因為後台執行緒沒有關聯的使用者。

對於任何執行緒，都允許在該執行緒的生命週期更改其 INSTRUMENTED 欄位值。

若想監控執行緒產生的事件，需要滿足下列條件：

- setup_consumers 資料表的 thread_instrumentation consumers 必須為 YES。
- threads.INSTRUMENTED 欄位值必須為 YES。

- setup_instruments 資料表與執行緒相關的 instruments 組態列的 ENABLED 欄位值，必須為 YES。

- 如果是前台執行緒，那麼 setup_actors 資料表中對應主機和使用者組態列的 ENABLED 欄位值，必須為 YES。

● HISTORY：是否記錄執行緒的歷史事件，有效值為 YES 或 NO。

對於前台執行緒，初始 HISTORY 欄位值還有賴控制前台執行緒的 setup_actors 資料表的 HISTORY 欄位值。如果該表有對應的使用者和主機列，便採用其內的 HISTORY 欄位值，以產生 threads 資料表的 HISTORY 欄位值。setup_actors 資料表的 USER 和 HOST 欄位值，也會一併寫入 threads 資料表的 PROCESSLIST_USER 和 PROCESSLIST_HOST 欄位。如果某個執行緒產生一個子執行緒，則該子執行緒會再次與 setup_actors 資料表進行比對。

對於後台執行緒，HISTORY 欄位值預設為 YES。初始值無須查看 setup_actors 資料表，該表不控制後台執行緒，因為後台執行緒沒有關聯的使用者。

對於任何執行緒，都允許在該執行緒的生命週期更改其 HISTORY 欄位值。

若想記錄執行緒產生的歷史事件，需要滿足下列條件：

- setup_consumers 資料表必須啟用相關的 consumers 組態。例如：若想記錄執行緒的等待事件歷史記錄，則需啟用 events_waits_history 和 events_waits_history_long consumers。

- threads.HISTORY 欄位值必須為 YES。

- setup_instruments 資料表必須啟用相關的 instruments 組態。

- 如果是前台執行緒，那麼 setup_actors 資料表中對應主機和使用者組態列的 HISTORY 欄位值，必須為 YES。

● CONNECTION_TYPE：用來建立連接的協定，如果是後台執行緒，欄位值則為 NULL。有效值為 TCP/IP（不以 SSL 建立的 TCP/IP 連接）、SSL/TLS（以 SSL 建立的 TCP/IP 連接）、Socket（UNIX 通訊端檔案連接）、Named Pipe（Windows 命名管道連接）、Shared Memory（Windows 共用記憶體連接）。

● THREAD_OS_ID：由作業系統層定義的執行緒或任務識別字（ID）。

當一個 MySQL 執行緒與作業系統的某個執行緒關聯時，透過 THREAD_OS_ID 欄位，便可查看與這個 MySQL 執行緒相關的作業系統執行緒 ID。

當一個 MySQL 執行緒與作業系統執行緒不關聯時，THREAD_OS_ID 欄位值為
NULL。例如，當客戶使用執行緒池外掛程式時：

- 對於 Windows，THREAD_OS_ID 對應於 Process Explorer 中可見的執行
  緒 ID。

- 對於 Linux，THREAD_OS_ID 對應於 gettid() 函數取得的值。使用 perf、
  ps -L 命令或 proc 檔案系統（/proc/[pid]/task/[tid]）便可查看此值。

提示：對於 threads 資料表，不允許使用 TRUNCATE TABLE 語句。

關於執行緒類物件，前台執行緒與後台執行緒還有少許差別。

- 對於前台執行緒（以用戶端連線協定建立的連接，可能是使用者發起的連
  接，或者是不同 Server 之間發起的連接），當使用者或者其他 Server 與
  某個 Server 建立一個連接之後（連接方式可能是 Socket 或者 TCP/IP），
  threads 資料表就會記錄一列這個執行緒的組態資訊。此時該執行緒組態列的
  INSTRUMENTED 和 HISTORY 欄位的預設值是 YES 還是 NO，還有賴於與
  執行緒相關的帳號是否符合 setup_actors 資料表的組態列（查看某使用者在
  setup_actors 資料表中組態列的 ENABLED 和 HISTORY 欄位值為 YES 還是
  NO；以及在 threads 資料表中，與 setup_actors 資料表相關聯的帳號的執行緒
  組態列的 ENABLED 和 HISTORY 欄位值，然後以 setup_actors 資料表的值
  為準）。

- 對於後台執行緒，不可能存在關聯的使用者，所以 threads 資料表的
  INSTRUMENTED 和 HISTORY 欄位，在執行緒建立時的初始值為 YES，不
  需要查看 setup_actors 資料表。

關閉與開啟所有後台執行緒的事件採集功能：

```
# 關閉所有後台執行緒的事件採集功能
mysql> update threads set INSTRUMENTED='NO' where TYPE='BACKGROUND';
Query OK, 40 rows affected (0.00 sec)
Rows matched: 40  Changed: 40  Warnings: 0

# 開啟所有後台執行緒的事件採集功能
mysql> update threads set INSTRUMENTED='YES' where TYPE='BACKGROUND';
Query OK, 40 rows affected (0.00 sec)
Rows matched: 40  Changed: 40  Warnings: 0
```

關閉與開啟除了目前連接之外，所有前台執行緒的事件採集功能：

```
# 關閉除了目前連接之外，所有前台執行緒的事件採集功能
mysql> update threads set INSTRUMENTED='NO' where PROCESSLIST_
ID!=connection_id();
Query OK, 2 rows affected (0.00 sec)
Rows matched: 2  Changed: 2  Warnings: 0

# 開啟除了目前連接之外，所有前台執行緒的事件採集功能
mysql> update threads set INSTRUMENTED='YES' where PROCESSLIST_
ID!=connection_id();
Query OK, 2 rows affected (0.00 sec)
Rows matched: 2  Changed: 2  Warnings: 0

# 當然，如果要連後台執行緒一起操作，請加上條件 PROCESSLIST_ID is NULL
update ... where PROCESSLIST_ID!=connection_id() or PROCESSLIST_ID is NULL;
```

溫馨提示：閱讀本章內容之後，如果感覺對 performance_schema 仍然比較迷惘，建議按照下列步驟動動手、看一看。

- 使用命令列命令「mysqld --verbose --help |grep performance-schema |grep -v '--' |sed '1d' |sed '/[0-9]+/d'; 」，查看完整的啟動選項清單。

- 登入資料庫，使用「show variables like '%performance_schema%'; 」語句查看完整的 system variables 列表。

- 登入資料庫，使用「use performance_schema; 」語句切換到 schema 下，然後以「show tables; 」語句查看完整的資料表，並手動執行「show create table tb_xxx; 」語句查看資料表結構，以及「select * from xxx; 」語句查看資料表的內容。

performance_schema 組態部分為整個 performance_schema 的重點，為了後續更好地學習 performance_schema，建議初學者多閱讀兩遍本章的內容。

提示：關於文內提到參數的詳細解釋，可參考本書下載資源的「附錄 C」。

第 6 章

performance_schema 應用範例薈萃

透過第 4 章和第 5 章對 performance_schema 的介紹，相信大家應已初步形成一個整體認識。本章將引入一些 performance_schema 的應用範例，以便快速瞭解如何使用 performance_schema 排查常見的資料庫效能問題。

6.1　利用等待事件排查 MySQL 效能問題

正式伺服器上線之前，通常都會對資料庫伺服器的硬體進行 I/O 基準測試，對資料庫進行增、刪、改、查的基準測試，建立基準參考資料，以作為日後伺服器擴充或架構升級等參考。規劃基準測試時，一般需要選擇一套基準測試軟體（I/O 基準測試通常是 FIO 和 IOzone，MySQL 資料庫基準測試則是 sysbench、TPCC-MySQL、Workbench 等）。使用基準測試軟體對伺服器壓測到一個極限值時，所得的資料就是伺服器的最高效能。但這還不夠，測試效能無法繼續提升，還可能是因為伺服器在 BIOS 設定、硬體搭配、作業系統參數、檔案系統策略、資料庫組態參數等方面不夠最佳化，所以還需要藉助一些效能排查手段找出瓶頸所在，使得對資料庫伺服器上線之後可能存在的瓶頸心中有數。下面以 sysbench（0.5.x 版本）基準測試工具壓測 MySQL 資料庫為例，介紹如何使用 performance_schema 的等待事件，進而排查資料庫效能瓶頸。

首先，使用 performance_schema 組態表啟用等待事件的採集與記錄。

```
# 啟用所有等待事件的 instruments
mysql> use performance_schema
Database changed
# 修改 setup_instruments 資料表的 enabled 和 timed 欄位為 yes，表示啟用對應的
instruments
mysql> update setup_instruments set enabled='yes', timed='yes' where name
like 'wait/%';
Query OK, 269 rows affected (0.00 sec)
```

```
Rows matched: 323  Changed: 269  Warnings: 0
```

查看修改結果，enabled 和 timed 欄位為 yes，表示目前 instruments 已經啟用（但此時採集
器並不會立即收集事件資料，需要保存這些等待事件的資料表，當 consumers 啟用之後才會開始採集）

```
mysql> select * from setup_instruments where name like 'wait/%';
+-----------------------------------------+---------+-------+
| NAME                                    | ENABLED | TIMED |
+-----------------------------------------+---------+-------+
| wait/synch/mutex/sql/TC_LOG_MMAP::LOCK_tc | YES   | YES   |
| wait/synch/mutex/sql/LOCK_des_key_file  | YES     | YES   |
............
| wait/io/socket/sql/server_tcpip_socket  | YES     | YES   |
| wait/io/socket/sql/server_unix_socket   | YES     | YES   |
| wait/io/socket/sql/client_connection    | YES     | YES   |
| wait/lock/metadata/sql/mdl              | YES     | YES   |
+-----------------------------------------+---------+-------+
379 rows in set (0.01 sec)
```

啟用等待事件的 consumers
```
mysql> update setup_consumers set enabled='yes' where name like '%wait%';
Query OK, 3 rows affected (0.00 sec)
Rows matched: 3  Changed: 3  Warnings: 0

mysql> select * from setup_consumers where name like '%wait%';
+----------------------------+---------+
| NAME                       | ENABLED |
+----------------------------+---------+
| events_waits_current       | YES     |
| events_waits_history       | YES     |
| events_waits_history_long  | YES     |
+----------------------------+---------+
3 rows in set (0.00 sec)
```

然後，利用 sysbench 對資料庫加壓，逐漸增加並行執行緒數，直到 TPS、QPS 不再隨著執行緒數的增加而變大為止。

```
[root@localhost ~]# sysbench --test=oltp --db-driver=mysql --mysql-table-
engine=innodb--mysql -host=10.10.10.10 --mysql-port=3306 --mysql-db=sbtest
--mysql-user= 'qbench' --mysql-password='qbench' --test= /usr/share/doc/
sysbench/tests/ db/oltp.lua --oltp-table-size=5000000--oltp-tables-count=8
--num-threads= 16 --max-time=1800 --max-requests=0 --report-interval=1 run
    ............
[ 111s]threads: 16,tps:52.99,reads/s: 668.93, writes/s: 171.98, response
time: 629.52ms (95%)
```

```
[ 112s]threads: 16,tps:42.00,reads/s: 650.93, writes/s: 202.98, response
time: 688.46ms (95%)
......
```

從 sysbench 的輸出結果得知，在 16 個並行執行緒的 OLTP 壓力下，TPS 不到 100，且延遲時間超過 600ms，說明存在嚴重的效能瓶頸（或者在 MySQL 內部發生嚴重的互斥等待、硬體設備的效能明顯不足等）。現在，首先以作業系統命令查看硬體負載情況。

```
# 透過 top 命令查到 CPU 資源絕大部分都消耗在 %wa 上，說明 I/O 設備效能嚴重不足
[root@localhost ~]# top
top - 18:59:03 up  7:02,  3 users,  load average: 4.28, 5.82, 4.22
Tasks: 186 total,  1 running, 185 sleeping,  0 stopped,  0 zombie
Cpu0 : 4.1%us,  8.5%sy, 0.0%ni, 11.9%id, 75.4%wa, 0.0%hi, 0.0%si, 0.0%st
Cpu1 : 4.0%us, 13.1%sy, 0.0%ni, 17.5%id, 65.0%wa, 0.0%hi, 0.3%si, 0.0%st
Cpu2 : 9.4%us, 32.1%sy, 0.0%ni,  2.3%id, 55.5%wa, 0.0%hi, 0.7%si, 0.0%st
Cpu3 : 3.0%us,  5.3%sy, 0.0%ni, 31.0%id, 60.0%wa, 0.0%hi, 0.7%si, 0.0%st
Mem: 8053664k total, 1684236k used, 6369428k free,   87868k buffers
Swap: 2031612k total,        0k used, 2031612k free, 150680k cached

# 使用 iostat 命令查看磁碟負載，透過 %util 行得知，磁碟處於 100% 滿載狀態
avg-cpu:  %user   %nice %system %iowait  %steal   %idle
          1.77    0.00    2.28   95.70    0.00    0.25

Device: rrqm/s wrqm/s r/s  w/s rsec/s wsec/s avgrq-sz avgqu-sz  await
svctm  %util
  dm-2 0.00    0.00  277.00 160.00 8864.00 2774.00 26.63 47.84 112.98
2.29 100.10

avg-cpu:  %user   %nice %system %iowait  %steal   %idle
          5.05    0.00   11.62   64.14    0.00   19.19

Device: rrqm/s wrqm/s  r/s  w/s  rsec/s wsec/s avgrq-sz avgqu-sz  await
svctm  %util
  dm-2 0.00 0.00  267.00 244.00 8544.00 4643.00   25.81   28.20   40.29
1.96 100.00
```

查看系統負載後，一眼就能看出是由於磁碟效能嚴重不足所導致，但在資料庫內部事件資訊是如何呈現呢？（注意：如果沒有足夠的 performance_schema 使用經驗，此時是絕佳學習累積的機會，請不要錯過，也許哪一天看不出作業系統負載的端倪時，這些事件資訊能幫上大忙。）

```
# 為了方便查詢等待事件統計，可以先建立一個檢視，用於即時統計目前等待事件（非歷史資料）
mysql> create view sys.test_waits as select sum(TIMER_WAIT) as TIMER_
WAIT,sum(NUMBER_OF_BYTES) as NUMBER_OF_BYTES, EVENT_NAME,OPERATION from
events_waits_current where EVENT_NAME!='idle' group by EVENT_NAME,OPERATION;
Query OK, 0 rows affected (0.04 sec)
```

```
# 使用上面的檢視進行查詢，並且降幕排列查詢的結果。由下面的結果得知，時間開銷排名前 5 的，
有 4 個都是與 I/O 相關的等待事件，剩下 1 個是與 binlog 相關的互斥等待事件
mysql> select sys.format_time (TIMER_WAIT),sys.format_bytes(NUMBER_OF_
BYTES),EVENT_NAME, OPERATION from sys.test_waits where sys.format_time(TIMER_
WAIT) not regexp 'ns|us' order by TIMER_WAIT desc;
+---------+-----------------+------------------------------------------+--------------------+
|sys.format_time(TIMER_WAIT)|sys.format_bytes(NUMBER_OF_BYTES) |EVENT_NAME|OPERATION|
+---------+-----------------+------------------------------------------+--------------------+
|16.60 s | 224.00 KiB      |wait/io/file/innodb/innodb_data_file|read          |
|16.05 s | 553 bytes       |wait/io/table/sql/handler         |fetch          |
|1.96 s  | NULL            |wait/io/file/sql/binlog           |sync           |
|1.96 s  | NULL            |wait/synch/cond/sql/MYSQL_BIN_LOG::update_cond|timed_wait|
|1.85 s  | 1.34 KiB        |wait/io/file/sql/binlog           |write          |
|56.66 ms| NULL            |wait/io/file/innodb/innodb_log_file |sync          |
+---------+-----------------+------------------------------------------+--------------------+
6 rows in set (0.01 sec)
```

```
# 當然，也可以直接查詢 events_waits_current 資料表（返回的記錄數可能比較多，且沒有分組
聚合查詢的結果，而是逐列的事件記錄資料）
mysql> select THREAD_ID, EVENT_NAME, sys.format_time(TIMER_WAIT), INDEX_
NAME, NESTING_EVENT_TYPE, OPERATION,NUMBER_OF_BYTES from events_waits_current
where EVENT_NAME!='idle' order by TIMER_WAIT desc;
+---+--------------------------------+---------+-------+---------+-----+-----+
|THREAD_ID|EVENT_NAME|sys.format_time(TIMER_WAIT)|INDEX_NAME|NESTING_EVENT_
TYPE|OPERATION|NUMBER_OF_BYTES|
+---+--------------------------------+---------+-------+---------+-----+-----+
|115|wait/io/table/sql/handler         |169.48 ms|PRIMARY|STATEMENT|fetch|   39|
|115|wait/io/file/innodb/innodb_data_file |169.48 ms|NULL   |WAIT     |read |16384|
|101|wait/io/table/sql/handler         | 93.76 ms|PRIMARY|STATEMENT|fetch|   39|
|101|wait/io/file/innodb/innodb_data_file | 93.76 ms|NULL   |WAIT     |read |16384|
|111|wait/io/file/innodb/innodb_data_file | 73.08 ms|NULL   |STATEMENT|read |16384|
|103|wait/io/file/innodb/innodb_data_file | 63.13 ms|NULL   |STATEMENT|read |16384|
|106|wait/io/file/innodb/innodb_data_file | 53.24 ms|NULL   |STATEMENT|read |16384|
|113|wait/io/table/sql/handler         | 51.90 ms|PRIMARY|STATEMENT|fetch|   39|
|113|wait/io/file/innodb/innodb_data_file | 51.90 ms|NULL   |WAIT     |read |16384|
|49 |wait/synch/cond/sql/MYSQL_BIN_LOG::update_cond| 27.48 ms|NULL|STATEMENT|timed_
wait|NULL|
............
57 rows in set (0.00 sec)
```

上述等待事件的查詢結果可以非常清晰地看到，大多數交易的延遲時間花在等待 I/O 上（主要是 undo log、redo log、獨立資料表空間檔、binlog 的 fetch 和 read 系統呼叫），說明 I/O 設備可能出現嚴重的效能瓶頸。這裡與利用作業系統命令查到的磁碟效能不足互相對應。

結論：透過以上測試資料表明，MySQL 效能低下，乃是因為磁碟效能嚴重不足而成為瓶頸（通常，在記憶體和磁碟不構成瓶頸的情況下，4 核 CPU 的 TPS 達到 800 以上，才可能會變成瓶頸）。

針對 I/O 設備的效能不足，建議採用下列最佳化策略：

- 更換效能更好的 I/O 設備。

- 新增兩個獨立的相同設備，把 MySQL 的 redo log、binlog、其他資料檔案等，分別放到三個獨立的 I/O 設備，以免資料庫的隨機 I/O 和循序 I/O，不會因為相互爭搶資源而造成等待。

提示：本案例故意使用一台配置很差的伺服器。接著可以思考一個問題：performance_schema 對於使用 MySQL 到底能夠提供多大的幫助呢？目前來講，網際網路上找不到太多可靠的 performance_schema 使用經驗，需要自己不斷地挖掘。建議準備兩台測試伺服器（一台低配置、一台高配置），透過比較測試資料，就能得出 performance_schema 的使用經驗了，正所謂沒有對比就沒有傷害。

6.2　鎖問題排查

6.2.1　找出誰持有全域讀鎖

全域讀鎖通常是由「flush table with read lock;」這類語句造成。各種備份工具為了得到一致性備份，以及在具有主從備援架構的環境中進行主備切換時，常常使用這類語句。另外，還有一種最難排查的情況，就是不規範線上系統的權限約束，各種人員使用的資料庫帳號都具有 RELOAD 權限時，代表都能對資料庫加全域讀鎖。

在 MySQL 5.7 之前的版本中，若想排查誰持有全域讀鎖，通常在資料庫層面很難直接查到有用的資料（innodb_locks 資料表只能記錄 InnoDB 層的鎖資訊，而全域讀鎖是 Server 層級的鎖，所以無法查到）。從 MySQL 5.7 版本開始提供 performance_schema.metadata_locks 資料表，用來記錄一些 Server 層的鎖資訊（包括

全域讀鎖和 MDL 鎖等）。下面透過一個範例示範如何以 performance_schema 找出誰持有全域讀鎖。

首先，開啟第一個工作階段，執行加全域讀鎖的語句。

```
# 執行加鎖語句
mysql> flush table with read lock;
Query OK, 0 rows affected (0.00 sec)

# 查詢下列加鎖執行緒的 process id，以便與後續排查過程對應
mysql> select connection_id();
+-----------------+
| connection_id() |
+-----------------+
| 4               |
+-----------------+
1 row in set (0.00 sec)
```

然後，開啟第二個工作階段，執行可能對資料造成修改的任意語句，例如 update 操作。

```
mysql> use sbtest;
Database changed
mysql> select * from sbtest1 limit 1\G
*************************** 1. row ***************************
 id: 21
  k: 2483476
  c: 09279210219-37745839908-56185699327-79477158641-86711242956-61449540392-42622804506-61031512845-36718422840-11028803849
pad: 96813293060-05308009118-09223341195-19224109585-45598161848
1 row in set (0.00 sec)

mysql> select connection_id();
+-----------------+
| connection_id() |
+-----------------+
| 5               |
+-----------------+
1 row in set (0.00 sec)

mysql> update sbtest1 set pad='xxx' where id=21;  # 操作被阻塞
```

接下來，開啟第三個工作階段，開始使用一些手段進行排查。

```
mysql> select connection_id();
+-----------------+
| connection_id() |
+-----------------+
| 16              |
+-----------------+
1 row in set (0.00 sec)
```

查詢 processlist 資訊，這裡只能看到 process id 為 5 的執行緒 State 為 Waiting for global read lock，表示正在等待全域讀鎖

```
mysql> show processlist;
+----+-------+----------------+------+------------+-------+----------------+
| Id | User  | Host           | db   |Command|Time   | State | Info           |
+----+-------+----------------+------+------------+-------+----------------+
| 3  | qfsys |192.168.2.168:41042|NULL|Binlog Dump | 11457 | Master has sent
all binlog to slave; waiting for more updates | NULL |
| 4  | root  |localhost|sbtest| Sleep | 234       |       | NULL           |
| 5  | root  |localhost|sbtest| Query | 26 | Waiting for global read lock |
update sbtest1 set pad='xxx' where id=21 |
| 16 | root  |localhost|NULL  | Query | 0         |starting|show processlist|
+----+-------+----------------+------+------------+-------+----------------+
4 rows in set (0.00 sec)
```

繼續查詢 information_schema.innodb_locks、innodb_lock_waits、innodb_trx 資料表，發現三者均為空

```
mysql> select * from information_schema.innodb_locks;
Empty set, 1 warning (0.00 sec)

mysql> select * from information_schema.innodb_lock_waits;
Empty set, 1 warning (0.00 sec)

mysql> select * from information_schema.innodb_trx\G
Empty set (0.00 sec)
```

再使用 show engine innodb status; 查看（這裡只需要查閱 TRANSACTION 段落即可），仍然無任何有用的鎖資訊

```
mysql> show engine innodb status;
......
===================================
2020-06-25 13:01:43 0x7fe55ded8700 INNODB MONITOR OUTPUT
===================================
......
------------
TRANSACTIONS
------------
Trx id counter 2527502
Purge done for trx's n:o < 2527500 undo n:o < 0 state: running but idle
```

```
History list length 3
LIST OF TRANSACTIONS FOR EACH SESSION:
---TRANSACTION 422099353083504, not started
0 lock struct(s), heap size 1136, 0 row lock(s)
---TRANSACTION 422099353082592, not started
0 lock struct(s), heap size 1136, 0 row lock(s)
---TRANSACTION 422099353081680, not started
0 lock struct(s), heap size 1136, 0 row lock(s)
--------
FILE I/O
......
```

透過上面的常規手段查詢，無任何有用資訊。這個時候，有 GDB 偵錯經驗的老手估計就要開始使用 gdb、strace、pstack 等命令查看 MySQL 呼叫堆疊、執行緒等資訊了，但這對於沒有 C 語言基礎的人來說，基本上和看天書沒有兩樣。好在從 MySQL 5.7 版開始提供 performance_schema.metadata_locks 資料表，該表記錄各種 Server 層的鎖資訊（包括全域讀鎖和 MDL 鎖等資訊）。下面開啟第四個工作階段查詢該資料表試試。

```
# 透過 performance_schema.metadata_locks 資料表排查誰持有全域讀鎖，此鎖通常記錄著同
一個工作階段的 OBJECT_TYPE 為 global 和 commit、LOCK_TYPE 都為 SHARED 的兩把顯式鎖
mysql> select * from performance_schema.metadata_locks where OWNER_
THREAD_ID != sys.ps_thread_id(connection_id())\G
*************************** 1. row ***************************
          OBJECT_TYPE: GLOBAL
        OBJECT_SCHEMA: NULL
          OBJECT_NAME: NULL
  OBJECT_INSTANCE_BEGIN: 140621322913984
            LOCK_TYPE: SHARED  # 共用鎖
        LOCK_DURATION: EXPLICIT  # 顯式
          LOCK_STATUS: GRANTED  # 已授予
               SOURCE: lock.cc:1110
      OWNER_THREAD_ID: 94 # 持有鎖的內部執行緒 ID 為 94
       OWNER_EVENT_ID: 16
*************************** 2. row ***************************
          OBJECT_TYPE: COMMIT
        OBJECT_SCHEMA: NULL
          OBJECT_NAME: NULL
  OBJECT_INSTANCE_BEGIN: 140621322926064
            LOCK_TYPE: SHARED # 共用鎖
        LOCK_DURATION: EXPLICIT  # 顯式
          LOCK_STATUS: GRANTED # 已授予
               SOURCE: lock.cc:1194
      OWNER_THREAD_ID: 94  # 持有鎖的內部執行緒 ID 為 94
       OWNER_EVENT_ID: 16
```

```
*************************** 3. row ***************************
        OBJECT_TYPE: GLOBAL
      OBJECT_SCHEMA: NULL
        OBJECT_NAME: NULL
OBJECT_INSTANCE_BEGIN: 140621391527216
          LOCK_TYPE: INTENTION_EXCLUSIVE  # 意向排他鎖
      LOCK_DURATION: STATEMENT  # 語句
        LOCK_STATUS: PENDING  # 狀態為 PENDING，表示正在等待授予
             SOURCE: sql_base.cc:3190
    OWNER_THREAD_ID: 95  # 被阻塞的內部執行緒 ID 為 95
     OWNER_EVENT_ID: 38
3 rows in set (0.00 sec)

# 查看 process id 為 4 和 5 的執行緒，各自對應的內部執行緒 ID 是多少
mysql> select sys.ps_thread_id(4);
+---------------------+
| sys.ps_thread_id(4) |
+---------------------+
| 94                  |        # process id 為 4 的執行緒，對應的內部執行緒 ID 正好為 94
，說明就是 process id 為 4 的執行緒持有全域讀鎖
+---------------------+
1 row in set (0.00 sec)

mysql> select sys.ps_thread_id(5);
+---------------------+
| sys.ps_thread_id(5) |
+---------------------+
| 95                  |        # process id 為 5 的執行緒，對應的內部執行緒 ID 正好是 95
，說明就是 process id 為 5 的執行緒在等待全域讀鎖
+---------------------+
1 row in set (0.00 sec)
```

　　如果是正式環境，綜合上述資訊，以及在 processlist 的列記錄找到與 process id 為 4 對應的 User、Host、db 資訊，大致判斷屬於什麼業務用途，找尋相關人員詢問清楚，該處理的就處理，順便再討論今後如何避免這類問題。

6.2.2 找出誰持有 MDL 鎖

　　執行語句時，可能經常會遇到被阻塞等待 MDL 鎖的情況。例如：使用「show processlist;」語句查看執行緒資訊時，或許會發現 State 欄位值為「Waiting for table metadata lock」。那麼，當遇到這種情況時，應該如何排查誰持有 MDL 鎖，但沒有釋放呢？下面嘗試進行 MDL 鎖的等待場景模擬（MDL 鎖記錄對應的 instruments 為 wait/lock/metadata/sql/mdl，預設未啟用；對應的 consumers 為 performance_schema.

metadata_locks，在 setup_consumers 只受全域組態項目 global_instrumentation 控制，預設已啟用）。

　　首先，開啟兩個工作階段，分別執行下列語句。

```
# 工作階段 1，開啟一個交易，並執行一道 update 語句更新 sbtest1 資料表，但不提交
mysql> use sbtest
Database changed
mysql> begin;
Query OK, 0 rows affected (0.00 sec)

mysql> update sbtest1 set pad='yyy' where id=1;
Query OK, 1 row affected (0.00 sec)
Rows matched: 1  Changed: 1  Warnings: 0

# 工作階段 2，對 sbtest1 資料表執行 DDL 語句，增加一個普通索引
mysql> use sbtest
Database changed
mysql> alter table sbtest1 add index i_c(c);   # 被阻塞
```

　　然後，再開啟一個工作階段，使用「show processlist;」語句查詢執行緒資訊，可以發現 alter 語句正在等待 MDL 鎖（Waiting for table metadata lock）。

```
mysql> show processlist;
+----+-------+----------+------+-------+-----+-----------------+----------------+
| Id | User  | Host     | db   |Command|Time |State            |Info            |
+----+-------+----------+------+-------+-----+-----------------+----------------+
| 92 | root  |localhost|sbtest| Query | 121 |Waiting for table metadata
lock |alter table sbtest1 add index i_c(c)|
| 93 | root  |localhost|NULL  | Query |   0 |starting         |show processlist|
| 94 | root  |localhost|sbtest| Sleep |1078 |                 |NULL            |
+----+-------+----------+------+-------+-----+-----------------+----------------+
3 rows in set (0.00 sec)
```

　　在 MySQL 5.7 版本之前，無法從資料庫層面直觀地查詢誰持有 MDL 鎖資訊（如果使用 GDB 之類的工具，則要求具備一定的 C 語言基礎）。現在，透過查詢 performance_schema.metadata_locks 資料表，便可得知 MDL 鎖資訊。發現有 5 列 MDL 鎖記錄，第一列為 sbtest.sbtest1 資料表的 SHARED_WRITE 鎖，處於 GRANTED 狀態，由 136 執行緒持有（對應 process id 為 94）；後續 4 列為 sbtest. sbtest1 資料表的 SHARED_UPGRADABLE、EXCLUSIVE 鎖，其中 SHARED_ UPGRADABLE 處於 GRANTED 狀態，EXCLUSIVE 處於 PENDING 狀態，由 134 執行緒持有（對應 process id 為 92），說明 134 執行緒正在等待 MDL 鎖。

```
mysql> select * from performance_schema.metadata_locks where OWNER_
THREAD_ID != sys.ps_thread_id(connection_id()) \G
*************************** 1. row ***************************
          OBJECT_TYPE: TABLE
        OBJECT_SCHEMA: sbtest
          OBJECT_NAME: sbtest1
OBJECT_INSTANCE_BEGIN: 139886013386816
            LOCK_TYPE: SHARED_WRITE
        LOCK_DURATION: TRANSACTION
          LOCK_STATUS: GRANTED
               SOURCE: sql_parse.cc:5996
      OWNER_THREAD_ID: 136
       OWNER_EVENT_ID: 721
*************************** 2. row ***************************
          OBJECT_TYPE: GLOBAL
        OBJECT_SCHEMA: NULL
          OBJECT_NAME: NULL
OBJECT_INSTANCE_BEGIN: 139886348911600
            LOCK_TYPE: INTENTION_EXCLUSIVE
        LOCK_DURATION: STATEMENT
          LOCK_STATUS: GRANTED
               SOURCE: sql_base.cc:5497
      OWNER_THREAD_ID: 134
       OWNER_EVENT_ID: 4667
*************************** 3. row ***************************
          OBJECT_TYPE: SCHEMA
        OBJECT_SCHEMA: sbtest
          OBJECT_NAME: NULL
OBJECT_INSTANCE_BEGIN: 139886346748096
            LOCK_TYPE: INTENTION_EXCLUSIVE
        LOCK_DURATION: TRANSACTION
          LOCK_STATUS: GRANTED
               SOURCE: sql_base.cc:5482
      OWNER_THREAD_ID: 134
       OWNER_EVENT_ID: 4667
*************************** 4. row ***************************
          OBJECT_TYPE: TABLE
        OBJECT_SCHEMA: sbtest
          OBJECT_NAME: sbtest1
OBJECT_INSTANCE_BEGIN: 139886346749984
            LOCK_TYPE: SHARED_UPGRADABLE
        LOCK_DURATION: TRANSACTION
          LOCK_STATUS: GRANTED
               SOURCE: sql_parse.cc:5996
      OWNER_THREAD_ID: 134
       OWNER_EVENT_ID: 4669
```

```
*********************** 5. row ***********************
        OBJECT_TYPE: TABLE
      OBJECT_SCHEMA: sbtest
        OBJECT_NAME: sbtest1
OBJECT_INSTANCE_BEGIN: 139886348913168
          LOCK_TYPE: EXCLUSIVE
      LOCK_DURATION: TRANSACTION
        LOCK_STATUS: PENDING
             SOURCE: mdl.cc:3891
    OWNER_THREAD_ID: 134
     OWNER_EVENT_ID: 4748
5 rows in set (0.00 sec)
```

透過上述資料，業已知道哪個執行緒持有 MDL 鎖。由「show processlist;」語句的查詢結果得知，process id 為 94 的執行緒已經長時間處於 Sleep 狀態，但是這裡並不能看到此執行緒執行什麼語句，可能需要查詢 information_schema.innodb_trx 資料表，以確認該執行緒是否存在一個沒有提交的交易。如下文所示，藉由查詢該資料表，發現 process id 為 94（trx_mysql_thread_id: 94）的執行緒確實有一個未提交的交易，但是除了交易開始時間和 process id（trx_started: 2020-01-14 01:19:25，trx_mysql_thread_id: 94）之外，並沒有太多有用的資訊。

```
mysql> select * from information_schema.innodb_trx\G
*********************** 1. row ***********************
                 trx_id: 2452892
              trx_state: RUNNING
            trx_started: 2020-01-14 01:19:25
    trx_requested_lock_id: NULL
        trx_wait_started: NULL
             trx_weight: 3
    trx_mysql_thread_id: 94
......
1 row in set (0.00 sec)
```

此時，從手中掌握的所有資料資訊來看，雖然知道是 136 執行緒的交易沒有提交，導致 134 執行緒發生 MDL 鎖等待，但是並不清楚 136 執行緒正在做什麼事情。當然可以殺掉 136 執行緒，讓 134 執行緒繼續往下執行，但是此舉並非根本解決之道，同時無法找到相關的開發人員進行最佳化。所以，還可藉助 performance_schema.events_statements_current 資料表查詢某個執行緒正在執行，或者說最後一次執行完成的語句事件資訊（這裡的資訊不一定可靠，因為該表只能記錄每個執行緒目前正在執行，以及最近一次執行完成的語句事件資訊。一旦這個執行緒執行新的語句，資訊就會被覆蓋），如下所示。

```
mysql> select * from performance_schema.events_statements_current where
thread_id=136\G
*************************** 1. row ***************************
           THREAD_ID: 136
            EVENT_ID: 715
        END_EVENT_ID: 887
          EVENT_NAME: statement/sql/update
              SOURCE: socket_connection.cc:101
......
            SQL_TEXT: update sbtest1 set pad='yyy' where id=1
              DIGEST: 69f516aa8eaa67fd6e7bfd3352de5d58
         DIGEST_TEXT: UPDATE 'sbtest1' SET 'pad' = ? WHERE 'id' = ?
      CURRENT_SCHEMA: sbtest
......
        MESSAGE_TEXT: Rows matched: 1  Changed: 1  Warnings: 0
......
1 row in set (0.00 sec)
```

在 performance_schema.events_statements_current 資料表的資訊中，透過 SQL_TEXT 欄位可以清晰地看到該執行緒正在執行的 SQL 語句。如果是正式環境，現在就能找相關的開發人員交涉，下次碰到類似的語句必須即時提交，避免再次發生類似的問題。

6.2.3 找出誰持有表級鎖

表級鎖對應的 instruments（wait/lock/table/sql/handler）預設已啟用，對應的 consumers 為 performance_schema.table_handles；setup_consumers 只受全域組態項目 global_instrumentation 控制，預設已啟用。所以，預設情況下，只需設定系統組態參數 performance_schema=ON 即可。下面透過一個範例示範如何找出誰持有表級鎖。

首先，開啟兩個工作階段，第一個工作階段（工作階段 1）對一個資料表（InnoDB 引擎）明確加上表級鎖，第二個工作階段（工作階段 2）對該資料表執行 DML 語句操作。

```
# 工作階段 1，加表級鎖
mysql> use sbtest
Database changed
mysql> select connection_id();
+-----------------+
| connection_id() |
+-----------------+
| 18              |
+-----------------+
```

```
1 row in set (0.00 sec)

mysql> lock table sbtest1 read;
Query OK, 0 rows affected (0.00 sec)

# 工作階段 2，對該資料表執行 update 更新
mysql> use sbtest
Database changed
mysql> select connection_id();
+-----------------+
| connection_id() |
+-----------------+
| 19              |
+-----------------+
1 row in set (0.00 sec)
mysql> update sbtest1 set pad='xxx' where id=1;  # 被阻塞
```

然後，開啟第三個工作階段（工作階段 3），使用「show processlist;」語句查詢執行緒資訊，發現 update 語句正在等待 MDL 鎖（Waiting for table metadata lock）。

```
mysql> show processlist;
+----+-------+----------+------+-------+-----+------------+----------------+
| Id | User  | Host     | db   |Command|Time |State       |Info            |
+----+-------+----------+------+-------+-----+------------+----------------+
| 3  | qfsys |192.168.2.168:41042|NULL|Binlog Dump|18565|Master has sent
all binlog to slave; waiting for more updates|NULL|
| 18 | root  |localhost|sbtest|Sleep | 67 |            | NULL           |
| 19 | root  |localhost|sbtest|Query | 51 |Waiting for table metadata
lock |update sbtest1 set pad='xxx' where id=1|
| 20 | root  |localhost|NULL  |Query | 0  |starting    |show processlist|
+----+-------+----------+------+-------+-----+------------+----------------+
4 rows in set (0.00 sec)
```

既然是等待 MDL 鎖，那麼在工作階段 3 查詢 performance_schema.metadata_locks 資料表，記錄的順序代表持有鎖的時間順序。

```
mysql> select * from performance_schema.metadata_locks where OWNER_
THREAD_ID != sys.ps_thread_id (connection_id())\G
*************************** 1. row ***************************
          OBJECT_TYPE: TABLE
        OBJECT_SCHEMA: sbtest
          OBJECT_NAME: sbtest1
OBJECT_INSTANCE_BEGIN: 140622530920576
            LOCK_TYPE: SHARED_READ_ONLY
        LOCK_DURATION: TRANSACTION
          LOCK_STATUS: GRANTED
```

```
              SOURCE: sql_parse.cc:5996
      OWNER_THREAD_ID: 113   # 內部 ID 為 113 的執行緒被授予了 SHARED_READ_ONLY，持
有該鎖的執行緒不允許其他執行緒修改 sbtest1 資料表
       OWNER_EVENT_ID: 11
*************************** 2. row ***************************
          OBJECT_TYPE: GLOBAL
        OBJECT_SCHEMA: NULL
          OBJECT_NAME: NULL
 OBJECT_INSTANCE_BEGIN: 140620517607728
            LOCK_TYPE: INTENTION_EXCLUSIVE
        LOCK_DURATION: STATEMENT
          LOCK_STATUS: GRANTED
               SOURCE: sql_base.cc:3190
      OWNER_THREAD_ID: 114   # 內部 ID 為 114 的執行緒被授予了 INTENTION_EXCLUSIVE
，但這只是一個意向鎖
       OWNER_EVENT_ID: 12
*************************** 3. row ***************************
          OBJECT_TYPE: TABLE
        OBJECT_SCHEMA: sbtest
          OBJECT_NAME: sbtest1
 OBJECT_INSTANCE_BEGIN: 140620517607824
            LOCK_TYPE: SHARED_WRITE
        LOCK_DURATION: TRANSACTION
          LOCK_STATUS: PENDING
               SOURCE: sql_parse.cc:5996
      OWNER_THREAD_ID: 114   # 內部 ID 為 114 的執行緒，正在等待授予 SHARED_WRITE
       OWNER_EVENT_ID: 12
3 rows in set (0.00 sec)
```

　　排查陷入僵局，已知 MDL 鎖十分常見，針對資料表的絕大部分操作都會先加 MDL 鎖（performance_schema.metadata_locks 資料表記錄的鎖資訊也不管用了）。通常看到這些資訊時，可能會立刻聯想到需要查詢 information_schema 下三個關於 InnoDB 引 擎 的 鎖（INNODB_LOCK_WAITS、INNODB_LOCKS、INNODB_TRX），以及交易資訊表。嘗試查看這三個資料表（工作階段 3 中），可是都沒有記錄。

```
mysql> select * from information_schema.INNODB_TRX;
Empty set (0.00 sec)

mysql> select * from information_schema.INNODB_LOCKS;
Empty set, 1 warning (0.00 sec)

mysql> select * from information_schema.INNODB_LOCK_WAITS;
Empty set, 1 warning (0.00 sec)
```

　　當然，有人可能會説，就只有 4 個執行緒，第二個工作階段的「Command」為 Sleep，應該是它，把它殺掉試試看。是的，本案例確實可以這麼做，但如果正式環境中有數十個、上百個正常的長連接處於 Sleep 狀態，該怎麼辦呢？此時就不能逐一嘗試了，建議查詢一些資料表等級的鎖資訊（透過工作階段 3 查詢 performance_schema.table_handles 資料表）。

```
mysql> select * from performance_schema.table_handles where OWNER_THREAD_
ID!=0\G
*************************** 1. row ***************************
           OBJECT_TYPE: TABLE
         OBJECT_SCHEMA: sbtest
           OBJECT_NAME: sbtest1
 OBJECT_INSTANCE_BEGIN: 140622530923216
       OWNER_THREAD_ID: 113
        OWNER_EVENT_ID: 11
         INTERNAL_LOCK: NULL
         EXTERNAL_LOCK: READ EXTERNAL  # 發現內部 ID 為 113 的執行緒持有 sbtest1 資
料表的 READ EXTERNAL 表級鎖，這也是為什麼內部 ID 為 114 的執行緒無法取得 MDL 寫鎖的原因
1 row in set (0.00 sec)
```

　　由上面查到的相關資料得知，113 執行緒對 sbtest1 資料表顯式加了表級讀鎖，而且長時間處於 Sleep 狀態，但是不清楚該執行緒正在執行什麼 SQL 語句，可以透過 performance_schema.events_statements_current 資料表查詢。

```
mysql> select * from performance_schema.events_statements_current where
thread_id=113\G
*************************** 1. row ***************************
          THREAD_ID: 113
           EVENT_ID: 10
       END_EVENT_ID: 10
         EVENT_NAME: statement/sql/lock_tables
             SOURCE: socket_connection.cc:101
        TIMER_START: 18503556405463000
          TIMER_END: 18503556716572000
         TIMER_WAIT: 311109000
          LOCK_TIME: 293000000
           SQL_TEXT: lock table sbtest1 read   # 這裡可以看到，內部 ID 為 113
的執行緒對 sbtest1 資料表執行了加讀鎖語句
             DIGEST: 9f987e807ca36e706e33275283b5572b
        DIGEST_TEXT: LOCK TABLE 'sbtest1' READ
     CURRENT_SCHEMA: sbtest
......
1 row in set (0.00 sec)
```

從 performance_schema.events_statements_current 資料表的查詢資訊中，SQL_TEXT 欄位可以清晰地看到該執行緒正在執行的 SQL 語句。如果是正式環境，現在就能找相關的開發人員確認，倘若沒有什麼特殊操作，便可嘗試殺掉這個執行緒（在工作階段 3 中執行，processlist_id 為 18），同時針對這個問題進行最佳化，避免再度發生類似的情況。

```
# 如何知道內部 ID 為 113 的執行緒，對應的 process id 是多少呢？可透過 performance_
schema.threads 資料表查詢
mysql> select processlist_id from performance_schema.threads where
thread_id=113;
+----------------+
| processlist_id |
+----------------+
| 18             |
+----------------+
1 row in set (0.00 sec)

# 執行 kill
mysql> kill 18;
Query OK, 0 rows affected (0.00 sec)

mysql> show processlist;
+----+-------+---------------+------+-------+-----+------------+----------------+
| Id | User  | Host          | db   |Command|Time |State       |Info            |
+----+-------+---------------+------+-------+-----+------------+----------------+
| 3  | qfsys |192.168.2.168:41042|NULL|Binlog Dump|18994|Master has sent
all binlog to slave; waiting for more updates | NULL |
| 19 | root  |localhost|sbtest|Sleep | 480 |            |NULL            |
| 20 | root  |localhost|NULL  |Query |   0 |starting    |show processlist|
+----+-------+---------------+------+-------+-----+------------+----------------+
3 rows in set (0.00 sec)

# 返回工作階段 2，update 語句已經執行成功
mysql> update sbtest1 set pad='xxx' where id=1;
Query OK, 0 rows affected (7 min 50.23 sec)
Rows matched: 0 Changed: 0 Warnings: 0
```

6.2.4 找出誰持有列級鎖

本案例涉及的 performance_schema.data_lock，是從 MySQL 8.0 新增的資料表，此版以前不支援，這裡僅作為針對 MySQL 5.7 的 performance_schema 的一個延伸學習。

如果長時間未提交一筆交易，雖然可以從 information_schema.innodb_trx、performance_schema.events_transactions_current 等資料表查到對應的交易資訊，卻無

從知道這些交易持有哪些鎖。儘管 information_schema.innodb_locks 資料表記錄了交易的鎖資訊，但需要在兩個不同的交易發生鎖等待時，該表才會有相關的鎖資訊。從 MySQL 8.0 開始，performance_schema 提供一個 data_locks 資料表用於記錄任意交易的鎖資訊（同時廢除 information_schema.innodb_locks 資料表），不要求有鎖等待關係存在（注意，該表只記錄 InnoDB 儲存引擎層的鎖）。

首先，在 MySQL 8.0 開啟一個工作階段（工作階段 1），顯式開啟一個交易。

```
mysql> use xiaoboluo
Database changed
mysql> select * from t_luoxiaobo limit 1;
+----+------+---------------------+
| id | test | datet_time          |
+----+------+---------------------+
|  2 | 1    | 2020-09-06 01:11:59 |
+----+------+---------------------+
1 row in set (0.00 sec)

mysql> begin;
Query OK, 0 rows affected (0.00 sec)

mysql> update t_luoxiaobo set datet_time=now() where id=2;
Query OK, 1 row affected (0.00 sec)
Rows matched: 1  Changed: 1  Warnings: 0
```

接下來，開啟另一個工作階段（工作階段 2），查詢 data_locks 資料表。

```
mysql> select * from data_locks\G
*************************** 1. row ***************************
              ENGINE: INNODB
       ENGINE_LOCK_ID: 55562:62
ENGINE_TRANSACTION_ID: 55562
            THREAD_ID: 54            # 持有執行緒內部 ID
             EVENT_ID: 85
        OBJECT_SCHEMA: xiaoboluo     # 資料庫名稱
          OBJECT_NAME: t_luoxiaobo   # 資料表名稱
       PARTITION_NAME: NULL
    SUBPARTITION_NAME: NULL
           INDEX_NAME: NULL          # 索引名稱
OBJECT_INSTANCE_BEGIN: 140439793477144
            LOCK_TYPE: TABLE         # 表級鎖
            LOCK_MODE: IX            # IX 鎖
          LOCK_STATUS: GRANTED       # 被授予狀態
            LOCK_DATA: NULL
*************************** 2. row ***************************
              ENGINE: INNODB
```

```
          ENGINE_LOCK_ID: 55562:2:4:2
   ENGINE_TRANSACTION_ID: 55562
              THREAD_ID: 54              # 持有鎖執行緒內部 ID
               EVENT_ID: 85
          OBJECT_SCHEMA: xiaoboluo       # 資料庫名稱
            OBJECT_NAME: t_luoxiaobo     # 資料表名稱
         PARTITION_NAME: NULL
      SUBPARTITION_NAME: NULL
             INDEX_NAME: PRIMARY         # 索引為主鍵
   OBJECT_INSTANCE_BEGIN: 140439793474104
              LOCK_TYPE: RECORD          # 記錄鎖
              LOCK_MODE: X               # 排他鎖
            LOCK_STATUS: GRANTED         # 被授予狀態
              LOCK_DATA: 2   # 被鎖定的資料記錄，記錄對應的是 INDEX_NAME: PRIMARY
的 value
   2 rows in set (0.00 sec)
```

　　從查詢結果得知，有兩列鎖記錄，第一列是對 t_luoxiaobo 資料表的 IX 鎖，狀態為 GRANTED；第二列為使用主鍵索引的 X 鎖，此為記錄鎖，狀態為 GRANTED。

　　接著，模擬兩道 DML 語句發生鎖等待的場景。新開啟一個工作階段（工作階段 3），在工作階段 1 未提交交易的情況下，工作階段 3 對 t_luoxiaobo 資料表執行同樣的操作。

```
mysql> use xiaoboluo
Database changed
mysql> begin;
Query OK, 0 rows affected (0.00 sec)

mysql> update t_luoxiaobo set datet_time=now() where id=2;   # 被阻塞
```

　　回到工作階段 2，查詢 data_locks 資料表，發現有 4 列鎖記錄。

```
mysql> select * from performance_schema.data_locks\G
*************************** 1. row ***************************
......
              THREAD_ID: 55
......
              LOCK_TYPE: TABLE
              LOCK_MODE: IX
            LOCK_STATUS: GRANTED
              LOCK_DATA: NULL
*************************** 2. row ***************************
                 ENGINE: INNODB
          ENGINE_LOCK_ID: 55563:2:4:2
   ENGINE_TRANSACTION_ID: 55563
```

```
                    THREAD_ID: 55  # 內部執行緒 ID
                     EVENT_ID: 8
                OBJECT_SCHEMA: xiaoboluo
                  OBJECT_NAME: t_luoxiaobo
               PARTITION_NAME: NULL
            SUBPARTITION_NAME: NULL
                   INDEX_NAME: PRIMARY   # 鎖記錄發生在哪個索引
        OBJECT_INSTANCE_BEGIN: 140439793480168
                    LOCK_TYPE: RECORD  # 記錄鎖
                    LOCK_MODE: X   # 排他鎖
                  LOCK_STATUS: WAITING   # 正在等待鎖被授予
                    LOCK_DATA: 2 # 鎖定的索引 value，這裡與內部 ID 為 54 的執行緒持有主鍵值為
2 的 X 鎖完全一樣，說明這裡就是被內部 ID 為 54 的執行緒所阻塞
*************************** 3. row ***************************
......
                    THREAD_ID: 54
.......
                    LOCK_TYPE: TABLE
                    LOCK_MODE: IX
                  LOCK_STATUS: GRANTED
                    LOCK_DATA: NULL
*************************** 4. row ***************************
......
                    THREAD_ID: 54
                     EVENT_ID: 85
                OBJECT_SCHEMA: xiaoboluo
                  OBJECT_NAME: t_luoxiaobo
               PARTITION_NAME: NULL
            SUBPARTITION_NAME: NULL
                   INDEX_NAME: PRIMARY
        OBJECT_INSTANCE_BEGIN: 140439793474104
                    LOCK_TYPE: RECORD
                    LOCK_MODE: X
                  LOCK_STATUS: GRANTED
                    LOCK_DATA: 2
4 rows in set (0.00 sec)
```

從上面的查詢資料得知，performance_schema.data_locks 資料表新增執行緒 ID 為 55 的兩列鎖記錄，IX 鎖狀態為 GRANTED，X 鎖狀態為 WAITING，說明正在等待鎖被授予。但這裡並不能很直觀地看到鎖等待關係，建議使用 sys.innodb_lock_waits 檢視查看。

```
mysql> select * from sys.innodb_lock_waits\G
*************************** 1. row ***************************
                wait_started: 2020-01-14 21:51:59
                    wait_age: 00:00:11
```

```
                wait_age_secs: 11
                 locked_table: 'xiaoboluo'.'t_luoxiaobo'
         locked_table_schema: xiaoboluo
           locked_table_name: t_luoxiaobo
      locked_table_partition: NULL
   locked_table_subpartition: NULL
                locked_index: PRIMARY
                 locked_type: RECORD
              waiting_trx_id: 55566
         waiting_trx_started: 2020-01-14 21:51:59
             waiting_trx_age: 00:00:11
      waiting_trx_rows_locked: 1
    waiting_trx_rows_modified: 0
                  waiting_pid: 8
                waiting_query: update t_luoxiaobo set datet_time=now() where id=2
              waiting_lock_id: 55566:2:4:2
            waiting_lock_mode: X
             blocking_trx_id: 55562
                 blocking_pid: 7
               blocking_query: NULL
             blocking_lock_id: 55562:2:4:2
           blocking_lock_mode: X
         blocking_trx_started: 2020-01-14 21:34:44
             blocking_trx_age: 00:17:26
     blocking_trx_rows_locked: 1
    blocking_trx_rows_modified: 1
       sql_kill_blocking_query: KILL QUERY 7
  sql_kill_blocking_connection: KILL 7
1 row in set (0.02 sec)
```

提示：MySQL 5.7 版本也可以使用 sys.innodb_lock_waits 檢視查看，但是在 MySQL 8.0 中，該檢視聯結查詢的資料表不同（把先前版本使用的 information_ schema.innodb_locks 資料表和 information_schema.innodb_lock_waits 資料表，替換 為 performance_schema.data_locks 資料表和 performance_schema.data_lock_waits 資料 表）。另外，在 MySQL 5.6 及之前的版本中，預設情況下並沒有 sys 資料庫，可以 使用下列語句代替。

```
SELECT r.trx_wait_started AS wait_started,
       TIMEDIFF(NOW(), r.trx_wait_started) AS wait_age,
       TIMESTAMPDIFF(SECOND, r.trx_wait_started, NOW()) AS wait_age_secs,
       rl.lock_table AS locked_table,
       rl.lock_index AS locked_index,
       rl.lock_type AS locked_type,
       r.trx_id AS waiting_trx_id,
       r.trx_started as waiting_trx_started,
```

```
            TIMEDIFF(NOW(), r.trx_started) AS waiting_trx_age,
            r.trx_rows_locked AS waiting_trx_rows_locked,
            r.trx_rows_modified AS waiting_trx_rows_modified,
            r.trx_mysql_thread_id AS waiting_pid,
            sys.format_statement(r.trx_query) AS waiting_query,
            rl.lock_id AS waiting_lock_id,
            rl.lock_mode AS waiting_lock_mode,
            b.trx_id AS blocking_trx_id,
            b.trx_mysql_thread_id AS blocking_pid,
            sys.format_statement(b.trx_query) AS blocking_query,
            bl.lock_id AS blocking_lock_id,
            bl.lock_mode AS blocking_lock_mode,
            b.trx_started AS blocking_trx_started,
            TIMEDIFF(NOW(), b.trx_started) AS blocking_trx_age,
            b.trx_rows_locked AS blocking_trx_rows_locked,
            b.trx_rows_modified AS blocking_trx_rows_modified,
            CONCAT('KILL QUERY ', b.trx_mysql_thread_id) AS sql_kill_blocking_
query,
            CONCAT('KILL ', b.trx_mysql_thread_id) AS sql_kill_blocking_connection
        FROM information_schema.innodb_lock_waits w
        INNER JOIN information_schema.innodb_trx b ON b.trx_id = w.blocking_
trx_id
        INNER JOIN information_schema.innodb_trx r ON r.trx_id =
w.requesting_trx_id
        INNER JOIN information_schema.innodb_locks bl ON bl.lock_id =
w.blocking_lock_id
        INNER JOIN information_schema.innodb_locks rl ON rl.lock_id =
w.requested_lock_id
    ORDER BY r.trx_wait_started;
```

6.3 查看最近的 SQL 語句執行資訊

6.3.1 查看最近的 TOP SQL 語句

利用 performance_schema 的目前事件記錄表和語句事件歷史記錄表，便可查詢資料庫最近執行的一些 SQL 語句，以及與這些語句相關的資訊。此處以 events_statements_history 資料表為例，查詢結果按照語句完成時間降冪排序。

```
   mysql> select THREAD_ID,EVENT_NAME, SOURCE,sys.format_time(TIMER_WAIT),
sys.format_time (LOCK_TIME),SQL_TEXT,CURRENT_SCHEMA,MESSAGE_TEXT, ROWS_
AFFECTED,ROWS_SENT,ROWS_EXAMINED from events_statements_history where
CURRENT_SCHEMA!= 'performance_schema' order by TIMER_WAIT desc limit 10\G
   *************************** 1. row ***************************
```

```
                     THREAD_ID: 114
                    EVENT_NAME: statement/sql/update
                        SOURCE: socket_connection.cc:101
   sys.format_time(TIMER_WAIT): 24.93 m
    sys.format_time(LOCK_TIME): 24.93 m
                      SQL_TEXT: update sbtest1 set pad='xxx' where id=1
                CURRENT_SCHEMA: sbtest
                  MESSAGE_TEXT: Rows matched: 0 Changed: 0 Warnings: 0
                 ROWS_AFFECTED: 0
                     ROWS_SENT: 0
                 ROWS_EXAMINED: 0
*************************** 2. row ***************************
                     THREAD_ID: 114
                    EVENT_NAME: statement/sql/update
                        SOURCE: socket_connection.cc:101
   sys.format_time(TIMER_WAIT): 7.84 m
    sys.format_time(LOCK_TIME): 7.84 m
                      SQL_TEXT: update sbtest1 set pad='xxx' where id=1
                CURRENT_SCHEMA: sbtest
                  MESSAGE_TEXT: Rows matched: 0 Changed: 0 Warnings: 0
                 ROWS_AFFECTED: 0
                     ROWS_SENT: 0
                 ROWS_EXAMINED: 0
......
10 rows in set (0.00 sec)
```

　　按照最佳化慢 SQL 語句的原則，優先最佳化執行次數最多的語句，然後是執行時間最長的語句。上述查詢結果並不是一般所說的 TOP SQL 語句，可以利用 events_statements_summary_by_digest 資料表查詢經過統計之後的 TOP SQL 語句。

```
mysql> select SCHEMA_NAME,DIGEST_TEXT,COUNT_STAR, sys.format_time(SUM_
TIMER_WAIT) as sum_time, sys.format_time(MIN_TIMER_WAIT) as min_time,sys.
format_time(AVG_TIMER_WAIT) as avg_time, sys.format_time(MAX_TIMER_WAIT) as
max_time,sys.format_time(SUM_LOCK_TIME) as sum_lock_time, SUM_ROWS_
AFFECTED,SUM_ROWS_SENT,SUM_ROWS_EXAMINED from events_statements_summary_by_
digest where SCHEMA_NAME is not null order by COUNT_STAR desc limit 10\G
*************************** 1. row ***************************
      SCHEMA_NAME: sbtest
      DIGEST_TEXT: UPDATE 'sbtest1' SET 'pad' = ? WHERE 'id' = ?
       COUNT_STAR: 10
         sum_time: 2.19 h
         min_time: 216.90 us
         avg_time: 13.15 m
         max_time: 1.50 h
    sum_lock_time: 2.04 h
SUM_ROWS_AFFECTED: 3
```

```
        SUM_ROWS_SENT: 0
    SUM_ROWS_EXAMINED: 4
*************************** 2. row ***************************
          SCHEMA_NAME: sbtest
          DIGEST_TEXT: SHOW WARNINGS
           COUNT_STAR: 9
             sum_time: 397.62 us
             min_time: 16.50 us
             avg_time: 44.18 us
             max_time: 122.58 us
        sum_lock_time: 0 ps
    SUM_ROWS_AFFECTED: 0
        SUM_ROWS_SENT: 0
    SUM_ROWS_EXAMINED: 0
......
*************************** 5. row ***************************
          SCHEMA_NAME: sbtest
          DIGEST_TEXT: SELECT * FROM 'sbtest1' LIMIT ?
           COUNT_STAR: 5
             sum_time: 138.93 ms
             min_time: 145.77 us
             avg_time: 27.79 ms
             max_time: 112.29 ms
        sum_lock_time: 95.53 ms
    SUM_ROWS_AFFECTED: 0
        SUM_ROWS_SENT: 104
    SUM_ROWS_EXAMINED: 104
......
10 rows in set (0.00 sec)
```

　　提示：events_statements_summary_by_digest 資料表記錄的 SQL 語句並不完整，預設情況下只截取 1024 位元組，並且也是使用這些位元組的 SQL 語句進行 hash 計算，把 hashcode 相同的值累計在一起。performance_schema 提供的資料只能算作慢日誌分析的一個補充，如果需要完整的 SQL 語句，還得依賴慢查詢日誌分析。

6.3.2 查看最近執行失敗的 SQL 語句

　　曾經有同事詢問，使用程式對資料庫的某些操作（例如：以 Python 的 ORM 模組操作資料庫）報出語法錯誤，但是程式並沒有記錄 SQL 語句的功能，在 MySQL 資料庫層能否查到具體的 SQL 語句，看看是否哪裡寫錯了？這個時候，大多數人首先想到的就是去翻閱錯誤日誌。很遺憾，對於 SQL 語句的語法錯誤，並不會放到錯誤日誌。如果尚未完全瞭解 performance_schema，很有可能會回覆説：在 MySQL 層級也並沒有記錄語法錯誤的資訊。

實際上，針對每一道語句的執行狀態，performance_schema 的語句事件記錄表都記下了較為詳細的資訊，例如：events_statements_ 資料表和 events_statements_summary_by_digest 資料表（前者記錄語句所有的執行錯誤資訊，而後者只記錄語句在執行過程中發生錯誤的統計資訊，不包括具體的錯誤類型，例如：沒有語法錯誤類的資訊）。下面分別示範如何以這兩個資料表查詢發生錯誤的語句資訊。

首先，製造一道語法錯誤的 SQL 語句，使用 events_statements_history_long 資料表或者 events_statements_history 資料表查詢發生語法錯誤的 SQL 語句，開啟一個工作階段（工作階段 1）。

```
mysql> select * from;
ERROR 1064 (42000): You have an error in your SQL syntax; check the manual
that corresponds to your MySQL server version for the right syntax to use near
'' at line 1
```

然後，開啟另一個工作階段（工作階段 2），查詢 events_statements_history 資料表中錯誤號為 1064 的記錄。

```
mysql> use performance_schema;
Database changed
mysql> select THREAD_ID,EVENT_NAME,SOURCE,sys.format_time(TIMER_WAIT) as
exec_time,sys. format_time (LOCK_TIME) as lock_time,SQL_TEXT, CURRENT_
SCHEMA,MESSAGE_TEXT,ROWS_AFFECTED, ROWS_SENT,ROWS_EXAMINED,MYSQL_ERRNO from
events_statements_history where MYSQL_ERRNO =1064\G
*************************** 1. row ***************************
     THREAD_ID: 49
    EVENT_NAME: statement/sql/error
        SOURCE: socket_connection.cc:101
     exec_time: 71.72 us
     lock_time: 0 ps
      SQL_TEXT: select * from
CURRENT_SCHEMA: sbtest
  MESSAGE_TEXT: You have an error in your SQL syntax; check the manual that
corresponds to your MySQL server version for the right syntax to use
 ROWS_AFFECTED: 0
     ROWS_SENT: 0
 ROWS_EXAMINED: 0
    MYSQL_ERRNO: 1064
1 row in set (0.01 sec)
```

可能不知道錯誤號是多少，此時可以查詢發生錯誤次數不為 0 的語句記錄，於其內找到 MESSAGE_TEXT 欄位，提示訊息為語法錯誤的便是。

```
mysql > select THREAD_ID, EVENT_NAME,SOURCE,sys.format_time(TIMER_WAIT)
as exec_time, sys.format_time(LOCK_TIME) as lock_time,SQL_TEXT, CURRENT_
SCHEMA,MESSAGE_TEXT,ROWS_AFFECTED, ROWS_SENT,ROWS_EXAMINED,MYSQL_ERRNO,
errors from events_statements_history where errors> 0\G
*************************** 1. row ***************************
      THREAD_ID: 49
     EVENT_NAME: statement/sql/error
         SOURCE: socket_connection.cc:101
      exec_time: 71.72 us
      lock_time: 0 ps
       SQL_TEXT: select * from
 CURRENT_SCHEMA: sbtest
   MESSAGE_TEXT: You have an error in your SQL syntax; check the manual that
corresponds to your MySQL server version for the right syntax to use
  ROWS_AFFECTED: 0
      ROWS_SENT: 0
  ROWS_EXAMINED: 0
    MYSQL_ERRNO: 1064
         errors: 1
1 row in set (0.00 sec)
```

接下來，使用 events_statements_summary_by_digest 資料表查詢發生執行錯誤的
SQL 語句記錄。首先，在工作階段 1 製造一兩道一定會發生錯誤的語句。

```
mysql> select * ;
ERROR 1096 (HY000): No tables used
mysql> select * from sbtest4 where id between 100 and 2000 and xx=1;
ERROR 1054 (42S22): Unknown column 'xx' in 'where clause'
```

然後，切換到工作階段 2，在 events_statements_summary_by_digest 資料表查詢
發生錯誤次數大於 0 的記錄。

```
mysql> select SCHEMA_NAME, DIGEST_TEXT,COUNT_STAR, sys.format_time(AVG_
TIMER_WAIT) as avg_time,sys.format_time(MAX_TIMER_WAIT) as max_time,sys.
format_time(SUM_LOCK_TIME) as sum_lock_time,SUM_ERRORS,FIRST_SEEN,LAST_SEEN
from events_statements_summary_by_digest where SUM_ERRORS!=0\G
*************************** 1. row ***************************
......
*************************** 10. row ***************************
   SCHEMA_NAME: sbtest
   DIGEST_TEXT: SELECT *      # 這裡就是第一道執行錯誤的語句
    COUNT_STAR: 1
      avg_time: 55.14 us
      max_time: 55.14 us
 sum_lock_time: 0 ps
    SUM_ERRORS: 1
```

```
      FIRST_SEEN: 2020-06-25 17:40:57
       LAST_SEEN: 2020-06-25 17:40:57
*************************** 11. row ***************************
     SCHEMA_NAME: sbtest
     DIGEST_TEXT: SELECT * FROM 'sbtest4' WHERE 'id' BETWEEN ? AND ? AND 'xx'
= ?   # 這裡就是第二道執行錯誤的語句
      COUNT_STAR: 1
        avg_time: 101.68 us
        max_time: 101.68 us
   sum_lock_time: 0 ps
      SUM_ERRORS: 1
      FIRST_SEEN: 2020-06-25 17:41:03
       LAST_SEEN: 2020-06-25 17:41:03
11 rows in set (0.00 sec)
```

提示：前文說過，events_statements_summary_by_digest 資料表不記錄具體的錯誤資訊，只有錯誤語句統計。所以，如果需要查詢具體的錯誤資訊（例如：錯誤程式碼、錯誤提示訊息以及錯誤的 SQL 語句等），還得查詢 events_statements_history 資料表或者 events_statements_history_long 資料表。

```
mysql> select THREAD_ID, EVENT_NAME,SOURCE,sys.format_time(TIMER_WAIT)
as exec_time, sys.format_time(LOCK_TIME) as lock_time,SQL_TEXT, CURRENT_
SCHEMA,MESSAGE_TEXT,ROWS_AFFECTED, ROWS_SENT,ROWS_EXAMINED,MYSQL_ERRNO from
events_statements_history where MYSQL_ERRNO!=0\G
*************************** 1. row ***************************
......
*************************** 2. row ***************************
       THREAD_ID: 119
      EVENT_NAME: statement/sql/select
          SOURCE: socket_connection.cc:101
       exec_time: 55.14 us
       lock_time: 0 ps
        SQL_TEXT: select *
  CURRENT_SCHEMA: sbtest
    MESSAGE_TEXT: No tables used
   ROWS_AFFECTED: 0
       ROWS_SENT: 0
   ROWS_EXAMINED: 0
     MYSQL_ERRNO: 1096
*************************** 3. row ***************************
       THREAD_ID: 119
      EVENT_NAME: statement/sql/select
          SOURCE: socket_connection.cc:101
       exec_time: 101.68 us
       lock_time: 0 ps
        SQL_TEXT: select * from sbtest4 where id between 100 and 2000 and
```

```
xx=1
   CURRENT_SCHEMA: sbtest
     MESSAGE_TEXT: Unknown column 'xx' in 'where clause'
   ROWS_AFFECTED: 0
       ROWS_SENT: 0
   ROWS_EXAMINED: 0
     MYSQL_ERRNO: 1054
3 rows in set (0.00 sec)
```

6.4 查看 SQL 語句執行階段和進度資訊

MariaDB 分支支援一個不依賴於 performance_schema 效能資料的進度示範功能，透過「show processlist;」語句返回結果的最後一行，就是進度資訊。

```
mysql>show processlist;
+----+-------+---------+---------+-------+----+------+------------+---------+
| Id | User  | Host    | db      |Command|Time|State |Info        |Progress |
+----+-------+---------+---------+-------+----+------+------------+---------+
| 4  | root  |localhost|employees|Query  | 6  |altering table | alter table
salaries add index i_salary(salary) |  93.939 |
| 5  | root  |localhost|NULL     |Query  | 0  |init |show processlist|0.000|
+----+-------+---------+---------+-------+----+------+------------+---------+
2 rows in set (0.00 sec)
```

MySQL 也提供類似的功能，透過具有可預估工作量的階段事件進行記錄與計算，就能得到一筆語句執行的階段資訊和進度資訊。下面分別舉例介紹如何查看相關的資訊。

6.4.1 查看 SQL 語句執行階段資訊

首先需要啟用組態，階段事件預設並未啟用，開啟一個工作階段（工作階段 1）。

```
mysql> use performance_schema;
Database changed
mysql> update setup_instruments set enabled='yes',timed='yes' where name
like 'stage/%';
Query OK, 120 rows affected (0.00 sec)
Rows matched: 129 Changed: 120 Warnings: 0

mysql> update setup_consumers set enabled='yes' where name like '%stage%';
Query OK, 3 rows affected (0.00 sec)
Rows matched: 3 Changed: 3 Warnings: 0
```

然後開啟第二個工作階段（工作階段 2），查詢 thread_id。

```
mysql> select sys.ps_thread_id(connection_id());
+-----------------------------------+
| sys.ps_thread_id(connection_id()) |
+-----------------------------------+
| 119                               |
+-----------------------------------+
1 row in set (0.00 sec)
```

先清理之前舊的資訊，避免干擾（工作階段 1）。

```
# 關閉其他執行緒的事件記錄功能，並使用前面步驟查到的 thread_id
mysql> update performance_schema.threads set INSTRUMENTED='NO' where
THREAD_ID!=119;
Query OK, 101 rows affected (0.00 sec)
Rows matched: 101 Changed: 101 Warnings: 0

# 清空階段事件的三個資料表
mysql> truncate events_stages_current; truncate events_stages_history;
truncate events_stages_history_long;
Query OK, 0 rows affected (0.00 sec)
......
```

現在，回到工作階段 2 執行 DML 語句。

```
mysql> select count(*) from sbtest.sbtest4 where id between 100 and 200;
+----------+
| count(*) |
+----------+
| 50       |
+----------+
1 row in set (0.00 sec)
```

在工作階段 1 查詢 events_stages_history_long 資料表。

```
mysql> select THREAD_ID,EVENT_NAME,SOURCE,sys.format_time(TIMER_WAIT) as
exec_time, WORK_COMPLETED, WORK_ESTIMATED from events_stages_history_long;
+---+---------------------------+--------------------+---------+----+----+
|THREAD_ID|EVENT_NAME|SOURCE|exec_time|WORK_COMPLETED|WORK_ESTIMATED|
+---+---------------------------+--------------------+---------+----+----+
|119|stage/sql/starting         |socket_connection.cc:107| 54.19 us|NULL|NULL|
|119|stage/sql/checking permissions|sql_authorization.cc:810|  3.62 us|NULL|NULL|
|119|stage/sql/Opening tables   |sql_base.cc:5650    | 10.54 us|NULL|NULL|
|119|stage/sql/init             |sql_select.cc:121   | 16.73 us|NULL|NULL|
|119|stage/sql/System lock      |lock.cc:323         |  4.77 us|NULL|NULL|
|119|stage/sql/optimizing       |sql_optimizer.cc:151|  4.78 us|NULL|NULL|
```

```
|119|stage/sql/statistics         |sql_optimizer.cc:367| 50.54 us|NULL|NULL|
|119|stage/sql/preparing          |sql_optimizer.cc:475|  7.79 us|NULL|NULL|
|119|stage/sql/executing          |sql_executor.cc:119 |381.00 ns|NULL|NULL|
|119|stage/sql/Sending data       |sql_executor.cc:195 | 36.75 us|NULL|NULL|
|119|stage/sql/end                |sql_select.cc:199   |931.00 ns|NULL|NULL|
|119|stage/sql/query end          |sql_parse.cc:4968   |  5.31 us|NULL|NULL|
|119|stage/sql/closing tables     |sql_parse.cc:5020   |  2.26 us|NULL|NULL|
|119|stage/sql/freeing items      |sql_parse.cc:5596   |  8.71 us|NULL|NULL|
|119|stage/sql/cleaning up        |sql_parse.cc:1902   |449.00 ns|NULL|NULL|
+---+-----------------------------+--------------------+---------+----+----+
15 rows in set (0.01 sec)
```

透過以上資料，可以清晰地看到每一道 select 語句的執行全過程，以及每一個過程的時間開銷等資訊。那麼，DDL 語句的執行階段又是怎樣的呢？

先清理之前舊的資訊，避免干擾（工作階段 1）。

```
mysql> truncate events_stages_current; truncate events_stages_history;
truncate events_stages_history_long;
Query OK, 0 rows affected (0.00 sec)
......
```

然後執行 DDL 語句（工作階段 2）。

```
mysql> alter table sbtest1 add index i_c(c);
```

接著，在工作階段 1 查詢階段事件資訊（此時 DDL 語句並未執行完成，從最後一列的記錄得知，WORK_COMPLETED 和 WORK_ESTIMATED 欄位值不為 NULL，表示該階段事件是一個可度量的事件）。

```
mysql> select THREAD_ID, EVENT_NAME, SOURCE,sys.format_time(TIMER_WAIT)
as exec_time, WORK_COMPLETED, WORK_ESTIMATED from events_stages_history_long;
+---+----------------------------------+----------------+---------+----+----+
|THREAD_ID|EVENT_NAME|SOURCE|exec_time|WORK_COMPLETED|WORK_ESTIMATED|
+---+----------------------------------+----------------+---------+----+----+
|119|stage/sql/starting               |socket_connection.cc:107| 44.17 us|NULL|NULL|
|119|stage/sql/checking permissions|sql_authorization.cc:810|  1.46 us|NULL|NULL|
|119|stage/sql/checking permissions|sql_authorization.cc:810|  2.29 us|NULL|NULL|
|119|stage/sql/init                   |sql_table.cc:9031|  2.16 us|NULL|NULL|
|119|stage/sql/Opening tables         |sql_base.cc:5650 |107.57 us|NULL|NULL|
|119|stage/sql/setup                  |sql_table.cc:9271| 19.19 us|NULL|NULL|
|119|stage/sql/creating table         |sql_table.cc:5222|  1.06 ms|NULL|NULL|
|119|stage/sql/After create           |sql_table.cc:5355| 76.22 us|NULL|NULL|
|119|stage/sql/System lock            |lock.cc:323      |  4.38 us|NULL|NULL|
|119|stage/sql/preparing for alter table|sql_table.cc:7454| 28.63 ms|NULL|NULL|
```

```
|119|stage/sql/altering table              |sql_table.cc:7508|  3.91 us|NULL|NULL|
|119|stage/innodb/alter table(read PK and internal sort)|ut0stage.h:241|27.09
s|230040|470155|
+---+-------------------------------------+-----------------+--------+----+----+
12 rows in set (0.01 sec)
```

等到 DDL 語句執行完成之後，再次查看階段事件資訊（工作階段 1）。

```
mysql> select THREAD_ID, EVENT_NAME,SOURCE, sys.format_time(TIMER_WAIT)
as exec_time, WORK_COMPLETED, WORK_ESTIMATED from events_stages_history_long;
+---+-------------------------------------+--------------+---------+------+------+
|THREAD_ID|EVENT_NAME|SOURCE|exec_time|WORK_COMPLETED|WORK_ESTIMATED|
+---+-------------------------------------+--------------+---------+------+------+
......
|119|stage/innodb/alter table (read PK and internal sort)|ut0stage.h:241|27.09 s|
230040|470155|
|119|stage/innodb/alter table (merge sort)    |ut0stage.h:501|  1.15 m |345060|512319|
|119|stage/innodb/alter table (insert)        |ut0stage.h:501| 11.83 s |460146|523733|
|119|stage/innodb/alter table (flush)         |ut0stage.h:501| 18.35 s |523658|523733|
|119|stage/innodb/alter table (log apply index)|ut0stage.h:501| 54.63 ms|524042|524042|
|119|stage/innodb/alter table (flush)         |ut0stage.h:501| 21.18 us|524042|524042|
|119|stage/sql/committing alter table to storage engine|sql_table.cc:7535|5.12 us|NULL|
NULL|
|119|stage/innodb/alter table (end)           |ut0stage.h:501|233.52 ms|524042|524042|
......
+---+-------------------------------------+--------------+---------+------+------+
24 rows in set (0.01 sec)
```

透過以上查詢資料，可以清晰地看到一道 alter 語句增加索引的執行全過程，以及每個過程的時間開銷等資訊。執行時間最長的是 stage/innodb/alter table (merge sort)，其次是 stage/innodb/alter table (read PK and internal sort)，說明本範例建立索引的時間開銷，主要是在內部的排序合併操作和資料排序上。

提示：階段事件長歷史記錄表的資料產生速度很快，預設的 10000 列配額可能很快就滿了，可於設定檔把配額調整成一個較大值，以便完整地查看 DDL 語句的執行階段（例如：performance_schema_events_stages_history_long_size=1000000，同時記得關掉其他不相關的任務）。

6.4.2 查看 SQL 語句執行進度資訊

在官方的 MySQL 版本中，performance_schema 並不能很直觀地查詢整個語句執行進度的方法，但是可以藉助後續章節介紹的 sys.session 檢視來查看。

```
mysql> select * from sys.session where conn_id!=connection_id()\G
*************************** 1. row ***************************
             thd_id: 45
            conn_id: 4
......
              state: alter table (merge sort)
               time: 30
  current_statement: alter table sbtest1 add index i_c(c)
  statement_latency: 29.42 s
           progress: 46.40   # 進度百分比
       lock_latency: 2.19 ms
      rows_examined: 0
          rows_sent: 0
      rows_affected: 0
         tmp_tables: 0
    tmp_disk_tables: 0
          full_scan: NO
......
       program_name: mysql
1 row in set (0.33 sec)
```

6.5　查看最近的交易執行資訊

　　雖然可以透過慢查詢日誌找到一道語句的執行總時長，但是如果資料庫在執行過程還原（rollback）了一些大交易，或者於其間異常中止，這個時候慢查詢日誌也愛莫能助。此時可以藉助 performance_schema 的 events_transactions_* 資料表查看與交易相關的記錄，其內詳細記錄是否有交易被還原、活躍（長時間未提交的交易也算）或已提交等資訊。下文分別模擬幾種交易情況，並查閱交易事件記錄表。

　　首先需要啟用組態，交易事件預設並未啟用（工作階段 1）。

```
mysql> update setup_instruments set enabled='yes',timed='yes' where name
like 'transaction';
Query OK, 1 row affected (0.00 sec)
Rows matched: 1  Changed: 1  Warnings: 0

mysql> update setup_consumers set enabled='yes' where name like '%transaction%';
Query OK, 3 rows affected (0.00 sec)
Rows matched: 3  Changed: 3  Warnings: 0
```

執行清理動作，避免其他交易干擾（工作階段 1）。

```
mysql> truncate events_transactions_current; truncate events_transactions_
history; truncate events_transactions_history_long;
Query OK, 0 rows affected (0.00 sec)
......
```

然後開啟一個新工作階段（工作階段 2）用於執行交易，並模擬交易復原。

```
mysql> use sbtest
Database changed
mysql> begin;
Query OK, 0 rows affected (0.00 sec)

mysql> update sbtest1 set pad='yyy' where id=1;
Query OK, 1 row affected (0.01 sec)
Rows matched: 1  Changed: 1  Warnings: 0
```

在工作階段 1 中查詢活躍交易，代表目前正在執行的交易事件，需透過 events_transactions_current 資料表查詢。

```
mysql> select THREAD_ID, EVENT_NAME, STATE, TRX_ID, GTID, SOURCE, TIMER_
WAIT, ACCESS_MODE, ISOLATION_LEVEL, AUTOCOMMIT, NESTING_EVENT_ID, NESTING
_EVENT_TYPE from events_transactions_current\G
*************************** 1. row ***************************
          THREAD_ID: 47
         EVENT_NAME: transaction
              STATE: ACTIVE
             TRX_ID: NULL
               GTID: AUTOMATIC
             SOURCE: transaction.cc:209
         TIMER_WAIT: 21582764879000
        ACCESS_MODE: READ WRITE
    ISOLATION_LEVEL: READ COMMITTED
         AUTOCOMMIT: NO
   NESTING_EVENT_ID: 30
 NESTING_EVENT_TYPE: STATEMENT
1 row in set (0.00 sec)
```

工作階段 2，還原交易，還原完成的交易不再活躍。

```
mysql> rollback;
Query OK, 0 rows affected (0.01 sec)
```

工作階段 1，查詢交易事件歷史記錄表 events_transactions_history_long。

```
mysql> select THREAD_ID, EVENT_NAME, STATE, TRX_ID, GTID, SOURCE, TIMER_
WAIT, ACCESS_MODE, ISOLATION_LEVEL, AUTOCOMMIT, NESTING_EVENT_ID, NESTING_
EVENT_TYPE from events_transactions_history_long\G
*************************** 1. row ***************************
          THREAD_ID: 45
         EVENT_NAME: transaction
              STATE: ROLLED BACK
             TRX_ID: NULL
               GTID: AUTOMATIC
             SOURCE: transaction.cc:209
         TIMER_WAIT: 39922043951000
        ACCESS_MODE: READ WRITE
    ISOLATION_LEVEL: READ COMMITTED
         AUTOCOMMIT: NO
   NESTING_EVENT_ID: 194
 NESTING_EVENT_TYPE: STATEMENT
1 row in set (0.00 sec)
```

交易事件歷史記錄表記錄一筆事件資訊，執行緒 ID 為 45 的執行緒執行了一個交易，狀態為 ROLLED BACK。接下來模擬交易的正常提交。

```
# 工作階段 2
mysql> begin;
Query OK, 0 rows affected (0.00 sec)

mysql> update sbtest1 set pad='yyy' where id=1;
Query OK, 1 row affected (0.00 sec)
Rows matched: 1  Changed: 1  Warnings: 0

mysql> commit;
Query OK, 0 rows affected (0.01 sec)

# 工作階段 1
mysql> select THREAD_ID, EVENT_NAME, STATE, TRX_ID, GTID,SOURCE, TIMER_
WAIT, ACCESS_MODE, ISOLATION_LEVEL, AUTOCOMMIT, NESTING_EVENT_ID, NESTING_
EVENT_TYPE from events_transactions_current\G
*************************** 1. row ***************************
          THREAD_ID: 44
         EVENT_NAME: transaction
              STATE: COMMITTED
             TRX_ID: 421759004106352
               GTID: AUTOMATIC
             SOURCE: handler.cc:1421
         TIMER_WAIT: 87595486000
        ACCESS_MODE: READ WRITE
    ISOLATION_LEVEL: READ COMMITTED
```

```
        AUTOCOMMIT: YES
  NESTING_EVENT_ID: 24003703
NESTING_EVENT_TYPE: STATEMENT
*************************** 2. row ***************************
        THREAD_ID: 47
        EVENT_NAME: transaction
            STATE: COMMITTED
           TRX_ID: NULL
             GTID: ec123678-5e26-11e7-9d38-000c295e08a0:181879
           SOURCE: transaction.cc:209
       TIMER_WAIT: 7247256746000
      ACCESS_MODE: READ WRITE
  ISOLATION_LEVEL: READ COMMITTED
       AUTOCOMMIT: NO
  NESTING_EVENT_ID: 55
NESTING_EVENT_TYPE: STATEMENT
2 rows in set (0.00 sec)
```

由上面的查詢資料得知，第二筆交易事件記錄的交易事件為 COMMITTED 狀態，表示交易已經提交成功。

提示：如果長時間未提交一個交易（處於 ACTIVE 狀態），對於這種情況，雖然從 events_transactions_current 資料表可以查到未提交的交易事件資訊，但是並不能很直觀地看到交易是從什麼時間點開始，因此可藉助 information_schema.innodb_trx 資料表進行輔助判斷。

```
mysql> select * from information_schema.innodb_trx\G
*************************** 1. row ***************************
                 trx_id: 2454336
              trx_state: RUNNING
            trx_started: 2020-01-14 16:43:29
    trx_requested_lock_id: NULL
        trx_wait_started: NULL
             trx_weight: 3
     trx_mysql_thread_id: 6
......
1 row in set (0.00 sec)
```

6.6　查看多執行緒複製報錯細節

MySQL 從 5.6 官方版本開始支援基於資料庫等級的平行複製，MySQL 5.7 版則支援基於交易的平行複製。啟用平行複製之後，一旦發生錯誤，通常透過「show slave status」語句無法得知具體的錯誤詳情（該語句只能查到 SQL 執行緒的錯誤訊息，而在多執行緒複製下，SQL 執行緒的報錯訊息是根據 Worker 執行緒錯誤匯總的資訊），如下所示：

```
mysql> show slave status\G
. . . . . . . . . . .
                Last_Errno: 1062
                Last_Error: Coordinator stopped because there were
error(s) in the worker(s). The most recent failure being: Worker 1 failed
executing transaction '23fb5832-e4bc-11e7-8ea4-525400a4b2e1:2553990' at
master log mysql-bin.000034, end_log_pos 98797. See error log and/or
performance_schema.replication_applier_status_by_worker table for more
details about this failure or others, if any.
. . . . . . . . . . .
            Last_SQL_Errno: 1062
            Last_SQL_Error: Coordinator stopped because there were
error(s) in the worker(s). The most recent failure being: Worker 1 failed
executing transaction '23fb5832-e4bc-11e7-8ea4-525400a4b2e1:2553990'
at master log mysql-bin.000034, end_log_pos 98797. See error log and/
or performance_schema.replication_applier_status_by_worker table for more
details about this failure or others, if any.
. . . . . . . . . . .
1 row in set (0.00 sec)
```

根據錯誤提示查看 performance_schema.replication_applier_status_by_worker 資料表，該表詳細記錄每一個 Worker 執行緒的資訊，因此就能找到發生錯誤的 Worker 執行緒具體的原因。

```
mysql> select * from performance_schema.replication_applier_status_by_
worker where LAST_ERROR_MESSAGE!=''\G
*************************** 1. row ***************************
         CHANNEL_NAME:
            WORKER_ID: 2
            THREAD_ID: NULL
        SERVICE_STATE: OFF
  LAST_SEEN_TRANSACTION: 23fb5832-e4bc-11e7-8ea4-525400a4b2e1:2553991
    LAST_ERROR_NUMBER: 1062
    LAST_ERROR_MESSAGE: Worker 2 failed executing transaction '23fb5832-e4bc-
11e7-8ea4 -525400a4b2e1:2553991' at master log mysql-bin.000034, end_log_pos
99514; Could not execute Write_rows event on table sbtest.sbtest4; Duplicate
entry '833353' for key 'PRIMARY', Error_code: 1062; handler error HA_ERR_
FOUND_DUPP_KEY; the event's master log FIRST, end_log_pos 99514
    LAST_ERROR_TIMESTAMP: 2020-01-02 14:08:58
1 row in set (0.00 sec)
```

由 performance_schema.replication_applier_status_by_worker 資料表的內容得知，具體的複製錯誤原因是主鍵衝突了。

提示：由於歷史原因，performance_schema 的複製資訊記錄表，一般只記錄與 GTID 相關的資訊，而 mysql 系統字典庫的 slave_master_info、slave_relay_log_info、slave_worker_info 資料表，則是記錄與 binlog 位置相關的資訊。另外，如果選擇記錄相關的複製資訊到檔案中，那麼磁碟還有 master.info、relay_log.info 等檔案記錄與 binlog 位置相關的資訊。

至此，關於 performance_schema 的介紹暫且告一段落（更詳細的內容可參閱微信公眾號「沃趣技術」，其中以 9 個章節對其進行全方位的介紹）。後續章節會把更多 performance_schema 的知識引入案例中，便於讀者更方便地掌握。有關 performance_schema 的使用場景，還需要大家共同挖掘。

NOTE

sys 系統資料庫初相識

第 4 ～ 6 章為大家介紹了 performance_schema 系統資料庫，為什麼要把 performance_schema 排在前面介紹呢？其中一個原因就是它是 sys 系統資料庫的資料 來源。從本章開始的第 7 ～ 9 章，將說明什麼是 sys 系統資料庫，以及如何利用 sys 系統資料庫排查一些常見的資料庫效能問題。

7.1　sys 系統資料庫使用基礎環境

使用 sys 系統資料庫之前，需要確保資料庫環境滿足下列條件。

- sys 系統資料庫支援 MySQL 5.6 或更新版本，不支援 MySQL 5.5.x 及以下版 本。

- 因為 sys 系統資料庫提供一些代替直接存取 performance_schema 的檢視，所 以必須先啟用（將 performance_schema 系統參數設為 ON），才能正常使用 sys 系統資料庫的大部分功能。

- 若想完全存取 sys 系統資料庫，使用者必須具有以下權限。

  - 對所有 sys 資料表和檢視具有 SELECT 權限。

  - 對所有 sys 預存程序和函數具有 EXECUTE 權限。

  - 對 sys_config 資料表具有 INSERT、UPDATE 權限。

  - 對某些特定的 sys 系統資料庫預存程序和函數需要額外權限，如 ps_ setup_save() 預存程序，以便要求與臨時資料表相關的權限。

- 還要有與被 sys 系統資料庫執行存取的物件相關權限。

  - 任何被 sys 系統資料庫存取的 performance_schema 資料表都需要有 SELECT 權限，如果想利用 sys 系統資料庫更新 performance_schema 相關

資料表，則需要有 performance_schema 相關資料表的 UPDATE 權限。

- INFORMATION_SCHEMA.INNODB_BUFFER_PAGE 資料表的 PROCESS 權限。

- 如果要充分使用 sys 系統資料庫的功能，則得啟用某些 performance_schema 的 instruments 和 consumers。

  - 所有的 wait instruments。

  - 所有的 stage instruments。

  - 所有的 statement instruments。

  - 對於啟用的類型事件的 instruments，還需要啟用對應類型的 consumers（xxx_current 和 xxx_history_long）。若想瞭解某預存程序具體做了什麼事情，可以透過「show create procedure procedure_name;」語句查看。

可以透過 sys 系統資料庫本身啟用所有需要的 instruments 和 consumers（不需要手動以 DML 語句來執行）。

- 啟用所有的 wait instruments：CALL sys.ps_setup_enable_instrument('wait');。

- 啟用所有的 stage instruments：CALL sys.ps_setup_enable_instrument('stage');。

- 啟用所有的 statement instruments：CALL sys.ps_setup_enable_instrument('statement');。

- 啟用所有事件類型的 current 資料表：CALL sys.ps_setup_enable_consumer('current');。

- 啟用所有事件類型的 history_long 資料表：CALL sys.ps_setup_enable_consumer('history_long');。

注意：performance_schema 的預設組態就能滿足 sys 系統資料庫大部分的資料收集功能。啟用上述提及的所有 instruments 和 consumers，會對效能產生一定的影響，因此最好僅啟用所需的組態。如果不小心啟用一些預設之外的組態，則可利用預存程序「CALL sys.ps_setup_reset_to_default(TRUE);」，快速恢復到 performance_schema 的預設組態。

提示：對於以上繁雜的權限要求，通常建立一個具有管理員權限的帳號即可；如果有明確的需求，則另當別論。但 sys 系統資料庫通常都是給專業的 DBA 人員排查一些特定的問題，下文涉及的各項查詢，或多或少都會對效能有一定的影響（主

要體現在 performance_schema 功能實作的效能成本上）。在不確定需求的情況下，
不建議開放這些功能作為常規的監控手段。

7.2　sys 系統資料庫初體驗

如果以 USE 語句切換預設資料庫，那麼就能直接使用 sys 系統資料庫的檢視進
行查詢，就像查詢某個資料表一般。

```
# version 檢視可以查看 sys 系統資料庫和 MySQL Server 的版本
mysql> USE sys;
mysql> SELECT * FROM version;
+ ------------ + -----------------+
| sys_version | mysql_version  |
+ ------------ + -----------------+
| 2.1.1       | 8.0.20         |
+ ------------ + -----------------+
```

或者利用 db_name.view_name、db_name.procedure_name、db_name.func_name
等方式，在不指定預設資料庫的情況下存取 sys 系統資料庫的物件（叫作具名限定物
件參照）。

```
mysql> SELECT * FROM sys.version;
+ ------------- + -----------------+
| sys_version | mysql_version  |
+ ------------- + -----------------+
| 2.1.1       | 8.0.20         |
+ ------------- + -----------------+
```

提示：在底下的範例中，對於 sys 系統資料庫的存取，都假設指定了預設為 sys
的系統資料庫。

sys 系統資料庫包含很多檢視，它們以各種方式對 performance_schema 資料表進
行聚合計算與展示。這些檢視大部分是成對出現，兩個檢視名稱相同，但有一個加
上「x$」前綴，例如：host_summary_by_file_io 和 x$host_summary_by_file_io，代表
按照主機匯總統計的檔案 I/O 效能資料。兩個檢視存取相同的資料來源，但是在建立
檢視的語句中，沒有「x$」前綴的檢視，顯示的是相關數值經過單位換算後的資料
（單位是毫秒、秒、分鐘、小時、天等）；有「x$」前綴的檢視則顯示原始的資料（單
位是皮秒）。

```
# 使用 x$host_summary_by_file_io 檢視匯總資料，顯示未格式化的延遲時間（單位是皮秒）；
沒有「x$」前綴的檢視，輸出的資料經過單位換算後，可讀性會更好
mysql> SELECT * FROM host_summary_by_file_io;
+------------+-------+------------+
| host       | ios   | io_latency |
+------------+-------+------------+
| localhost  | 67570 | 5.38 s     |
| background |  3468 | 4.18 s     |
+------------+-------+------------+

# 有「x$」前綴的檢視顯示原始的資料（單位是皮秒），對於程式或工具的取得與使用，更利於資料
處理
mysql> SELECT * FROM x$host_summary_by_file_io;
+------------+-------+----------------+
| host       | ios   | io_latency     |
+------------+-------+----------------+
| localhost  | 67574 | 5380678125144  |
| background |  3474 | 4758696829416  |
+------------+-------+----------------+
```

若想查看 sys 系統資料庫物件定義語句，可以利用適當的 SHOW 語句或查詢 INFORMATION_SCHEMA 資料庫。例如，查看 session 檢視和 format_bytes() 函數的定義時，可以透過下列語句：

```
mysql> SHOW CREATE VIEW session;
mysql> SHOW CREATE FUNCTION format_bytes;
```

然而，這些語句已經過格式化，可讀性比較差。若想查看更易閱讀的格式物件定義語句，可開啟 sys 系統資料庫開發網站 https://github.com/mysql/mysql-sys 上的各個 .sql 檔，或者使用 mysqldump 和 mysqlpump 工具匯出 sys 系統資料庫。預設情況下，mysqldump 和 mysqlpump 都不會匯出 sys 系統資料庫。為了產生包含 sys 系統資料庫的匯出檔，可以利用下列命令明確指定 sys 系統資料庫（雖然可以匯出檢視的定義，但與原始的定義語句相比，仍然缺少相當一部分的內容，只是可讀性比直接使用 SHOW CREATE VIEW 要好一些）。

```
[root@localhost ~]# mysqldump --databases --routines sys> sys_dump.sql
[root@localhost ~]# mysqlpump sys> sys_dump.sql
```

如果打算重新匯入 sys 系統資料庫，則可使用下列命令：

```
[root@localhost ~]# mysql < sys_dump.sql
```

7.3 sys 系統資料庫的進度報告功能

從 MySQL 5.7.9 開始，sys 系統資料庫檢視提供查詢長時間運行的交易的進度報告，可透過 processlist、session 以及帶「x$」前綴的檢視查看。其中，processlist 包含後台執行緒和前台執行緒目前的事件資訊；session 則不包含後台執行緒和 command 為 Daemon 的執行緒。檢視的清單如下：

```
processlist
session
x$processlist
x$session
```

session 檢視直接呼叫 processlist 檢視，過濾了後台執行緒和 command 為 Daemon 的執行緒（所以兩者的輸出結果欄位相同），而 processlist 執行緒聯結查詢 threads、events_waits_current、events_stages_current、events_statements_current、events_transactions_current、sys.x$memory_by_thread_by_current_bytes、session_connect_attrs 資料表，因此需要開啟相關的 instruments 和 consumers，否則對應的資訊欄位就為 NULL。對於 trx_state 欄位值為 ACTIVE 的執行緒，progress 可以輸出百分比進度資訊（只有支援進度的事件才會統計與列印）。

查詢範例如下：

```
# 查看目前正在執行的語句進度資訊
mysql> select * from session where conn_id!=connection_id() and trx_
state='ACTIVE'\G
*************************** 1. row ***************************
              thd_id: 47
             conn_id: 5
                user: admin@localhost
                  db: sbtest
             command: Query
               state: alter table (merge sort)
                time: 29
   current_statement: alter table sbtest1 add index i_c(c)
   statement_latency: 29.34 s
            progress: 49.70
        lock_latency: 4.34 ms
       rows_examined: 0
           rows_sent: 0
       rows_affected: 0
          tmp_tables: 0
     tmp_disk_tables: 0
```

```
                   full_scan: NO
              last_statement: NULL
      last_statement_latency: NULL
              current_memory: 4.52 KiB
                   last_wait: wait/io/file/innodb/innodb_temp_file
           last_wait_latency: 369.52 us
                      source: os0file.ic:470
                 trx_latency: 29.45 s
                   trx_state: ACTIVE
              trx_autocommit: YES
                         pid: 4667
                program_name: mysql
1 row in set (0.12 sec)
```

查看已經執行完的語句相關統計資訊

```
mysql> select * from session where conn_id!=connection_id() and trx_
state='COMMITTED'\G
*************************** 1. row ***************************
                      thd_id: 47
                     conn_id: 5
                        user: admin@localhost
                          db: sbtest
                     command: Sleep
                       state: NULL
                        time: 372
           current_statement: NULL
           statement_latency: NULL
                    progress: NULL
                lock_latency: 4.34 ms
                rows_examined: 0
                   rows_sent: 0
               rows_affected: 0
                  tmp_tables: 0
             tmp_disk_tables: 0
                   full_scan: NO
              last_statement: alter table sbtest1 add index i_c(c)
      last_statement_latency: 1.61 m
              current_memory: 4.52 KiB
                   last_wait: idle
           last_wait_latency: Still Waiting
                      source: socket_connection.cc:69
                 trx_latency: 1.61 m
                   trx_state: COMMITTED
              trx_autocommit: YES
                         pid: 4667
                program_name: mysql
1 row in set (0.12 sec)
```

針對 stage 事件進度報告，要求必須啟用 events_stages_current consumers，以及啟用需查看與進度相關的 instruments。例如：

```
stage/sql/Copying to tmp table
stage/innodb/alter table (end)
stage/innodb/alter table (flush)
stage/innodb/alter table (insert)
stage/innodb/alter table (log apply index)
stage/innodb/alter table (log apply table)
stage/innodb/alter table (merge sort)
stage/innodb/alter table (read PK and internal sort)
stage/innodb/buffer pool load
```

對於不支援進度的 stage 事件，或者未啟用所需 instruments 或 consumers 的 stage 事件，則對應的進度資訊欄位值為 NULL。

NOTE

第 8 章

sys 系統資料庫組態表

第 7 章針對 sys 系統資料庫做了簡單的介紹，本章準備解說 sys 系統資料庫的組態表，以及組態表中每個組態項目的用途。

8.1 sys_config 資料表

sys_config 資料表包含 sys 系統資料庫的組態選項，每個組態選項一筆記錄。此為 InnoDB 資料表，可透過用戶端更新此表來持久化，伺服器重啟後便不會遺失組態。

記錄內容範例如下：

```
mysql> select * from sys_config;
+------------------------------------------+-------+---------------------+--------+
| variable                                 | value | set_time            | set_by |
+------------------------------------------+-------+---------------------+--------+
| diagnostics.allow_i_s_tables             | OFF   | 2017-07-06 12:43:53 | NULL   |
| diagnostics.include_raw                  | OFF   | 2017-07-06 12:43:53 | NULL   |
| ps_thread_trx_info.max_length            | 65535 | 2017-07-06 12:43:53 | NULL   |
| statement_performance_analyzer.limit     | 100   | 2017-07-06 12:43:53 | NULL   |
| statement_performance_analyzer.view      | NULL  | 2017-07-06 12:43:53 | NULL   |
| statement_truncate_len                   | 64    | 2017-07-06 12:43:53 | NULL   |
+------------------------------------------+-------+---------------------+--------+
6 rows in set (0.00 sec)
```

sys_config 資料表的欄位涵義如下。

- variable：組態選項名稱。

- value：組態選項值。

- set_time：該列組態的最近修改時間。

- set_by：最近一次修改該組態的帳戶名稱。如果自伺服器安裝 sys 系統資料庫以來，從未更改過該組態，則欄位值為 NULL。

為了減少直接讀取 sys_config 資料表的次數，當 sys 系統資料庫的檢視、預存程序需要使用這些組態選項時，會優先檢查它們對應的使用者自訂組態選項變數（這類變數與資料表的組態選項具有相同的名稱，例如：diagnostics.include_raw 選項，對應的使用者自訂組態選項變數是 @sys.diagnostics.include_raw）。如果使用者定義的組態選項變數位於目前工作階段作用域，並且為非空，那麼 sys 系統資料庫的函數、預存程序將優先採用該組態選項變數值；否則，便使用 sys_config 資料表的組態選項值（從該表讀取組態選項之後，會同時更新到使用者自訂組態選項變數，以便在同一個工作階段後續參照該值時透過變數值，而不必再從 sys_config 資料表讀取）。

範例：statement_truncate_len 組態選項控制 format_statement() 函數返回語句的最大長度，預設值為 64。如果要臨時將目前工作階段的值更改為 32，則可設定對應的 @sys.statement_truncate_len 使用者定義的組態選項變數。

```
# statement_truncate_len 組態選項值預設是 64，直接以 format_statement() 函數返回 64
位元組長度。在未呼叫任何涉及該組態選項的函數之前，自訂變數值為 NULL，此時函數需要從資料表查
詢預設值
mysql> select @sys.statement_truncate_len;
+-----------------------------+
| @sys.statement_truncate_len |
+-----------------------------+
| 64                          |
+-----------------------------+
1 row in set (0.00 sec)

mysql> SET @stmt = 'SELECT variable, value, set_time, set_by FROM sys_config';
Query OK, 0 rows affected (0.00 sec)

mysql> SELECT format_statement(@stmt);
+-----------------------------------------------------------+
| format_statement(@stmt)                                   |
+-----------------------------------------------------------+
| SELECT variable, value, set_time, set_by FROM sys_config  |
+-----------------------------------------------------------+
1 row in set (0.01 sec)

# 執行過一次 format_statement() 函數之後，預設值便會更新到自訂組態選項變數
mysql> select @sys.statement_truncate_len;
+-----------------------------+
| @sys.statement_truncate_len |
+-----------------------------+
| 64                          |
+-----------------------------+
1 row in set (0.00 sec)
```

```
# 在工作階段中修改為 32
mysql> set @sys.statement_truncate_len = 32;
Query OK, 0 rows affected (0.00 sec)

mysql> select @sys.statement_truncate_len;
+-----------------------------+
| @sys.statement_truncate_len |
+-----------------------------+
| 32                          |
+-----------------------------+
1 row in set (0.00 sec)

# 再次呼叫 format_statement() 函數，發現返回結果的長度縮短了，說明使用了修改後的值 32
mysql> SELECT format_statement(@stmt);
+-----------------------------------+
| format_statement(@stmt)           |
+-----------------------------------+
| SELECT variabl ... ROM sys_config |
+-----------------------------------+
1 row in set (0.00 sec)
```

　　若要停止使用使用者定義的組態選項變數，並恢復成 sys_config 資料表的值，可將工作階段中的組態選項變數設為 NULL，或者結束目前工作階段（結束工作階段表示會銷毀使用者定義的變數），重新開啟一個新的工作階段。

```
mysql> SET @sys.statement_truncate_len = NULL;
mysql> SELECT format_statement(@stmt);
+---------------------------------------------------------+
| format_statement(@stmt)                                 |
+---------------------------------------------------------+
| SELECT variable, value, set_time, set_by FROM sys_config |
+---------------------------------------------------------+
```

　　注意：如果使用者在工作階段中設定自訂組態選項變數值，然後更新 sys_config 資料表中相同名稱的組態選項，則對於目前工作階段來說，sys_config 資料表的組態選項值尚不生效（除非設為 NULL），只對新的工作階段，且不存在自訂組態選項變數或者自訂組態選項值為 NULL 生效（因為此時會從 sys_config 資料表讀取）。

　　sys_config 資料表的選項和相關使用者定義的組態選項變數，描述如下。

- diagnostics.allow_i_s_tables，@sys.diagnostics.allow_i_s_tables：如果此選項為 ON，則 diagnostics() 預存程序在呼叫時會掃描 INFORMATION_SCHEMA. TABLES 資料表，找到所有的基礎資料表與 STATISTICS 資料表執行聯結查

詢，並掃描每個資料表的統計資訊。如果基礎資料表非常多，操作成本可能比較昂貴。預設值為 OFF，為 MySQL 5.7.9 新增的選項。

- diagnostics.include_raw，@sys.diagnostics.include_raw：如果此選項為 ON，則在 diagnostics() 預存程序的輸出資訊會包括 metrics 檢視的原始輸出內容（該預存程序將呼叫 metrics 檢視）。預設值為 OFF，為 MySQL 5.7.9 中新增的選項。

- ps_thread_trx_info.max_length，@sys.ps_thread_trx_info.max_length： 由 ps_thread_trx_info() 函數產生 JSON 輸出結果的最大長度。預設值為 65535 位元組，為 MySQL 5.7.9 新增的選項。

- statement_performance_analyzer.limit，@sys.statement_performance_analyzer.limit：沒有內建限制的檢視返回的最大列數。預設值為 100（例如，statements_with_runtimes_in_95th_percentile 檢視具有內建限制，亦即只返回平均執行時間佔總執行時間 95 百分位數分佈的語句）。此為 MySQL 5.7.9 新增的選項。

- statement_performance_analyzer.view，@sys.statement_performance_analyzer.view：給 statement_performance_analyzer() 預存程序當作輸入參數的自訂查詢或檢視名稱（statement_performance_analyzer() 預存程序由 diagnostics() 預存程序內部呼叫）。如果該選項包含空格，則將其解釋為查詢語句；否則解釋為檢視名稱，而且必須是提前建立好、用於查詢 performance_schema.events_statements_summary_by_digest 資料表的檢視。如果 statement_performance_analyzer.limit 組態選項值大於 0，則 statement_performance_analyzer.view 組態選項指定的查詢語句或檢視中，不允許有任何 LIMIT 子句（因為 statement_performance_analyzer.limit 組態選項在 statement_performance_analyzer() 預存程序中，乃是作為一個條件去判斷是否要增加一道 LIMIT 子句，倘若自行加入一道 LIMIT 語句，則會導致語法錯誤）。statement_performance_analyzer.view 組態選項預設值是 NULL，此為 MySQL 5.7.9 新增的選項。

- statement_truncate_len，@sys.statement_truncate_len：控制 format_statement() 函數返回語句的最大長度。超過該長度的語句會被截斷，只保留定義長度的文字。預設值為 64 位元組。

其他選項也可加到 sys_config 資料表。例如：如果存在 debug 組態選項且不為 NULL 值，則 diagnostics() 和 execute_prepared_stmt() 預存程序呼叫時，將執行檢查並做出對應的判斷。但在預設情況下，sys_config 資料表不存在此選項，因為 debug

輸出通常只能臨時啟用，透過工作階段等級設定自訂組態選項變數而來，如：set @sys.
debug='ON';。

```
# 如果需要使用所有工作階段，可將 debug 選項加到 sys_config 資料表
mysql> INSERT INTO sys_config (variable, value) VALUES('debug', 'ON');

# 若想更改資料表中的偵錯組態選項值，可以利用 update 語句
## 首先，修改資料表的值
mysql> UPDATE sys_config SET value = 'OFF' WHERE variable = 'debug';

## 然後，為了確保目前工作階段的預存程序使用更改後的值，需將使用者定義的變數設為 NULL
mysql> SET @sys.debug = NULL;
```

　　提示：針對 sys_config 資料表的 insert 和 update 操作，會引發 sys_config_insert_
set_user 和 sys_config_update_set_user 觸發器，該觸發器在 MySQL 5.7.x 版本新增一
個 mysql.sys 使用者。定義這兩個觸發器時，指定了 DEFINER=mysql.sys@localhost
（表示以定義者的身份執行觸發器，因此必須存在此使用者）。對 MySQL 做安全加
固的人請注意，別直接對 mysql.user 資料表進行 truncate 之類的操作，先看一下有哪
些用戶，否則就算是超級管理員也無法修改 sys_config 資料表，報錯：ERROR 1449
(HY000): The user specified as a definer ('mysql.sys'@'localhost') does not exist）。如果
不小心刪除 mysql.sys 使用者，則可利用下列語句重新建立（注意，以 create 語句建
立使用者會失敗，報錯：ERROR 1396 (HY000): Operation CREATE USER failed for
'mysql.sys'@'localhost'，所以不建議刪除 mysql.sys 使用者，因為透過 grant 語句建立
使用者的語法即將廢除。當然，如果在不支援以 grant 語句建立用戶的 MySQL 版本
刪除 mysql.sys 使用者，也還有方法補救，例如：直接加入使用者權限表，或者刪除
（drop）觸發器後再指定 INVOKER=mysql.sys@localhost）。

```
mysql> grant TRIGGER on sys.* to 'mysql.sys'@'localhost';
# 注意，mysql.sys 使用者初始化，預設對 sys.sys_config 資料表只有 select 權限，無法呼叫
sys_config_insert_set_user 和 sys_config_update_set_user 觸發器更新 set_by 欄位為目前
操作用戶名稱，會報錯：ERROR 1143 (42000): UPDATE command denied to user 'mysql.
sys'@ 'localhost' for column 'set_by' in table 'sys_config'。所以若想實作這個功能
，針對 sys.sys_config 資料表還要增加 insert 和 update 權限給 mysql.sys 使用者
mysql> grant select, insert, update on sys.sys_config to 'mysql.
sys'@'localhost';
```

8.2　sys_config_insert_set_user 觸發器

當對 sys_config 資料表執行 insert 語句增加組態選項時，sys_config_insert_set_user 觸發器會將此表的 set_by 欄位設為目前的使用者名稱。

注意：要讓觸發器生效，有下列三個條件。

- 必須存在 mysql.sys 使用者，因為在定義語句中 DEFINER='mysql.sys'@'localhost'，表示只有該用戶才能夠呼叫觸發器。當然，為了方便，可先刪除這個觸發器，然後再使用 INVOKER='mysql.sys'@'localhost' 子句建立。

- mysql.sys 使用者初始化，預設對 sys.sys_config 資料表只有 select 權限，無法呼叫 sys_config_insert_set_user 和 sys_config_update_set_user 觸發器更新 set_by 欄位為目前操作的使用者名稱，會報錯：ERROR 1143 (42000): UPDATE command denied to user 'mysql.sys'@'localhost' for column 'set_by' in table 'sys_config'。所以若想實作這個功能，針對 sys.sys_config 資料表，還需要增加 insert 和 update 權限給 mysql.sys 使用者。

- @sys.ignore_sys_config_triggers 自訂變數必須為 0，任何非 0 值都會導致觸發器不執行更新 set_by 欄位操作。

sys_config_insert_set_user 觸發器的定義語句如下：

```
DROP TRIGGER IF EXISTS sys_config_insert_set_user;

DELIMITER $$

CREATE DEFINER='mysql.sys'@'localhost' TRIGGER sys_config_insert_set_user
BEFORE INSERT on sys_config
    FOR EACH ROW
BEGIN
    IF @sys.ignore_sys_config_triggers != true AND NEW.set_by IS NULL THEN
        SET NEW.set_by = USER();
    END IF;
END$$

DELIMITER ;
```

8.3 sys_config_update_set_user 觸發器

當對 sys_config 資料表執行 update 語句更新組態選項時，sys_config_update_set_user 觸發器會將該表的 set_by 欄位設為目前的使用者名稱。

注意：同 sys_config_insert_set_user 觸發器的注意事項。

sys_config_update_set_user 觸發器的定義語句如下：

```
DROP TRIGGER IF EXISTS sys_config_update_set_user;

DELIMITER $$

CREATE DEFINER='mysql.sys'@'localhost' TRIGGER sys_config_update_set_user
BEFORE UPDATE on sys_config
    FOR EACH ROW
BEGIN
    IF @sys.ignore_sys_config_triggers != true AND NEW.set_by IS NULL THEN
        SET NEW.set_by = USER();
    END IF;
END$$

DELIMITER ;
```

NOTE

sys 系統資料庫應用範例薈萃

透過第 7、第 8 章針對 sys 系統資料庫的介紹，相信大家對 sys 系統資料庫已經初步形成一個整體的認識。那麼，到底 sys 系統資料庫在哪些場景可以派上用場呢？本章就引入一些 sys 系統資料庫應用範例，以便快速應用 sys 系統資料庫排查常見的資料庫效能問題。

9.1 查看 SQL 語句慢在哪裡

如果頻繁地在慢查詢日誌發現某個語句執行緩慢，且在資料表結構、索引結構、統計資訊都無法找出原因時，便可利用 sys 系統資料庫的撒手鐧：sys.session 檢視結合 performance_schema 的等待事件，以找出癥結所在。那麼 session 檢視有什麼功用呢？它可以查看目前使用者工作階段的處理程序清單，資料來自 sys.processlist 檢視（查詢所有前台和後台執行緒的狀態資訊，預設按照處理程序等待時間，以及最近一道語句執行完成的時間降冪排列。資料來源：performance_schema 的 threads、events_waits_current、events_statements_current、events_stages_current、events_transactions_current、session_connect_attrs 等 資 料 表 和 sys.x$memory_by_thread_by_current_bytes 檢視），查詢結果與 processlist 檢視類似，但 session 檢視過濾掉後台執行緒，只顯示與前台（使用者）執行緒相關的統計資料。此為 MySQL 5.7.9 新增的檢視。

下面是使用 session 檢視查詢的結果集。

```
# 首先需要啟用與等待事件相關的 instruments 和 consumers，否則 last_wait 欄位值可能為
NULL
mysql> call sys.ps_setup_enable_instrument('wait');
+-------------------------+
| summary                 |
+-------------------------+
| Enabled 380 instruments |
```

```
+-------------------------+
1 row in set (0.02 sec)

Query OK, 0 rows affected (0.02 sec)

mysql> call sys.ps_setup_enable_consumer('wait');
+---------------------+
| summary             |
+---------------------+
| Enabled 3 consumers |
+---------------------+
1 row in set (0.00 sec)

Query OK, 0 rows affected (0.00 sec)
```

然後，利用 session 檢視進行查詢（這裡只搜尋 command 為 query 的執行緒資訊，代表正在執行查詢）

```
mysql> select * from session where command='query' and conn_
id!=connection_id()\G
*************************** 1. row ***************************
                thd_id: 48                # 內部執行緒 ID
               conn_id: 6                 # 連接 ID，即 processlist_id
                  user: admin@localhost   # 對於前台執行緒，該欄位為 account 名稱
;對於後台執行緒，該欄位為後台執行緒名稱
                    db: xiaoboluo         # 執行緒的預設資料庫，如果沒有的話，則該欄位為
NULL
               command: Query             # 對於前台執行緒，表示執行緒正在執行的用戶端
程式碼對應的命令類型，如果工作階段處於空閒狀態，則該欄位為 'Sleep'；對於後台執行緒，該欄位
為 NULL
                 state: Sending data      # 表示執行緒正在做什麼：什麼事件或狀態，與
processlist 資料表的 state 欄位值一樣
                  time: 72                # 執行緒處於目前狀態已經持續多長時間（秒）
     current_statement: select * from test limit 1 for update # 執行緒目前正在
執行的語句，如果沒有，該欄位為 NULL
     statement_latency: 1.20 m            # 執行緒目前語句已經執行多長時間。這是 MySQL
5.7.9 新增的欄位
              progress: NULL              # 在支援進度報告的階段事件中，統計的工作進度百
分比。這是 MySQL 5.7.9 新增的欄位
          lock_latency: 169.00 us         # 目前語句的鎖等待時間
         rows_examined: 0                 # 目前語句從儲存引擎讀取的資料列數
             rows_sent: 0                 # 目前語句返回給用戶端的資料列數
         rows_affected: 0                 # 受目前語句影響的資料列數 (DML 語句更新資料時
，才會影響列）
            tmp_tables: 0                 # 目前語句建立的內部記憶體臨時資料表的數量
       tmp_disk_tables: 0                 # 目前語句建立的內部磁碟臨時資料表的數量
             full_scan: NO                # 目前語句執行的全資料表掃描次數
```

```
            last_statement: NULL            # 如果在 threads 資料表找不到正在執行或正在等
待執行的語句，那麼該欄位可以顯示執行緒執行的最後一道語句（找尋 events_statements_current
資料表，該表會為每一個執行緒保留最後一道語句執行的事件資訊，其他有 current 後綴的事件記錄表
也類似）
    last_statement_latency: NULL            # 執行緒執行最後一道語句花了多長時間
            current_memory: 461 bytes       # 目前執行緒分配的位元組
                 last_wait: wait/io/table/sql/handler  # 執行緒最近等待事件的等待時
間（執行時間），從這裡得知，目前正在等待資料表等級的 I/O
        last_wait_latency: Still Waiting    # 執行緒最近等待事件的等待時間（執行時間）
                    source: handler.cc:3185 # 執行緒最近等待事件對應程式碼的原始檔案
和行號
               trx_latency: NULL            # 執行緒目前正在執行的交易已經花了多長時間。這
是 MySQL 5.7.9 新增的欄位
                 trx_state: NULL            # 執行緒目前正在執行的交易狀態。這是 MySQL
5.7.9 新增的欄位
            trx_autocommit: NULL            # 執行緒目前正在執行的交易提交模式，有效值為：
'ACTIVE'、'COMMITTED'、'ROLLED BACK'。這是 MySQL 5.7.9 新增的欄位
                       pid: 3788            # 用戶端處理程序 ID。這是 MySQL 5.7.9 新增的欄位
              program_name: mysql           # 用戶端程式名稱。這是 MySQL 5.7.9 新增的欄位
 1 row in set (0.15 sec)
```

9.2 查看是否有交易鎖等待

innodb_lock_waits 檢視可以查看 InnoDB 目前交易鎖等待資訊，預設按照發生鎖等待的開始時間昇冪排列——wait_started 欄位即 innodb_trx 資料表的 trx_wait_started 欄位。資料來源：information_schema 下的 innodb_trx、innodb_locks、innodb_lock_waits 資料表（注：在 MySQL 8.0 及之後的版本中，該檢視的資料來源為 information_schema 下的 innodb_trx 資料表、performance_schema 下的 data_locks 資料表和 data_lock_waits 資料表）。

下面是使用 innodb_lock_waits 檢視查詢的結果集。

```
mysql> select * from innodb_lock_waits\G
*************************** 1. row ***************************
                wait_started: 2020-09-07 00:42:32 # 發生鎖等待的開始時間
                    wait_age: 00:00:12  # 鎖已經等待多久，這是一個時間格式值
               wait_age_secs: 12         # 鎖已經等待幾秒鐘，這是一個整數值。此為
MySQL 5.7.9 新增的欄位
                locked_table: 'luoxiaobo'.'test'  # 鎖等待的資料表名稱。此欄位
的格式為：schema_name.table_name
                locked_index: GEN_CLUST_INDEX     # 鎖等待的索引名稱
                 locked_type: RECORD    # 鎖等待的鎖類型
```

```
                waiting_trx_id: 66823          # 鎖等待的交易 ID
           waiting_trx_started: 2020-09-07 00:42:32
                                               # 發生鎖等待的交易開始時間
               waiting_trx_age: 00:00:12       # 發生鎖等待的交易總體鎖等待時間，這是一
個時間格式值
        waiting_trx_rows_locked: 1             # 發生鎖等待的交易已經鎖定的列數（如果是
複雜交易會累計）
      waiting_trx_rows_modified: 0             # 發生鎖等待的交易已經修改的列數（如果是
複雜交易會累計）
                   waiting_pid: 7              # 發生鎖等待的交易的 processlist_id
                 waiting_query: select * from test limit 1 for update
                                               # 發生鎖等待的交易的 SQL 語句
               waiting_lock_id: 66823:106:3:2  # 發生鎖等待的鎖 ID
             waiting_lock_mode: X              # 發生鎖等待的鎖模式
              blocking_trx_id: 66822           # 持有鎖的交易 ID
                  blocking_pid: 6              # 持有鎖的交易的 processlist_id
                blocking_query: NULL           # 持有鎖的交易的 SQL 語句
              blocking_lock_id: 66822:106:3:2  # 持有鎖的鎖 ID
            blocking_lock_mode: X              # 持有鎖的鎖模式
          blocking_trx_started: 2020-09-07 00:42:19  # 持有鎖的交易開始時間
              blocking_trx_age: 00:00:25       # 持有鎖的交易已經執行多長時間，此為時間
格式值
      blocking_trx_rows_locked: 1              # 持有鎖的交易的鎖定列數
    blocking_trx_rows_modified: 0              # 持有鎖的交易需要修改的列數
        sql_kill_blocking_query: KILL QUERY 6  # 執行 KILL 語句刪除持有鎖的查詢語句（
而不是終止工作階段）。這是 MySQL 5.7.9 新增的欄位
   sql_kill_blocking_connection: KILL 6        # 執行 KILL 語句，以終止持有鎖的語句的工
作階段。這是 MySQL 5.7.9 新增的欄位
1 row in set, 3 warnings (0.00 sec)
```

下文貼出檢視查詢語句。

```
SELECT r.trx_wait_started AS wait_started,
       TIMEDIFF(NOW(), r.trx_wait_started) AS wait_age,
       TIMESTAMPDIFF(SECOND, r.trx_wait_started, NOW()) AS wait_age_secs,
       rl.lock_table AS locked_table,
       rl.lock_index AS locked_index,
       rl.lock_type AS locked_type,
       r.trx_id AS waiting_trx_id,
       r.trx_started as waiting_trx_started,
       TIMEDIFF(NOW(), r.trx_started) AS waiting_trx_age,
       r.trx_rows_locked AS waiting_trx_rows_locked,
       r.trx_rows_modified AS waiting_trx_rows_modified,
       r.trx_mysql_thread_id AS waiting_pid,
       sys.format_statement(r.trx_query) AS waiting_query,
       rl.lock_id AS waiting_lock_id,
       rl.lock_mode AS waiting_lock_mode,
```

```
        b.trx_id AS blocking_trx_id,
        b.trx_mysql_thread_id AS blocking_pid,
        sys.format_statement(b.trx_query) AS blocking_query,
        bl.lock_id AS blocking_lock_id,
        bl.lock_mode AS blocking_lock_mode,
        b.trx_started AS blocking_trx_started,
        TIMEDIFF(NOW(), b.trx_started) AS blocking_trx_age,
        b.trx_rows_locked AS blocking_trx_rows_locked,
        b.trx_rows_modified AS blocking_trx_rows_modified,
        CONCAT('KILL QUERY ', b.trx_mysql_thread_id) AS sql_kill_blocking_
query,
        CONCAT('KILL ', b.trx_mysql_thread_id) AS sql_kill_blocking_connection
    FROM information_schema.innodb_lock_waits w
        INNER JOIN information_schema.innodb_trx b    ON b.trx_id =
w.blocking_trx_id
        INNER JOIN information_schema.innodb_trx r    ON r.trx_id =
w.requesting_trx_id
        INNER JOIN information_schema.innodb_locks bl ON bl.lock_id =
w.blocking_lock_id
        INNER JOIN information_schema.innodb_locks rl ON rl.lock_id =
w.requested_lock_id
    ORDER BY r.trx_wait_started;
```

9.3　查看是否有 MDL 鎖等待

　　schema_table_lock_waits 檢視可以查看目前連結執行緒的 MDL 鎖等待資訊，包括哪些工作階段被 MDL 鎖阻塞，誰阻塞這些工作階段，資料來源：performance_schema 下的 threads、metadata_locks、events_statements_current 資料表。這是 MySQL 5.7.9 新增的檢視。

　　下面是以 schema_table_lock_waits 檢視查詢的結果集。

```
# 首先需要啟用與 MDL 鎖等待事件相關的 instruments
mysql> call sys.ps_setup_enable_instrument('wait/lock/metadata/sql/mdl');
+----------------------+
| summary              |
+----------------------+
| Enabled 1 instruments |
+----------------------+
1 row in set (0.01 sec)

Query OK, 0 rows affected (0.01 sec)
```

\# 然後 ，使用 innodb_lock_waits 檢視進行查詢（注意：請自行模擬一個不提交的交易，另一個交易則執行 DDL 操作的場景，即可查到類似下列的 MDL 鎖等待資訊）

```
mysql> select * from schema_table_lock_waits\G
*************************** 1. row ***************************
            object_schema: xiaoboluo          # 發生 MDL 鎖等待的 schema 名稱
              object_name: test                # 正在等待 MDL 鎖的資料表名稱
        waiting_thread_id: 1217                # 正在等待 MDL 鎖的執行緒 ID
             waiting_pid: 1175                 # 正在等待 MDL 鎖的 processlist_id
          waiting_account: admin@localhost     # 正在等待 MDL 鎖、與執行緒關聯的
account 名稱
        waiting_lock_type: EXCLUSIVE           # 被阻塞的執行緒正在等待的 MDL 鎖類型
    waiting_lock_duration: TRANSACTION         # 該欄位來自中繼資料鎖子系統的鎖定時間。
```
有效值為：STATEMENT、TRANSACTION、EXPLICIT，STATEMENT 和 TRANSACTION 分別表示在語句或交易結束時釋放的鎖。EXPLICIT 表示可以在語句或交易結束時會被保留、需要明確釋放的鎖，例如：使用 FLUSH TABLES WITH READ LOCK 取得的全域鎖
```
            waiting_query: alter table test add index i_k(test) # 正在等待
MDL 鎖的執行緒對應的語句
        waiting_query_secs: 58 # 正在等待 MDL 鎖的語句已經等待多長時間（秒）
  waiting_query_rows_affected: 0                # 受正在等待 MDL 鎖的語句影響的資料筆數
```
（該欄位來自 performance_schema.events_statement_current 資料表。該表記錄的是語句事件，如果是多資料表聯結查詢語句，則該語句可能已經執行一部分 DML 敘述。所以，即使目前被其他執行緒阻塞，這個欄位也可能出現大於 0 的值）
```
  waiting_query_rows_examined: 0               # 正在等待 MDL 鎖的語句從儲存引擎檢查的
資料列數（同理，該欄位來自 performance_schema.events_statement_current 資料表）
         blocking_thread_id: 49                # 持有 MDL 鎖的執行緒 ID
               blocking_pid: 7                 # 持有 MDL 鎖的 processlist ID
           blocking_account: admin@localhost
                                               # 持有 MDL 鎖、與執行緒關聯的 account 名稱
         blocking_lock_type: SHARED_WRITE      # 持有 MDL 鎖的鎖類型
     blocking_lock_duration: TRANSACTION       # 與 waiting_lock_duration 欄位的
說明相同，只是該值與持有 MDL 鎖的執行緒相關
    sql_kill_blocking_query: KILL QUERY 7      # 產生 KILL 持有 MDL 鎖的查詢語句
sql_kill_blocking_connection: KILL 7           # 產生 KILL 持有 MDL 鎖對應工作階段的語
句
*************************** 2. row ***************************
            object_schema: xiaoboluo
              object_name: test
        waiting_thread_id: 1217
             waiting_pid: 1175
          waiting_account: admin@localhost
        waiting_lock_type: EXCLUSIVE
    waiting_lock_duration: TRANSACTION
            waiting_query: alter table test add index i_k(test)
        waiting_query_secs: 58
  waiting_query_rows_affected: 0
  waiting_query_rows_examined: 0
         blocking_thread_id: 1217
```

```
                blocking_pid: 1175
            blocking_account: admin@localhost
          blocking_lock_type: SHARED_UPGRADABLE
      blocking_lock_duration: TRANSACTION
      sql_kill_blocking_query: KILL QUERY 1175
 sql_kill_blocking_connection: KILL 1175
2 rows in set (0.00 sec)
```

下文貼出檢視查詢語句。

```
SELECT g.object_schema AS object_schema,
       g.object_name AS object_name,
       pt.thread_id AS waiting_thread_id,
       pt.processlist_id AS waiting_pid,
       sys.ps_thread_account(p.owner_thread_id) AS waiting_account,
       p.lock_type AS waiting_lock_type,
       p.lock_duration AS waiting_lock_duration,
       sys.format_statement(pt.processlist_info) AS waiting_query,
       pt.processlist_time AS waiting_query_secs,
       ps.rows_affected AS waiting_query_rows_affected,
       ps.rows_examined AS waiting_query_rows_examined,
       gt.thread_id AS blocking_thread_id,
       gt.processlist_id AS blocking_pid,
       sys.ps_thread_account(g.owner_thread_id) AS blocking_account,
       g.lock_type AS blocking_lock_type,
       g.lock_duration AS blocking_lock_duration,
       CONCAT('KILL QUERY ', gt.processlist_id) AS sql_kill_blocking_query,
       CONCAT('KILL ', gt.processlist_id) AS sql_kill_blocking_connection
   FROM performance_schema.metadata_locks g
  INNER JOIN performance_schema.metadata_locks p
     ON g.object_type = p.object_type
    AND g.object_schema = p.object_schema
    AND g.object_name = p.object_name
    AND g.lock_status = 'GRANTED'
    AND p.lock_status = 'PENDING'
  INNER JOIN performance_schema.threads gt ON g.owner_thread_id = gt.thread_id
  INNER JOIN performance_schema.threads pt ON p.owner_thread_id = pt.thread_id
   LEFT JOIN performance_schema.events_statements_current gs ON g.owner_
thread_id = gs.thread_id
   LEFT JOIN performance_schema.events_statements_current ps ON p.owner_
thread_id = ps.thread_id
  WHERE g.object_type = 'TABLE';
```

9.4 查看 InnoDB 緩衝池的熱點資料

innodb_buffer_stats_by_schema 檢視能夠按照 schema 分組查詢 InnoDB 緩衝池的統計資訊，預設依照已分配的 buffer size（緩衝區大小）降冪排列（allocated 欄位）。資料來源：information_schema.innodb_buffer_page。

下面是以 innodb_buffer_stats_by_schema 檢視查詢的結果集。

```
mysql> select * from innodb_buffer_stats_by_schema;
+-------------+-----------+------------+------+-------------+----------+-------------+
|object_schema|allocated|data        |pages|pages_hashed|pages_old|rows_cached|
+-------------+-----------+------------+------+-------------+----------+-------------+
| mysql       | 3.86 MiB | 1.64 MiB  | 247 |         44 |      119 |        793 |
| sys         | 16.00 KiB| 371 bytes | 1   |          0 |        0 |          7 |
+-------------+-----------+------------+------+-------------+----------+-------------+
2 rows in set (0.43 sec)
```

下文貼出檢視查詢語句。

```
SELECT IF(LOCATE('.', ibp.table_name) = 0, 'InnoDB System', REPLACE
(SUBSTRING_INDEX(ibp. table_name, '.', 1), '''', '')) AS object_schema,
       sys.format_bytes(SUM(IF(ibp.compressed_size = 0, 16384, compressed_
size))) AS allocated,
       sys.format_bytes(SUM(ibp.data_size)) AS data,
       COUNT(ibp.page_number) AS pages,
       COUNT(IF(ibp.is_hashed = 'YES', 1, NULL)) AS pages_hashed,
       COUNT(IF(ibp.is_old = 'YES', 1, NULL)) AS pages_old,
       ROUND(SUM(ibp.number_records)/COUNT(DISTINCT ibp.index_name)) AS
rows_cached
    FROM information_schema.innodb_buffer_page ibp
  WHERE table_name IS NOT NULL
  GROUP BY object_schema
  ORDER BY SUM(IF(ibp.compressed_size = 0, 16384, compressed_size)) DESC;
```

9.5 查看冗餘索引

schema_redundant_indexes 檢視可以查看重覆或冗餘索引，資料來源：sys.x$schema_flattened_keys。該資料來源稱為 schema_redundant_indexes 檢視的輔助檢視。schema_redundant_indexes 是 MySQL 5.7.9 新增的檢視。

下面是以 schema_redundant_indexes 檢視查詢的結果集。

```
mysql> select * from schema_redundant_indexes limit 1\G
*************************** 1. row ***************************
            table_schema: test   # 包含重覆或冗餘索引的資料表所對應的 schema 名稱
              table_name: test    # 包含重覆或冗餘索引的資料表名稱
     redundant_index_name: i_id   # 重覆或冗餘索引的名稱
  redundant_index_columns: id     # 重覆或冗餘索引的欄位名稱
redundant_index_non_unique: 1     # 重覆或冗餘索引中非唯一行的數量
     dominant_index_name: i_id_id2 # 與重覆或冗餘索引相比，佔據優勢（最佳）的索
引名稱
  dominant_index_columns: id,id2  # 佔據優勢（最佳）索引中的欄位名稱
dominant_index_non_unique: 1      # 佔據優勢（最佳）索引中非唯一行的數量
          subpart_exists: 0       # 重覆或冗餘索引是否為前綴索引
          sql_drop_index: ALTER TABLE 'test'.'test' DROP INDEX 'i_id'
                                  # 針對重覆或冗餘索引產生的 drop index 語句
1 row in set (0.01 sec)
```

9.6　查看未使用的索引

　　schema_unused_indexes 檢視可以查看非作用中的索引（沒有任何事件發生的索引，表示從未使用過該索引），預設情況下按照 schema 名稱和資料表名稱進行排序。資料來源：performance_schema.table_io_waits_summary_by_index_usage，該檢視在伺服器啟動並運行足夠長的時間後，查出的資料才比較實用；否則，該檢視的資料或許並不十分可靠，因為統計的資料存在不精確性，可能還來不及查詢一部分業務。

　　下面是以 schema_unused_indexes 檢視查詢的結果集。

```
mysql> select * from schema_unused_indexes limit 3;
+---------------+-------------+-------------------+
| object_schema | object_name | index_name        |
+---------------+-------------+-------------------+
| luoxiaobo     | public_num  | public_name_index |
| sbtest        | sbtest1     | k_1               |
| sbtest        | sbtest2     | k_2               |
+---------------+-------------+-------------------+
3 rows in set (0.00 sec)
```

下文貼出檢視的查詢語句。

```
SELECT object_schema,
       object_name,
       index_name
  FROM performance_schema.table_io_waits_summary_by_index_usage
```

```
WHERE index_name IS NOT NULL
  AND count_star = 0
  AND object_schema != 'mysql'
  AND index_name != 'PRIMARY'
ORDER BY object_schema, object_name;
```

9.7 查詢資料表的增、刪、改、查資料量，以及 I/O 耗時統計資訊

schema_table_statistics_with_buffer 檢視可以查詢資料表的增、刪、改、查資料量、I/O 耗時，以及在 InnoDB 緩衝池佔用情況等統計資訊。預設情況下按照增、刪、改、查操作的總資料表 I/O 延遲時間（執行時間，也可理解為存在最多 I/O 爭用的資料表）降冪排列。資料來源：performance_schema.table_io_waits_summary_by_table、sys.x$ps_schema_table_statistics_io、sys.x$innodb_buffer_stats_by_table。另外，該檢視在內部使用了輔助檢視 sys.x$ps_schema_table_statistics_io。

下面是以 schema_table_statistics_with_buffer 檢視查詢的結果集（請自行建立資料表，並執行一些 DML 語句製造相關結果）。

```
mysql> select * from schema_table_statistics_with_buffer limit 1\G
*************************** 1. row ***************************
                table_schema: xiaoboluo   # 包含 table_name 欄位所在的資料表 schema
名稱
                  table_name: test        # 資料表名稱
                rows_fetched: 1561         # 讀取的總列數，針對資料表查詢操作
               fetch_latency: 2.08 m       # select 操作 I/O 事件的總延遲時間（執行時間）
               rows_inserted: 1159         # 插入操作的總列數，針對資料表插入操作
              insert_latency: 865.33 ms    # 插入操作 I/O 事件的延遲時間（執行時間）
                rows_updated: 0            # 更新操作的總列數，針對資料表更新操作
              update_latency: 0 ps         # 更新操作 I/O 事件的總延遲時間（執行時間）
                rows_deleted: 0            # 刪除操作的總列數，針對資料表刪除操作
              delete_latency: 0 ps         # 刪除操作 I/O 事件的總延遲時間（執行時間）
            io_read_requests: 48           # 讀取操作的總請求次數，針對資料表 .ibd 和
.frm 檔案的讀 I/O 操作
                     io_read: 179.29 KiB   # 與資料表讀取操作相關、所有檔案讀取操作的
總位元組，針對資料表 .ibd 和 .frm 檔案的讀 I/O 操作
             io_read_latency: 15.02 ms     # 與資料表讀取操作相關、所有檔案讀取操作的
總延遲時間（執行時間），針對資料表 .ibd 和 .frm 檔案的讀 I/O 操作
           io_write_requests: 10           # 資料表寫入操作的總請求次數，針對資料表
.ibd 和 .frm 檔案的寫 I/O 操作
                    io_write: 160.00 KiB # 與資料表寫入操作相關、所有檔案寫入操作的
```

總位元組，針對資料表 .ibd 和 .frm 檔案的寫 I/O 操作
```
                io_write_latency: 76.24 us      # 與資料表寫入操作相關、所有檔案寫入操作的
```
總延遲時間（執行時間），針對資料表 .ibd 和 .frm 檔案的寫 I/O 操作
```
              io_misc_requests: 47            # 與資料表其他各種混合操作相關、所有檔案
```
I/O 請求的總次數，針對資料表 .ibd 和 .frm 檔案的其他混合 I/O 操作
```
               io_misc_latency: 9.47 ms        # 與資料表其他各種混合操作相關、所有檔案
```
I/O 請求的總延遲時間（執行時間），針對資料表 .ibd 和 .frm 檔案的其他混合 I/O 操作
```
        innodb_buffer_allocated: 112.00 KiB     # 目前已分配給資料表緩衝池的總位元組
             innodb_buffer_data: 48.75 KiB      # 目前已分配給資料部分所使用的緩衝池位元組
```
總數
```
             innodb_buffer_free: 63.25 KiB     # 目前已分配給非資料部分使用的緩衝池位元組
```
總數（即空閒頁所在的位元組，計算公式：innodb_buffer_allocated - innodb_buffer_data）
```
            innodb_buffer_pages: 7        # 目前已分配給資料表的緩衝池總頁數
     innodb_buffer_pages_hashed: 0        # 目前已分配給資料表的自我調整 hash 索引頁總數
        innodb_buffer_pages_old: 0        # 目前已分配給資料表的舊頁總數（位於 LRU 清單中舊區
```
塊子列表的頁數）
```
      innodb_buffer_rows_cached: 1162    # 在緩衝池為資料表快取的總資料筆數（table_name 欄
```
位所在的資料表於緩衝池快取了多少筆資料）
```
1 row in set (2.21 sec)
```

9.8　查看 MySQL 檔案產生的磁碟流量與讀寫比例

io_global_by_file_by_bytes 檢視可以按照檔案路徑＋名稱分組（檔名），並查看全域的 I/O 讀寫位元組、讀寫檔案 I/O 事件數量統計資訊。預設情況下按照總 I/O 讀寫位元組進行降冪排列。資料來源：performance_schema.file_summary_by_instance。

下面是以 io_global_by_file_by_bytes 檢視查詢的結果集。

```
mysql> select * from io_global_by_file_by_bytes limit 3;
+----+----------+----------+--------+-----------+-------------+----------+-------+---------+
|file|count_read|total_read|avg_read|count_write|total_written|avg_write|total|write_pct|
+----+----------+----------+--------+-----------+-------------+----------+-------+---------+
|@@innodb_data_home_dir/ibtmp1|0|0bytes|0bytes|2798|55.53MiB|20.32KiB|55.53MiB|100.00|
|@@innodb_undo_directory/undo002|874|13.66MiB|16.00KiB|0|0bytes|0bytes|13.66MiB|0.00|
|@@innodb_data_home_dir/ibdata1|31|2.50MiB|82.58KiB|3|64.00KiB|21.33KiB|2.56MiB|2.44|
+----+----------+----------+--------+-----------+-------------+----------+-------+---------+
3 rows in set (0.00 sec)
```

9.9 查看哪些語句使用全資料表掃描

statements_with_full_table_scans 檢視可以查看全資料表掃描，或者沒有使用最佳索引的語句（經過標準化轉換的語句）。預設情況下按照全資料表掃描次數、語句總次數百分比和語句總延遲時間（執行時間）降冪排列。資料來源：performance_schema.events_statements_summary_by_digest。

下面是以 statements_with_full_table_scans 檢視查詢的結果集。

```
mysql> select * from statements_with_full_table_scans limit 1\G
*************************** 1. row ***************************
                  query: SELECT 'performance_schema' . ... ance' . 'SUM_
TIMER_WAIT' DESC # 經過標準化轉換的語句字串
                     db: sys        # 語句對應的預設資料庫，如果沒有的話，則該欄
位為 NULL
             exec_count: 1          # 語句執行的總次數
          total_latency: 938.45 us  # 語句執行的總延遲時間（執行時間）
     no_index_used_count: 1         # 語句沒有使用索引掃描資料表（而是利用全資料
表掃描）的總次數
   no_good_index_used_count: 0      # 語句沒有使用更好的索引掃描資料表的總次數
       no_index_used_pct: 100       # 語句沒有使用索引掃描資料表（而是利用全資料
表掃描）的次數，以及語句執行總次數的百分比
              rows_sent: 3          # 語句從資料表返回的總列數
          rows_examined: 318        # 語句從儲存引擎檢查的總列數
          rows_sent_avg: 3          # 每道語句從資料表返回的平均列數
      rows_examined_avg: 318        # 每道語句從儲存引擎讀取的平均列數
             first_seen: 2020-09-07 09:34:12  # 該語句第一次出現的時間
              last_seen: 2020-09-07 09:34:12  # 該語句最近一次出現的時間
                 digest: 5b5b4e15a8703769d9b9e23e9e92d499  # 語句摘要計算的
MD5 hash 值
1 row in set (0.01 sec)
```

下文貼出檢視查詢的語句。

```
SELECT sys.format_statement(DIGEST_TEXT) AS query,
       SCHEMA_NAME as db,
       COUNT_STAR AS exec_count,
       sys.format_time(SUM_TIMER_WAIT) AS total_latency,
       SUM_NO_INDEX_USED AS no_index_used_count,
       SUM_NO_GOOD_INDEX_USED AS no_good_index_used_count,
       ROUND(IFNULL(SUM_NO_INDEX_USED / NULLIF(COUNT_STAR, 0), 0) * 100) AS
no_index_used_pct,
       SUM_ROWS_SENT AS rows_sent,
       SUM_ROWS_EXAMINED AS rows_examined,
```

```
        ROUND(SUM_ROWS_SENT/COUNT_STAR) AS rows_sent_avg,
        ROUND(SUM_ROWS_EXAMINED/COUNT_STAR) AS rows_examined_avg,
        FIRST_SEEN as first_seen,
        LAST_SEEN as last_seen,
        DIGEST AS digest
   FROM performance_schema.events_statements_summary_by_digest
 WHERE (SUM_NO_INDEX_USED > 0
     OR SUM_NO_GOOD_INDEX_USED > 0)
   AND DIGEST_TEXT NOT LIKE 'SHOW%'
 ORDER BY no_index_used_pct DESC, total_latency DESC;
```

9.10 查看哪些語句使用檔案排序

　　statements_with_sorting 檢視可以查看執行檔案排序的語句，預設情況下按照語句總延遲時間（執行時間）降冪排列。資料來源：performance_schema.events_statements_summary_by_digest。

　　下面是以 statements_with_sorting 檢視查詢的結果集。

```
mysql> select * from statements_with_sorting limit 1\G
*************************** 1. row ***************************
            query: SELECT IF ( ( 'locate' ( ? , ' ... . 'COMPRESSED_SIZE' )
) DESC   # 經過標準化轉換的語句字串
               db: sys   # 語句對應的預設資料庫，如果沒有的話，則該欄位為 NULL
       exec_count: 4                      # 語句執行的總次數
    total_latency: 46.53 s                # 語句執行的總延遲時間（執行時間）
sort_merge_passes: 48                     # 執行時發生語句排序合併的總次數
  avg_sort_merges: 12                     # 針對排序合併的語句，每道語句的平均排序合併次數（
詳檢視查詢語句中的 SUM_SORT_MERGE_PASSES/COUNT_STAR）
sorts_using_scans: 16                     # 語句排序執行全資料表掃描的總次數
 sort_using_range: 0                      # 語句排序執行範圍掃描的總次數
     rows_sorted: 415391                  # 語句執行發生排序的總列數
  avg_rows_sorted: 103848                 # 針對發生排序的語句，每道語句的平均排序資料列數（
詳檢視查詢語句中的 SUM_SORT_ROWS/COUNT_STAR）
      first_seen: 2020-09-07 12:36:58     # 該語句第一次出現的時間
       last_seen: 2020-09-07 12:38:37     # 該語句最近一次出現的時間
          digest: 59abe341d11b5307fbd8419b0b9a7bc3
                                          # 語句摘要計算的 MD5 hash 值
1 row in set (0.00 sec)
```

　　下文貼出檢視查詢的語句。

```
SELECT sys.format_statement(DIGEST_TEXT) AS query,
       SCHEMA_NAME db,
       COUNT_STAR AS exec_count,
       sys.format_time(SUM_TIMER_WAIT) AS total_latency,
       SUM_SORT_MERGE_PASSES AS sort_merge_passes,
       ROUND(IFNULL(SUM_SORT_MERGE_PASSES / NULLIF(COUNT_STAR, 0), 0)) AS
avg_sort_merges,
       SUM_SORT_SCAN AS sorts_using_scans,
       SUM_SORT_RANGE AS sort_using_range,
       SUM_SORT_ROWS AS rows_sorted,
       ROUND(IFNULL(SUM_SORT_ROWS / NULLIF(COUNT_STAR, 0), 0)) AS avg_rows_
sorted,
       FIRST_SEEN as first_seen,
       LAST_SEEN as last_seen,
       DIGEST AS digest
  FROM performance_schema.events_statements_summary_by_digest
WHERE SUM_SORT_ROWS > 0
ORDER BY SUM_TIMER_WAIT DESC;
```

9.11 查看哪些語句使用臨時資料表

　　statements_with_temp_tables 檢視可以查看使用臨時資料表的語句。預設情況下按照磁碟臨時資料表數量，以及記憶體臨時資料表數量降冪排列。資料來源：performance_schema.events_statements_summary_by_digest。

　　下面是以 statements_with_temp_tables 檢視查詢的結果集。

```
mysql> select * from statements_with_temp_tables limit 1\G
*************************** 1. row ***************************
                query: SELECT 'performance_schema' .  ... name' . 'SUM_
TIMER_WAIT' DESC  # 經過標準化轉換的語句字串
                   db: sys  # 語句對應的預設資料庫，如果沒有的話，則該欄位為 NULL
           exec_count: 2       # 語句執行的總次數
        total_latency: 1.53 s  # 語句執行的總延遲時間（執行時間）
    memory_tmp_tables: 458     # 語句執行時建立內部記憶體臨時資料表的總數量
      disk_tmp_tables: 38      # 語句執行時建立內部磁碟臨時資料表的總數量
avg_tmp_tables_per_query: 229  # 對於使用記憶體臨時資料表的語句，每道語句使用的
資料表平均數量（詳檢視查詢語句中的 SUM_CREATED_TMP_TABLES/COUNT_STAR）
  tmp_tables_to_disk_pct: 8        # 記憶體臨時資料表的總數量與磁碟臨時資料表的總數
量百分比，表示後者的轉換率（詳檢視查詢語句中的 SUM_CREATED_TMP_DISK_TABLES/SUM_
CREATED_TMP_TABLES）
           first_seen: 2020-09-07 11:18:31  # 該語句第一次出現的時間
            last_seen: 2020-09-07 11:19:43  # 該語句最近一次出現的時間
```

```
            digest: 6f58edd9cee71845f592cf5347f8ecd7
                    # 語句摘要計算的 MD5 hash 值
1 row in set (0.00 sec)
```

下文貼出檢視查詢的語句。

```
SELECT sys.format_statement(DIGEST_TEXT) AS query,
       SCHEMA_NAME as db,
       COUNT_STAR AS exec_count,
       sys.format_time(SUM_TIMER_WAIT) as total_latency,
       SUM_CREATED_TMP_TABLES AS memory_tmp_tables,
       SUM_CREATED_TMP_DISK_TABLES AS disk_tmp_tables,
       ROUND(IFNULL(SUM_CREATED_TMP_TABLES / NULLIF(COUNT_STAR, 0), 0)) AS
avg_tmp_tables_per_query,
       ROUND(IFNULL(SUM_CREATED_TMP_DISK_TABLES / NULLIF(SUM_CREATED_TMP_
TABLES, 0), 0) * 100) AS tmp_tables_to_disk_pct,
       FIRST_SEEN as first_seen,
       LAST_SEEN as last_seen,
       DIGEST AS digest
  FROM performance_schema.events_statements_summary_by_digest
 WHERE SUM_CREATED_TMP_TABLES > 0
ORDER BY SUM_CREATED_TMP_DISK_TABLES DESC, SUM_CREATED_TMP_TABLES DESC;
```

溫馨提示：關於 sys 系統資料庫更詳細的內容，可參閱微信公眾帳號「沃趣技術」，其中以 15 個章節進行全方位的介紹。

NOTE

information_schema 初相識

第 7 ～ 9 章介紹了 sys 系統資料庫，而 sys 系統資料庫有一部分檢視的資料來自 information_schema，那麼什麼是 information_schema 呢？從本章開始和第 11 章，將逐步說明 information_schema，以及如何利用它查詢一些日常工作中所需的資料庫資訊。

提示：以下內容主要針對 MySQL 5.7 版本進行整理。

10.1 什麼是 information_schema

information_schema 提供針對資料庫中繼資料、統計資訊以及有關 MySQL Server 資訊的存取（例如：資料庫或資料表名稱、欄位的資料類型和存取權限等）。該資料庫保存的資訊也可稱為 MySQL 的資料字典或系統目錄。

每個 MySQL 實例都有一個獨立的 information_schema，用來儲存其內所有其他資料庫的基本資訊。information_schema 資料庫包含多個唯讀資料表（非持久表），所以在資料目錄沒有對應的關聯檔，且不能對這些資料表設定觸發器。雖然查詢時可以使用 USE 語句，將預設資料庫設為 information_schema，但其下所有資料表都是唯讀的，不能執行 INSERT、UPDATE、DELETE 等變更操作。

information_schema 下的資料表查詢操作，可以代替一些 SHOW 查詢語句（例如：SHOW DATABASES、SHOW TABLES 等）。與使用 SHOW 語句相比，透過查詢 information_schema 下的資料表有下列優勢：

- 它符合「Codd 法則」，所有的存取都是根據資料表來完成。
- 允許使用 SELECT 語句的 SQL 語法，只要學習待查詢的一些資料表和欄位的涵義即可。

- 根據 SQL 語句的查詢，對來自 information_schema 的查詢結果可以進行過濾、排序與聯結操作。查詢的結果集格式，對應用程式來説更友善。

- 這種技術與其他資料庫系統類似的實作更具互通性。例如：Oracle 資料庫的使用者熟悉查詢 Oracle 的資料表，那麼在 MySQL 也能夠使用同樣的方法查詢資料表，以取得想要的資料。

存取 information_schema 需要的權限如下：

- 所有使用者都有存取 information_schema 下的資料表權限（僅能看到有關權限的物件所對應的資料列），但只能存取 Server 層的部分資料字典表。Server 層的部分資料字典表，以及 InnoDB 層的資料字典表要求額外的權限。如果權限不足，當查詢 Server 層的資料字典表時將不返回任何資料，或者沒有權限存取某欄時，則該欄返回 NULL 值；當查詢 InnoDB 層的資料字典表時，將直接拒絕存取（注意：這些資料表要求 process 權限，而不是 select 權限）。

- 從 information_schema 查詢相關資料所需的權限，同樣也適用於 SHOW 語句。無論使用哪種查詢方式，都必須擁有存取某個物件的權限，才能看到相關的資料。

提示：MySQL 5.6 版本總共有 59 個資料表，其中有 10 個 MyISAM 引擎臨時表（資料字典表）和 49 個 Memory 引擎臨時表（保存統計資訊和一些臨時資訊）。在 MySQL 5.7 版本中，該 schema 總共有 61 個資料表，其中有 10 個 InnoDB 引擎臨時表（資料字典表）和 51 個 Memory 引擎臨時表。在 MySQL 8.0 版本中，該 schema 資料字典表（包含部分 Memory 引擎臨時表）都搬移到 mysql schema 下，而且被隱藏起來，無法直接存取，需透過 information_schema 下的同名資料表進行存取（統計資訊表保留於 information_schema 下，且仍然為 Memory 引擎）。

雖然直接查詢 information_schema 的資料表具有眾多優勢，但是因為 SHOW 語法已經耳熟能詳且被廣泛使用，所以 SHOW 語句仍然是一種備選方法，且隨著 information_schema 的實作，SHOW 語句的功能還進一步增強了（允許使用 like 或 where 子句過濾）。例如：

```
# 語法
Syntax:
SHOW [GLOBAL | SESSION] VARIABLES
    [LIKE 'pattern' | WHERE expr]
```

```
# 範例 1
mysql> show variables like '%log_bin%';
+---------------------------------+-------------------------------------------------+
| Variable_name                   | Value                                           |
+---------------------------------+-------------------------------------------------+
| log_bin                         | ON                                              |
| log_bin_basename                | /home/mysql/data/mysqldata1/binlog/mysql-bin    |
| log_bin_index                   | /home/mysql/data/mysqldata1/binlog/mysql-bin.index |
| log_bin_trust_function_creators | ON                                              |
| log_bin_use_v1_row_events       | OFF                                             |
| sql_log_bin                     | ON                                              |
+---------------------------------+-------------------------------------------------+
6 rows in set (0.00 sec)

# 範例 2
mysql> show variables where Variable_name like 'log_bin%' and Value='ON';
+---------------------------------+-------+
| Variable_name                   | Value |
+---------------------------------+-------+
| log_bin                         | ON    |
| log_bin_trust_function_creators | ON    |
+---------------------------------+-------+
2 rows in set (0.00 sec)

# 注意，like 與 where 子句可單獨使用，但要同時使用時，like 子句必須在 where 之後
```

10.2 information_schema 組成物件

information_schema 下的所有資料表都是使用 Memory 和 InnoDB 儲存引擎，且都是臨時表，不是持久表，因此在資料庫重啟之後便會遺失這些資料。就 MySQL 的 4 個系統資料庫來說，information_schema 也是唯一一個在檔案系統上，沒有對應資料表的目錄和檔案的系統資料庫。

下面按照這些資料表用途的相似度，對 information_schema 的資料表進行下列分類。

10.2.1 Server 層的統計資訊字典表

（1）COLUMNS

- 提供資料表的行（欄位）資訊。
- 此為 InnoDB 引擎臨時表。

（2）KEY_COLUMN_USAGE

- 提供哪些索引行存在約束條件。

- 內含的資訊包含主鍵、唯一索引、外鍵等約束資訊，例如：所在的欄位名稱、參照的欄位等。該表的內容與 TABLE_CONSTRAINTS 資料表的資訊有些類似，但 TABLE_CONSTRAINTS 未記錄約束參照的欄位資訊，而 KEY_COLUMN_USAGE 資料表卻有 TABLE_CONSTRAINTS 資料表所沒有的約束類型。

- 此為 Memory 引擎臨時表。

（3）REFERENTIAL_CONSTRAINTS

- 提供關於外鍵約束的一些資訊。

- 此為 Memory 引擎臨時表。

（4）STATISTICS

- 提供關於索引的一些統計資訊，一個索引對應一列記錄。

- 此為 Memory 引擎臨時表。

（5）TABLE_CONSTRAINTS

- 提供與資料表相關的約束資訊。

- 此為 Memory 引擎臨時表。

（6）FILES

- 提供與 MySQL 資料表空間檔案相關的資訊，包含與 InnoDB 和 NDB 儲存引擎相關的資料檔案資訊。NDB 儲存引擎在大陸較少使用，大多數場景（95%以上）使用的都是 InnoDB 儲存引擎。

- 此為 Memory 引擎臨時表。

（7）ENGINES

- 提供 MySQL Server 支援的引擎相關資訊。

- 此為 Memory 引擎臨時表。

（8）TABLESPACES

- 提供關於活躍資料表空間的相關資訊（主要記錄 NDB 儲存引擎的資料表空間資訊）。

- 注意：該表不提供有關 InnoDB 儲存引擎的資料表空間資訊。對於 InnoDB 資料表空間的中繼資料，請查詢 INNODB_SYS_TABLESPACES 資料表和 INNODB_SYS_DATAFILES 資料表。另外，從 MySQL 5.7.8 版開始，INFORMATION_SCHEMA.FILES 資料表也能查詢 InnoDB 資料表空間的中繼資料。

- 此為 Memory 引擎臨時表。

（9）SCHEMATA

- 提供 MySQL Server 的資料庫清單資訊，一個 schema 就代表一個資料庫。

- 此為 Memory 引擎臨時表。

10.2.2 Server 層的資料表等級物件字典表

（1）VIEWS

- 提供資料庫的檢視相關資訊，查詢該表需擁有 show view 權限。

- 此為 InnoDB 引擎臨時表。

（2）TRIGGERS

- 提供關於某個資料庫的觸發器相關資訊。若想查詢某個資料表的觸發器，必須擁有 trigger 權限。

- 此為 InnoDB 引擎臨時表。

（3）TABLES

- 提供與資料庫內資料表相關的基本資訊。

- 此為 Memory 引擎臨時表。

（4）ROUTINES

- 提供關於預存程序和預存函數的資訊（不包括使用者自訂函數）。該表的內容與 mysql.proc 記錄的資訊相對應（如果有值的話）。

- 此為 InnoDB 引擎臨時表。

（5）PARTITIONS

- 提供關於分區資料表的資訊。

- 此為 InnoDB 引擎臨時表。

（6）EVENTS

● 提供與計畫任務事件相關的資訊。

● 此為 InnoDB 引擎臨時表。

（7）PARAMETERS

● 提供有關預存程序和函數的參數資訊，以及預存函數的返回值資訊。這些資訊與 mysql.proc 資料表的 param_list 欄記錄的內容類似。

● 此為 InnoDB 引擎臨時表。

10.2.3 Server 層的混合資訊字典表

（1）GLOBAL_STATUS、GLOBAL_VARIABLES、SESSION_STATUS、SESSION_VARIABLES

● 提供全域、工作階段等級的狀態變數與系統變數等資訊。

● 這些都是 Memory 引擎臨時表。

（2）OPTIMIZER_TRACE

● 提供最佳化程式追蹤功能產生的資訊。

● 追蹤功能預設是關閉的，可使用 optimizer_trace 系統變數啟用追蹤功能。一旦開啟後，每個工作階段只能追蹤自己執行的語句，不能看到其他工作階段執行的語句，而且每個工作階段只能記錄最後一筆追蹤的 SQL 語句。

● 此為 InnoDB 引擎臨時表。

（3）PLUGINS

● 提供關於 MySQL Server 支援哪些外掛程式的資訊。

● 此為 InnoDB 引擎臨時表。

（4）PROCESSLIST

● 提供一些關於執行緒執行過程的狀態資訊。

● 此為 InnoDB 引擎臨時表。

（5）PROFILING

- 提供關於語句效能分析的資訊。記錄的內容對應於 SHOW PROFILES 和 SHOW PROFILE 語句產生的資訊。該表只有在工作階段變數 profiling=1 時，才會記錄語句效能分析資訊，否則便不記錄。

- 注意：從 MySQL 5.7.2 版開始，就不再推薦使用此表，未來的 MySQL 版本將刪除，改以 Performance Schema 代替。

- 此為 Memory 引擎臨時表。

（6）CHARACTER_SETS

- 提供 MySQL Server 支援的可用字元集。

- 此為 Memory 引擎臨時表。

（7）COLLATIONS

- 提供 MySQL Server 支援的可用校對規則。

- 此為 Memory 引擎臨時表。

（8）COLLATION_CHARACTER_SET_APPLICABILITY

- 提供 MySQL Server 的哪種字元集適用什麼校對規則。查詢結果集相當於從 SHOW COLLATION 取得結果集的前兩個欄位值，目前發現該資料表並沒有太大的作用。

- 此為 Memory 引擎臨時表。

（9）COLUMN_PRIVILEGES

- 提供關於行（欄位）的權限資訊，內容來自 mysql.column_priv 行權限表（需要針對一個資料表的行單獨授權之後，才會有內容）。

- 此為 Memory 引擎臨時表。

（10）SCHEMA_PRIVILEGES

- 提供關於資料庫等級的權限資訊，每種類型的權限記錄一列資訊。該表的內容來自 mysql.db 資料表。

- 此為 Memory 引擎臨時表。

（11）TABLE_PRIVILEGES

- 提供關於資料表等級的權限資訊，內容來自 mysql.tables_priv 資料表。

- 此為 Memory 引擎臨時表。

（12）USER_PRIVILEGES

- 提供全域權限的資訊，內容來自 mysql.user 資料表。

- 此為 Memory 引擎臨時表。

10.2.4 InnoDB 層的系統字典表

（1）INNODB_SYS_DATAFILES

- 提供 InnoDB 所有資料表空間類型檔的中繼資料（內部使用的資料表空間 ID 和空間檔的路徑資訊），包括獨立表空間、常規表空間、系統表空間、臨時表空間和 undo 空間（如果開啟獨立 undo 空間的話）。

- 該表的內容等同 InnoDB 資料字典內部 SYS_DATAFILES 資料表的資訊。

- 此為 Memory 引擎臨時表，查詢時需要有 process 權限。

（2）INNODB_SYS_VIRTUAL

- 提供有關 InnoDB 虛擬產生行和與之關聯行的中繼資料，等同 InnoDB 資料字典內部 SYS_VIRTUAL 資料表的資訊。該表展示的列資訊，是與虛擬產生行相關聯行的資訊。

- 此為 Memory 引擎臨時表，查詢時需要有 process 權限。

（3）INNODB_SYS_INDEXES

- 提供有關 InnoDB 索引的中繼資料，等同 InnoDB 資料字典內部 SYS_INDEXES 資料表的資訊。

- 此為 Memory 引擎臨時表，查詢時需要有 process 權限。

（4）INNODB_SYS_TABLES

- 提供有關 InnoDB 資料表的中繼資料，等同 InnoDB 資料字典內部 SYS_TABLES 資料表的資訊。

- 此為 Memory 引擎臨時表，查詢時需要有 process 權限。

（5）INNODB_SYS_FIELDS

- 提供有關 InnoDB 索引鍵（欄位）的中繼資料，等同 InnoDB 資料字典內部 SYS_FIELDS 資料表的資訊。

- 此為 Memory 引擎臨時表，查詢時需要有 process 權限。

（6）INNODB_SYS_TABLESPACES

- 提供有關 InnoDB 獨立資料表空間和普通資料表空間的中繼資料（包含全文索引表空間），等同 InnoDB 資料字典內部 SYS_TABLESPACES 資料表的資訊。
- 此為 Memory 引擎臨時表，查詢時需要有 process 權限。

（7）INNODB_SYS_FOREIGN_COLS

- 提供有關 InnoDB 外鍵的狀態資訊，等同 InnoDB 資料字典內部 SYS_FOREIGN_COLS 資料表的資訊。
- 此為 Memory 引擎臨時表，查詢時需要有 process 權限。

（8）INNODB_SYS_COLUMNS

- 提供有關 InnoDB 資料表欄位的中繼資料，等同 InnoDB 資料字典內部 SYS_COLUMNS 資料表的資訊。
- 此為 Memory 引擎臨時表，查詢時需要有 process 權限。

（9）INNODB_SYS_FOREIGN

- 提供有關 InnoDB 外鍵的中繼資料，等同 InnoDB 資料字典內部 SYS_FOREIGN 資料表的資訊。
- 此為 Memory 引擎臨時表，查詢時需要有 process 權限。

（10）INNODB_SYS_TABLESTATS

- 提供有關 InnoDB 資料表較低等級的狀態資訊檢視。MySQL 最佳化器會使用這些統計資訊來計算，並確定在查詢 InnoDB 資料表時要採用哪個索引。這些資訊位於記憶體的資料結構中，與存放於磁碟的資料無對應關係，在 InnoDB 內部也無對應的系統資料表。
- 此為 Memory 引擎臨時表，查詢時需要有 process 權限。

10.2.5 InnoDB 層的鎖、交易、統計資訊字典表

（1）INNODB_LOCKS

- 提供 InnoDB 引擎中，交易正在請求且同時被其他交易阻塞的鎖資訊（若沒有發生不同交易之間鎖等待的情況，這裡便查看不到。例如，當只有一個交易時，無法看到該交易附加的鎖資訊）。該表的內容可用來診斷高並行下的鎖爭用資訊。

- 此為 Memory 引擎臨時表，存取時需要有 process 權限。

（2）INNODB_TRX

- 提供目前在 InnoDB 引擎執行的每個交易（不包括唯讀交易）的資訊，例如交易是否正在等待鎖、交易從何時開始，以及交易正在執行的 SQL 語句資訊等（如果有 SQL 語句的話）。

- 此為 Memory 引擎臨時表，查詢時需要有 process 權限。

（3）INNODB_BUFFER_PAGE_LRU

- 提供緩衝池的頁面資訊。與 INNODB_BUFFER_PAGE 資料表不同，INNODB_BUFFER_PAGE_LRU 資料表保存有關 InnoDB 緩衝池的分頁如何進入 LRU 鏈表，以及在緩衝池不夠用時，確定需從池中移出哪些分頁的資訊。

- 此為 Memory 引擎臨時表。

（4）INNODB_LOCK_WAITS

- 提供 InnoDB 交易的鎖等待資訊。如果該資料表為空，則表示無鎖等待資訊；如果其中有記錄，則說明存在鎖等待，每一筆記錄代表一個鎖等待關係。鎖等待關係包含：一個等待鎖（亦即正在請求獲得鎖）的交易及其正在等待的鎖等資訊、一個持有鎖（指的是發生鎖等待交易正在請求的鎖）的交易及其持有的鎖等資訊。

- 此為 Memory 引擎表，存取時需要有 process 權限。

（5）INNODB_TEMP_TABLE_INFO

- 提供 InnoDB 實例中目前處於活動狀態的使用者（只對已建立連接的用戶有效，離線連接對應的臨時表會被自動刪除）所建立 InnoDB 臨時表的資訊，它沒有最佳化工具使用的內部 InnoDB 臨時表的資訊。首次查詢時將建立該資料表。

- 此為 Memory 引擎臨時表，查詢時需要有 process 權限。

（6）INNODB_BUFFER_PAGE

- 提供關於緩衝池的分頁相關資訊。

- 此為 Memory 引擎臨時表，查詢時需要有 process 權限。

（7）INNODB_METRICS

- 提供 InnoDB 更為詳細的效能資訊，是針對 InnoDB 的 performance_schema 的補充。透過該表的查詢，可用來檢查 InnoDB 的整體健康狀況，或者是診斷效能瓶頸、資源短缺和應用程式的問題等。

- 此為 Memory 引擎臨時表，查詢時需要有 process 權限。

（8）INNODB_BUFFER_POOL_STATS

- 提供一些 InnoDB 緩衝池的狀態資訊，內容與 SHOW ENGINE INNODB STATUS 語句輸出的緩衝池統計部分資訊類似。另外，InnoDB 緩衝池的一些狀態變數也提供部分相同的值。

- 此為 Memory 引擎臨時表，查看時需要有 process 權限。

10.2.6 InnoDB 層的全文索引字典表

（1）INNODB_FT_CONFIG

- 提供有關 InnoDB 資料表的全文索引和關聯的中繼資料。查詢此表之前，需要先設定 innodb_ft_aux_table='db_name/tb_name'，db_name/tb_name 為包含全文索引的資料庫和資料表名稱。

- 此為 Memory 引擎臨時表，查詢時需要有 process 權限。

（2）INNODB_FT_BEING_DELETED

- 該表僅在 OPTIMIZE TABLE 語句執行維護期間，作為 INNODB_FT_ DELETED 資料表的快照使用。執行 OPTIMIZE TABLE 語句時，會先清空 INNODB_FT_BEING_DELETED 資料表的內容，將 INNODB_FT_DELETED 資料表的快照資料保存到前者中，並從 INNODB_FT_DELETED 刪除 DOC_ ID。由於 INNODB_FT_BEING_DELETED 資料表的內容生命週期通常較短，因此對於監控或者偵錯來說，用處並不大。

- 該表預設不記錄資料，需要設定系統組態參數 innodb_ft_aux_table=string （string 表示 db_name/tb_name 字串），並建立好全文索引、設好停用詞等。

- 該表為 Memory 引擎臨時表，查詢時需要有 process 權限。

（3）INNODB_FT_DELETED

- 提供從 InnoDB 資料表的全文索引中刪除的列資訊。它的存在是為了避免在 InnoDB 全文索引的 DML 操作期間，進行昂貴的索引重組操作。全文索引新

刪除的單詞將單獨存放到該表，並於全文檢索時過濾出符合的結果。該表的資訊僅在執行 OPTIMIZE TABLE 語句時清空。

- 該表預設不記錄資訊，需要使用 innodb_ft_aux_table 選項（預設為空字串）指定記錄哪個 InnoDB 引擎表的資訊，例如：test/test。

- 此為 Memory 引擎臨時表，查詢時需要有 process 權限。

（4）INNODB_FT_DEFAULT_STOPWORD

- 本表為預設的全文索引停用詞表，可查詢停用詞列表。啟用停用詞表需要設定參數 innodb_ft_enable_stopword=ON，預設值為 ON。一旦啟用之後，如果 innodb_ft_user_stopword_table 選項（對指定的 InnoDB 引擎表的全文索引有效）自訂了停用詞資料表名稱，則停用詞功能便使用 innodb_ft_user_stopword_table 選項指定的停用詞表；如果未指定 innodb_ft_user_stopword_table 選項，而 innodb_ft_server_stopword_table 選項（對所有的 InnoDB 引擎表的全文索引有效）自訂了停用詞資料表名稱，則停用詞功能就使用 innodb_ft_server_stopword_table 選項指定的停用詞表；倘若也未指定 innodb_ft_server_stopword_table 選項，則使用預設的停用詞表，即 INNODB_FT_DEFAULT_STOPWORD 資料表。

- 此為 Memory 引擎臨時表，查詢時需要有 process 權限。

（5）INNODB_FT_INDEX_TABLE

- 提供關於 InnoDB 資料表的全文索引中，用來反向找尋倒排索引的分詞資訊。

- 此為 Memory 引擎臨時表，查詢時需要有 process 權限。

（6）INNODB_FT_INDEX_CACHE

- 提供包含全文索引、InnoDB 儲存引擎資料表新插入列的全文索引標記資訊。它的目的是為了避免在 DML 操作期間進行昂貴的索引重組，新插入全文索引的單詞資訊單獨存放到該表，直到執行 OPTIMIZE TABLE 語句，或者關閉伺服器、快取記憶體存放的資訊超過 innodb_ft_cache_size 或 innodb_ft_total_cache_size 系統組態參數指定的大小時，才會執行清理。該表預設不記錄資料，需使用 innodb_ft_aux_table 系統組態參數，指定記錄哪個資料表新插入列的全文索引資料。

- 此為 Memory 引擎臨時表，查詢機需要有 process 權限。

10.2.7　InnoDB 層的壓縮相關字典表

（1）INNODB_CMP 和 INNODB_CMP_RESET

- 這兩個資料表包含與壓縮的 InnoDB 資料表有關的操作狀態資訊。記錄的資料為測量資料庫中 InnoDB 資料表的壓縮有效性提供參考。

- 此為 Memory 引擎臨時表，查詢時需要有 process 權限。

（2）INNODB_CMP_PER_INDEX 和 INNODB_CMP_PER_INDEX_RESET

- 這兩個資料表記錄與 InnoDB 壓縮表資料和索引相關的操作狀態資訊，對資料庫、資料表、索引的每種組合使用不同的統計資訊，以便為評估特定資料表的壓縮效能和實用性提供參考。

- 對於 InnoDB 壓縮表，會對其內的資料和所有二級索引進行壓縮。此時表中的資料被視為另一個索引（包含所有資料欄的聚集索引）。

- 注意：由於為每個索引收集單獨的度量值，將導致效能大幅度降低，因此預設不收集 INNODB_CMP_PER_INDEX 和 INNODB_CMP_PER_INDEX_RESET 資料表的統計資訊。如果的確有需要，則啟用系統組態參數 innodb_cmp_per_index_enabled 即可（該組態參數為動態變數，預設值為 OFF）。

- 此為 Memory 引擎臨時表，查詢時需要有 process 權限。

（3）INNODB_CMPMEM 和 INNODB_CMPMEM_RESET

- 這兩個資料表記錄 InnoDB 緩衝池中壓縮頁的狀態資訊，為測量資料庫中 InnoDB 資料表的壓縮有效性提供參考。

- 此為 Memory 引擎臨時表，查詢時需要有 process 權限。

NOTE

第 11 章

information_schema 應用範例薈萃

第 10 章簡單介紹了 information_schema 系統資料庫，相信對此資料庫已經形成整體的認識，那麼到底 information_schema 系統資料庫在哪些場景可以派上用場呢？本章引入一些 information_schema 系統資料庫的應用範例，以便快速應用其中相關的統計資訊提高日常 DBA 工作的效率。

11.1 使用 Server 層的字典表查詢相關的中繼資料

11.1.1 查看資料庫是否使用外鍵

KEY_COLUMN_USAGE 資料表提供索引行（行也稱為「欄位」，下文中與索引相關的行統稱為「行」，與資料表相關的行統稱為「欄位」）的約束條件（約束資訊除外鍵之外，還包括主鍵和唯一索引的約束資訊）。假設想查詢 employees 資料庫（employees 為 MySQL 範例資料庫，有需要的話請自行安裝）是否存在外鍵，則可使用下列 SQL 語句進行查詢。

```
mysql> select * from information_schema.KEY_COLUMN_USAGE where CONSTRAINT_
SCHEMA='employees' and REFERENCED_TABLE_SCHEMA is not null\G
*************************** 1. row ***************************
           CONSTRAINT_CATALOG: def
            CONSTRAINT_SCHEMA: employees
              CONSTRAINT_NAME: dept_emp_ibfk_1
                TABLE_CATALOG: def
                 TABLE_SCHEMA: employees
                   TABLE_NAME: dept_emp
                  COLUMN_NAME: emp_no
             ORDINAL_POSITION: 1
POSITION_IN_UNIQUE_CONSTRAINT: 1
      REFERENCED_TABLE_SCHEMA: employees
        REFERENCED_TABLE_NAME: employees
       REFERENCED_COLUMN_NAME: emp_no
```

```
**************************** 2. row ****************************
......
6 rows in set (0.01 sec)
```

從查詢結果得知，employees 資料庫有多達 6 個外鍵。下面簡單的解讀查詢結果。

- CONSTRAINT_CATALOG：約束登記名稱，該欄位值總為 def。

- CONSTRAINT_SCHEMA：約束所在的資料庫名稱，亦即外鍵所在的資料庫名稱。

- CONSTRAINT_NAME：約束名稱，指的是外鍵名稱。

- TABLE_CATALOG：約束所在的資料表登記名稱，該欄位值總為 def。

- TABLE_SCHEMA：約束所在的資料庫名稱，與 CONSTRAINT_SCHEMA 欄位的涵義相同。

- TABLE_NAME：約束所在的資料表名稱，指的是外鍵所在的資料表。

- COLUMN_NAME：約束所在的欄位名稱（索引行），指的是外鍵行。

- ORDINAL_POSITION：約束索引行在約束的位置順序（不是欄位在資料表的順序）。欄位順序從 1 開始編號。

- POSITION_IN_UNIQUE_CONSTRAINT：對於唯一主鍵約束，該欄位的值為 NULL。對於外鍵約束，它表示被外鍵參照欄位於所在資料表索引中的位置。

- REFERENCED_TABLE_SCHEMA：約束參照資料表所在的資料庫名稱，指的是外鍵參照資料表所在的資料庫名稱。

- REFERENCED_TABLE_NAME：約束參照的資料表名稱。

- REFERENCED_COLUMN_NAME：約束參照的欄位名稱。

提示：通常開發規範禁止使用外鍵，如果是因為不符合規範，導致外鍵的使用，那麼可找開發人員溝通，看看是否以程式邏輯做一些資料上的約束。

11.1.2 查看 InnoDB 資料表空間檔案資訊

FILES 資料表提供 MySQL 的資料表空間檔案資訊，包含與 InnoDB 儲存引擎和 NDB 儲存引擎相關的檔案資訊。NDB 儲存引擎在市面上較少使用，大多數場景（95% 以上）都是採用 InnoDB 儲存引擎。假設想查詢 employees 資料庫下 InnoDB 資料表 dept_emp 的空間使用情況，則可利用下列 SQL 語句查詢。

```
mysql> select * from information_schema.FILES where file_name = './
employees/dept_emp.ibd'\G
*************************** 1. row ***************************
              FILE_ID: 49
            FILE_NAME: ./employees/dept_emp.ibd
            FILE_TYPE: TABLESPACE
      TABLESPACE_NAME: innodb_file_per_table_49
        TABLE_CATALOG:
         TABLE_SCHEMA: NULL
           TABLE_NAME: NULL
    LOGFILE_GROUP_NAME: NULL
  LOGFILE_GROUP_NUMBER: NULL
               ENGINE: InnoDB
        FULLTEXT_KEYS: NULL
         DELETED_ROWS: NULL
         UPDATE_COUNT: NULL
         FREE_EXTENTS: 1
        TOTAL_EXTENTS: 30
          EXTENT_SIZE: 1048576
         INITIAL_SIZE: 65536
         MAXIMUM_SIZE: NULL
      AUTOEXTEND_SIZE: 1048576
        CREATION_TIME: NULL
     LAST_UPDATE_TIME: NULL
     LAST_ACCESS_TIME: NULL
         RECOVER_TIME: NULL
  TRANSACTION_COUNTER: NULL
              VERSION: NULL
           ROW_FORMAT: NULL
           TABLE_ROWS: NULL
       AVG_ROW_LENGTH: NULL
          DATA_LENGTH: NULL
      MAX_DATA_LENGTH: NULL
         INDEX_LENGTH: NULL
            DATA_FREE: 2097152
          CREATE_TIME: NULL
          UPDATE_TIME: NULL
           CHECK_TIME: NULL
             CHECKSUM: NULL
               STATUS: NORMAL
                EXTRA: NULL
1 row in set (0.00 sec)
```

下面簡單的解讀查詢結果。

- FILE_ID：資料表空間 ID，也稱「space_id」或「fil_space_t::id」。

- FILE_NAME：檔案（資料表空間）名稱。使用獨立空間和常規空間的資料表，都有一個 .ibd 的副檔名。undo log 資料表空間的前綴為「undo」，系統表空間的前綴「ibdata」，臨時表空間的前綴是「ibtmp」，這些空間檔的名稱都包含檔案路徑（與 MySQL 資料目錄相關，通常只有 undo log 資料表空間檔為絕對路徑，其他皆為相對路徑）。

- FILE_TYPE：資料表空間檔案類型。InnoDB 有三種可能的檔案類型。

  - TABLESPACE：表示與資料表相關的系統表空間、常規表空間、獨立表空間檔案，或其他形式的使用者資料檔案類型。

  - TEMPORARY：表示臨時表空間檔案類型。

  - UNDO LOG：表示 undo log 資料表空間檔案類型。

- TABLESPACE_NAME：資料表空間的 SQL 名稱。常規表空間名稱是 SYS_TABLESPACES.NAME。對於其他表空間，通常名稱以「innodb_」開頭，例如 innodb_system、innodb_undo 和 innodb_file_per_table。其中，innodb_file_per_table_## 表示獨立表空間名稱（## 表示表空間 ID）。

- ENGINE：儲存引擎名稱。就 InnoDB 儲存引擎的檔案來說，該欄位總是 InnoDB。

- FREE_EXTENTS：表示目前資料檔案空閒的可用區塊數量。

- TOTAL_EXTENTS：表示目前資料檔案整體的區塊數量，不計算檔案末尾的部分。

- EXTENT_SIZE：表示資料檔案的區塊大小。對於 4KB、8KB 或 16KB 頁面大小的資料檔案，區塊大小是 1,048,576 位元組（1MB）；對於 32KB 頁面大小的檔案，區塊大小為 2,097,152 位元組（2MB）；對於 64KB 頁面大小的檔案，區塊大小為 4,194,304 位元組（4MB）。INFORMATION_SCHEMA.FILES 不記錄 InnoDB 頁面大小，而是由系統組態參數 innodb_page_size 定義。另外，也可以從 INNODB_SYS_TABLESPACES 查詢區塊大小資訊，其中 FILES.FILE_ID 即為 INNODB_SYS_TABLESPACES. SPACE。

- INITIAL_SIZE：表示資料檔案的初始大小，以位元組為單位。

- MAXIMUM_SIZE：表示資料檔案允許的最大位元組。除了系統表空間和臨時表空間可以透過參數定義最大值之外（不設定自動擴展，指定的資料表空間即為該資料檔案的最大值。系統表空間檔案大小由 innodb_data_file_path 定義，臨時表空間檔案大小則由 innodb_temp_data_file_path 定義），所有資

料檔案的最大值均為 NULL。當設定為 NULL 時，表示不限制資料表空間檔案的大小。

- AUTOEXTEND_SIZE：資料表空間檔案的自動擴展大小，由 innodb_data_file_path 系統組態參數定義（臨時表空間檔的自動擴展大小，則由系統組態參數 innodb_temp_data_file_path 定義）。

- DATA_FREE：整個資料表空間的可用空間總量（以位元組為單位）。預定義的系統表空間（包括系統表空間和臨時表空間）可能有一個或多個資料檔案。

- STATUS：預設值為 NORMAL。InnoDB 的獨立表空間檔案的資訊可能會被記錄為 IMPORTING，表示資料表空間檔案不可用。

提示：

- 以上欄位的解釋僅適用於 InnoDB 儲存引擎的資料檔案。上文未提及的 INFORMATION_SCHEMA.FILES 資料表的欄位，並不適用於 InnoDB 儲存引擎；且當檔案為 InnoDB 引擎時，這些未提及的欄位均顯示為 NULL 值。

- 上述資料是根據快取在記憶體的資料檔案而來，與查詢 INFORMATION_SCHEMA.INNODB_SYS_DATAFILES 資料表的內部資料字典不同，此表的資料來自 InnoDB 儲存引擎的內部資料字典表 SYS_DATAFILES。

- INFORMATION_SCHEMA.FILES 資料表記錄的內容包含臨時表空間檔案的資訊（同時也包括 undo log 獨立表空間檔案的資訊）。臨時表空間檔案的資料無法應用於內部資料字典表 SYS_DATAFILES，因此 INNODB_SYS_DATAFILES 資料表不記錄。

11.1.3 查看索引的統計資訊

STATISTICS 資料表提供關於索引的一些統計資訊，一個索引行對應一列記錄。假設需要查詢 employees 資料庫下 InnoDB 資料表 dept_emp 的主鍵索引，則可利用下列 SQL 語句查詢。

```
mysql> select * from information_schema.STATISTICS where TABLE_
SCHEMA='employees' and TABLE_NAME='dept_emp' and INDEX_NAME='primary'\G
*************************** 1. row ***************************
TABLE_CATALOG: def
 TABLE_SCHEMA: employees
   TABLE_NAME: dept_emp
   NON_UNIQUE: 0
```

```
    INDEX_SCHEMA: employees
      INDEX_NAME: PRIMARY
    SEQ_IN_INDEX: 1
     COLUMN_NAME: emp_no
       COLLATION: A
     CARDINALITY: 299600
        SUB_PART: NULL
          PACKED: NULL
        NULLABLE:
      INDEX_TYPE: BTREE
         COMMENT:
   INDEX_COMMENT:
*************************** 2. row ***************************
   TABLE_CATALOG: def
    TABLE_SCHEMA: employees
      TABLE_NAME: dept_emp
      NON_UNIQUE: 0
    INDEX_SCHEMA: employees
      INDEX_NAME: PRIMARY
    SEQ_IN_INDEX: 2
     COLUMN_NAME: dept_no
       COLLATION: A
     CARDINALITY: 331143
        SUB_PART: NULL
          PACKED: NULL
        NULLABLE:
      INDEX_TYPE: BTREE
         COMMENT:
   INDEX_COMMENT:
2 rows in set (0.00 sec)
```

　　從上面的結果集得知，資料表的主鍵有兩欄，說明是多行主鍵。下面簡單的解讀查詢結果。

- TABLE_CATALOG：該欄位總為 def。

- TABLE_SCHEMA：索引對應資料表所屬的資料庫名稱。

- TABLE_NAME：索引所屬的資料表名稱。

- NON_UNIQUE：索引是否為非唯一索引。

- INDEX_SCHEMA：索引所屬的資料庫名稱。

- INDEX_NAME：索引名稱。

- SEQ_IN_INDEX：由於 STATISTICS 資料表的內容是一個索引欄記錄一列資訊，所以該欄位用來記錄索引欄在索引中的順序，從數字 1 開始。

- COLUMN_NAME：索引涉及的欄位名稱。

- COLLATION：索引的排序方式，有效值為 A（表示 asc 升冪排列）、D（表示 desc 降冪排列）、NULL（未排序）。

- CARDINALITY：索引的基數值（唯一值比例），該值是根據內部的統計資訊估算索引的唯一值。若想更新估算值，可以使用 ANALYZE TABLE 語句（對於 myisam 資料表，則可利用 myisamchk -a 命令列工具更新）。

- SUB_PART：索引前綴長度。如果只有索引部分欄，則本欄位表示索引欄的前綴字元數量（位元組數量）；如果索引整欄，則該欄位為 NULL。

注意：前綴限制數量是以位元組為單位。因此，使用 CREATE TABLE、ALTER TABLE 和 CREATE INDEX 語句建立前綴索引時，需要考慮字元集的因素。

- NULLABLE：表示 COLUMN_NAME 欄位是否包含 NULL 和空值，如果有，則該欄位為 YES，否則為空。注意，只要允許索引欄為 NULL，該欄位就為 YES。

- INDEX_TYPE：索引類型，有效值為 BTREE、HASH、RTREE、FULLTEXT 等。

- COMMENT：記錄某個索引的額外描述資訊。例如，disabled 表示該索引處於禁用狀態。注意，InnoDB 資料表的索引不允許關閉（MyISAM 則支援）。

- INDEX_COMMENT：索引註解訊息。

11.1.4 查看資料表的欄位相關資訊

COLUMNS 資料表提供資料表物件的欄位資訊。假設需要查詢 employees 資料庫下 InnoDB 資料表 dept_emp 的欄位名稱，以及各個欄位的建立順序，則可利用下列 SQL 語句查詢。

```
mysql> select TABLE_SCHEMA, TABLE_NAME,COLUMN_NAME, ORDINAL_POSITION,
COLUMN_DEFAULT, IS_NULLABLE,CHARACTER_SET_NAME,COLLATION_NAME,COLUMN_TYPE,
COLUMN_KEY,COLUMN_COMMENT from information_schema.COLUMNS where TABLE_
SCHEMA='employees' and TABLE_NAME='dept_emp';
+--------------+------------+-------------+------------------+----------------+-----
| TABLE_SCHEMA | TABLE_NAME | COLUMN_NAME | ORDINAL_POSITION | COLUMN_DEFAULT | IS_
NULLABLE | CHARACTER_SET_NAME | COLLATION_NAME | COLUMN_TYPE | COLUMN_KEY | COLUMN_COMMENT |
+--------------+------------+-------------+------------------+----------------+-----
| employees    | dept_emp   | emp_no      | 1 | NULL | NO | NULL | NULL     | int(11)  | PRI | |
| employees    | dept_emp   | dept_no     | 2 | NULL | NO | utf8 | utf8_bin | char(4)  | PRI | |
```

```
| employees | dept_emp | from_date | 3 | NULL | NO | NULL | NULL      | date     | | |
| employees | dept_emp | to_date   | 4 | NULL | NO | NULL | NULL      | date     | | |
+-----------+----------+-----------+---+------+----+------+-----------+----------+-----+-+
4 rows in set (0.00 sec)
```

從上面的結果集中，可以看到 dept_emp 資料表各個欄位的建立順序和欄位名稱，以及對應的字元集和欄位資料類型等資訊。下面簡單的解讀查詢結果。

- TABLE_SCHEMA：欄位資訊對應資料表所在的資料庫名稱。

- TABLE_NAME：欄位資訊所在的資料表名稱。

- COLUMN_NAME：欄位名稱。

- ORDINAL_POSITION：欄位在資料表的建立順序。

- COLUMN_DEFAULT：欄位預設值。

- IS_NULLABLE：欄位是否帶有 NULL 屬性。

- CHARACTER_SET_NAME：欄位的字元集，如果使用 SHOW FULL COLUMNS 語句查詢，便可從結果集的 COLLATION 欄位看到字元集類型。例如，如果 COLLATION 欄位值為 latin1_swedish_ci，則該字元集就是 Latin1。

- COLLATION_NAME：欄位的校對規則。

- COLUMN_TYPE：欄位的資料類型，包含資料類型定義的額外屬性（在 SHOW COLUMNS 語句的結果集中，該資訊位於 TYPE 欄位），例如 varchar(32)。

- COLUMN_KEY：如果欄位是索引欄，這裡會顯示索引的類型。

- COLUMN_COMMENT：顯示欄位的註解訊息。

11.1.5 查看資料庫是否使用預存程序

ROUTINES 資料表提供關於預存程序和預存函數的資訊（不包括使用者自訂函數，UDF）。假設需要查詢 employees 資料庫是否內含預存程序，則可利用下列 SQL 語句查詢。

```
mysql> select ROUTINE_SCHEMA, ROUTINE_NAME, ROUTINE_TYPE, CHARACTER_SET_
NAME, COLLATION_NAME, DTD_IDENTIFIER,CREATED, LAST_ALTERED from information_
schema.ROUTINES where ROUTINE_SCHEMA = 'employees';
```

```
+---------+---------+---------+---------+---------+---------+---------+---------+
| ROUTINE_SCHEMA | ROUTINE_NAME | ROUTINE_TYPE | CHARACTER_SET_NAME | COLLATION_NAME
| DTD_IDENTIFIER | CREATED | LAST_ALTERED |
+---------+---------+---------+---------+---------+---------+---------+---------+
|employees|current_manager|FUNCTION|utf8|utf8_bin|varchar(32)|2020-08-14 18:48:08|
2020-08-14 18:48:08|
|employees|emp_dept_id|FUNCTION|utf8|utf8_bin|char(4)|2020-08-14 18:48:08|2020-08-14
18:48:08|
|employees|emp_dept_name|FUNCTION|utf8|utf8_bin|varchar(40)|2020-08-14 18:48:08|2020-
08-14 18:48:08|
|employees|emp_name|FUNCTION|utf8|utf8_bin|varchar(32)|2020-08-14 18:48:08|2020-08-14
18:48:08|
|employees|show_departments|PROCEDURE|NULL|NULL|NULL|2020-08-14 18:48:08|2020-08-14
18:48:08|
+---------+---------+---------+---------+---------+---------+---------+---------+
5 rows in set (0.01 sec)
```

從上面的結果集得知，employees 資料庫存在 5 個預存函數。下面簡單的解讀查詢結果。

- ROUTINE_SCHEMA：預存程序所在的資料庫名稱。

- ROUTINE_NAME：預存程序名稱。

- ROUTINE_TYPE：預存程序類型，有效值為 PROCEDURE 和 FUNCTION。

- CHARACTER_SET_NAME：如果是預存函數，則該欄位表示返回字串的字元集；如果是預存程序，則該欄位為 NULL。

- COLLATION_NAME：如果是預存函數，則該欄位表示返回字串的排序規則；如果是預存程序，則該欄位為 NULL。

- DTD_IDENTIFIER：如果是預存函數，則該欄位表示返回的資料類型；如果是預存程序，則該欄位為 NULL。

- CREATED：建立預存程序的日期和時間，是一個 TIMESTAMP 值。

- LAST_ALTERED：預存程序最近一次修改的日期和時間，也是一個 TIMESTAMP 值。如果自建立以來從未修改過預存程序，則該欄位值與 CREATED 欄位相同。

提示：通常開發規範禁止使用預存程序，如果因為不符合規範，導致使用了預存程序，就找開發人員溝通，看看是否可以利用程式代替預存程序的邏輯。

11.1.6 查看資料庫的分區表資訊

PARTITIONS 資料表提供關於分區表的資訊。假設需要查詢 employees 資料庫下 salaries 資料表的分區資訊，則可利用下列 SQL 語句查詢。

```
mysql> select TABLE_SCHEMA, TABLE_NAME, PARTITION_NAME, PARTITION_METHOD,
PARTITION_EXPRESSION, PARTITION_DESCRIPTION, TABLE_ROWS, DATA_FREE from
information_schema.PARTITIONS where TABLE_SCHEMA ='employees' and TABLE_
NAME = 'salaries' and PARTITION_NAME is not null;
+-----------+----------+-----+-------+-----------------+----------+--------+---+
| TABLE_SCHEMA | TABLE_NAME | PARTITION_NAME | PARTITION_METHOD | PARTITION_
EXPRESSION | PARTITION_DESCRIPTION | TABLE_ROWS | DATA_FREE |
+-----------+----------+-----+-------+-----------------+----------+--------+---+
| employees | salaries | p01 | RANGE | year(from_date) | 1985     |      0 | 0 |
| employees | salaries | p02 | RANGE | year(from_date) | 1986     |  18212 | 0 |
| employees | salaries | p03 | RANGE | year(from_date) | 1987     |  38294 | 0 |
| employees | salaries | p04 | RANGE | year(from_date) | 1988     |  57908 | 0 |
| employees | salaries | p05 | RANGE | year(from_date) | 1989     |  77055 | 0 |
| employees | salaries | p06 | RANGE | year(from_date) | 1990     |  96202 | 0 |
| employees | salaries | p07 | RANGE | year(from_date) | 1991     | 114882 | 0 |
| employees | salaries | p08 | RANGE | year(from_date) | 1992     | 132628 | 0 |
| employees | salaries | p09 | RANGE | year(from_date) | 1993     | 151308 | 0 |
| employees | salaries | p10 | RANGE | year(from_date) | 1994     | 168120 | 0 |
| employees | salaries | p11 | RANGE | year(from_date) | 1995     | 185399 | 0 |
| employees | salaries | p12 | RANGE | year(from_date) | 1996     | 201744 | 0 |
| employees | salaries | p13 | RANGE | year(from_date) | 1997     | 212625 | 0 |
| employees | salaries | p14 | RANGE | year(from_date) | 1998     | 233033 | 0 |
| employees | salaries | p15 | RANGE | year(from_date) | 1999     | 247510 | 0 |
| employees | salaries | p16 | RANGE | year(from_date) | 2000     | 261053 | 0 |
| employees | salaries | p17 | RANGE | year(from_date) | 2001     | 255916 | 0 |
| employees | salaries | p18 | RANGE | year(from_date) | 2002     | 247510 | 0 |
| employees | salaries | p19 | RANGE | year(from_date) | MAXVALUE | 141034 | 0 |
+-----------+----------+-----+-------+-----------------+----------+--------+---+
19 rows in set (0.00 sec)
```

從上面的結果集得知，salaries 資料表一共有 19 個分區，並以時間範圍區隔。下面簡單的解讀查詢結果。

- TABLE_SCHEMA：分區表所屬的資料庫名稱。

- TABLE_NAME：分區表的資料表名稱。

- PARTITION_NAME：分區表的分區名稱。

- PARTITION_METHOD：分區表的分區函數類型，有效值為 RANGE、LIST、HASH、LINEAR HASH、KEY、LINEAR KEY。

- PARTITION_EXPRESSION：分區函數的分區運算式，在建立或修改分區表的分區函數時指定。例如，分區運算式為「PARTITION BY HASH(c1 + c2)」，則在該欄位記錄為「c1 + c2」。

- PARTITION_DESCRIPTION：RANGE 和 LIST 分區定義的分區界定值。對於 RANGE 分區，表示每個分區的 VALUES LESS THAN 子句設定的值，可以是整數或 MAXVALUE。對於 LIST 分區，表示每個分區的 VALUES IN 子句定義的值，該值為以逗號分隔的整數值清單。另外，對於非 RANGE 和 LIST 分區的其他類型，該欄位為 NULL。

- TABLE_ROWS：分區的記錄筆數。對於 InnoDB 分區表，TABLE_ROWS 欄位只是 SQL 語句最佳化使用的估計值，並非精確值。

- DATA_FREE：分配給分區或子分區，但未使用的空間大小位元組。

11.1.7 查看資料庫的觸發器

TRIGGERS 資料表提供某個資料庫的觸發器相關資訊，若想查詢某個資料表的觸發器，必須要有 trigger 權限。假設打算查詢 sys 資料庫是否存在觸發器，則可利用下列 SQL 語句查詢。

```
mysql> select TRIGGER_SCHEMA, TRIGGER_NAME, EVENT_MANIPULATION, EVENT_
OBJECT_TABLE, ACTION_ORIENTATION, ACTION_TIMING, CREATED from information_
schema.TRIGGERS where TRIGGER_SCHEMA = 'sys'\G
*************************** 1. row ***************************
    TRIGGER_SCHEMA: sys
      TRIGGER_NAME: sys_config_insert_set_user
EVENT_MANIPULATION: INSERT
EVENT_OBJECT_TABLE: sys_config
ACTION_ORIENTATION: ROW
    ACTION_TIMING: BEFORE
           CREATED: 2020-12-31 12:52:05.50
*************************** 2. row ***************************
    TRIGGER_SCHEMA: sys
      TRIGGER_NAME: sys_config_update_set_user
EVENT_MANIPULATION: UPDATE
EVENT_OBJECT_TABLE: sys_config
ACTION_ORIENTATION: ROW
    ACTION_TIMING: BEFORE
           CREATED: 2020-12-31 12:52:05.50
2 rows in set (0.01 sec)
```

從上面的結果集得知，sys 資料庫有兩個觸發器。下面簡單的解讀查詢結果。

- TRIGGER_SCHEMA 和 TRIGGER_NAME：觸發器所屬的資料庫名稱和觸發器名稱。

- EVENT_MANIPULATION：觸發器觸發的事件在關聯資料表的操作類型，有效值為 INSERT（表示插入一列資料）、DELETE（表示刪除一列資料）、UPDATE（表示修改一列資料）。

- EVENT_OBJECT_SCHEMA 和 EVENT_OBJECT_TABLE：每個觸發器只與一個資料表相關聯。這兩個欄位表示與觸發器關聯的資料表所在的資料庫和資料表名稱。

11.1.8 查看資料庫的計畫任務

EVENTS 資料表提供與計畫任務事件相關的資訊。假設需要查詢 sbtest 資料庫是否存在計畫任務，則可利用下列 SQL 語句查詢。

```
mysql> select * from information_schema.events where EVENT_SCHEMA='sbtest'\G
*************************** 1. row ***************************
        EVENT_CATALOG: def
         EVENT_SCHEMA: sbtest
           EVENT_NAME: test_event
              DEFINER: root@localhost
            TIME_ZONE: +08:00
           EVENT_BODY: SQL
     EVENT_DEFINITION: BEGIN
insert into test_table select max(id) from sbtest1;
END
           EVENT_TYPE: RECURRING
           EXECUTE_AT: NULL
       INTERVAL_VALUE: 1
       INTERVAL_FIELD: DAY
             SQL_MODE: ONLY_FULL_GROUP_BY,STRICT_TRANS_TABLES,NO_ZERO_IN_
DATE,NO_ZERO_DATE,ERROR_FOR_DIVISION_BY_ZERO,NO_AUTO_CREATE_USER,NO_ENGINE_
SUBSTITUTION
               STARTS: 2020-08-15 10:22:04
                 ENDS: NULL
               STATUS: ENABLED
        ON_COMPLETION: NOT PRESERVE
              CREATED: 2020-08-15 10:22:04
         LAST_ALTERED: 2020-08-15 10:22:04
        LAST_EXECUTED: NULL
        EVENT_COMMENT: 每天統計 sbtest1 資料表的最大累加值
           ORIGINATOR: 3306162
```

```
CHARACTER_SET_CLIENT: utf8
COLLATION_CONNECTION: utf8_general_ci
  DATABASE_COLLATION: utf8_bin
1 row in set (0.00 sec)
```

從上面的結果集得知，sbtest 資料庫有一個計畫任務。下面簡單的解讀查詢結果。

- EVENT_CATALOG：該欄位始終為 def。

- EVENT_SCHEMA：事件所屬的資料庫名稱。

- EVENT_NAME：事件名稱。

- DEFINER：建立事件的帳號。

- TIME_ZONE：事件的時區，表示用於調度事件的時區，且在事件執行時生效。預設值為 SYSTEM，代表使用 system_time_zone 系統變數設定的時區。

- EVENT_BODY：用於事件 DO 子句中語句的語言類型，在 MySQL 5.7 中，總是「SQL」。注意，不要將此欄位與早期 MySQL 版本存在的同名欄位（現更名為 EVENT_DEFINITION）混淆。

- EVENT_DEFINITION：構成事件的 DO 子句的 SQL 字串，亦即被事件執行的 SQL 語句。

- EVENT_TYPE：事件重覆類型，值為 ONE TIME（一次）或 RECURRING（重覆）。

- EXECUTE_AT：對於一次性事件，該欄位表示建立事件的 CREATE EVENT 語句，或修改事件的最後一個 ALTER EVENT 語句中，AT 子句指定的 DATETIME 值（亦即，一次性事件的執行時間點。例如，如果事件是以「ON SCHEDULE AT CURRENT_TIMESTAMP + '1:6'DAY_HOUR」 子 句建立，且時間為 2020-01-21 14:05:30，則此欄位顯示的值便是「2020-01-22 20:05:30」，表示這個一次性事件將於建立時間 2020-01-21 14:05:30 的基礎上，再過一天 +6 小時之後執行）。如果事件的計時是由 EVERY 子句而非 AT 子句確定（表示該事件是一個重覆事件），則此欄位為 NULL。

- INTERVAL_VALUE：對於重覆事件，此欄位包含事件的 EVERY 子句的數字部分。但對於一次性事件，此欄位為 NULL。

- INTERVAL_FIELD：對於重覆事件，此欄位包含 EVERY 子句的單位部分，用來管理事件的時間。有效值可能包含 YEAR、QUARTER、DAY 等。但對於一次性事件，此欄位為 NULL。

- SQL_MODE：建立或更改事件時，MySQL Server 的 SQL 模式。

- STARTS：對於定義中包含 STARTS 子句的重覆事件，此欄位為相關的 DATETIME 值。與 EXECUTE_AT 欄位類似，此值可解析定義語句使用的任何運算式，並計算出結果存放於該欄位。如果沒有 STARTS 子句，則此欄位為 NULL。

- ENDS：對於定義中包含 ENDS 子句的重覆事件，此欄位為相關的 DATETIME 值。與 EXECUTE_AT 欄位類似，此值可解析定義語句使用的任何運算式，並計算出結果存放於該欄位。如果沒有 ENDS 子句，則此欄位為 NULL。

- STATUS：包含三個有效值，即 ENABLED、DISABLED 和 SLAVESIDE_DISABLED，其中 SLAVESIDE_DISABLED 表示事件是透過主備複製的 binlog 重放方式，在備援庫建立而來，該資料庫會關閉事件運行狀態。

- ON_COMPLETION：包含兩個有效值，即 PRESVEVE 和 NOT PRESERVE。

- CREATED：建立事件的日期和時間，是一個 TIMESTAMP 值。

- LAST_ALTERED：上次修改事件的日期和時間，是一個 TIMESTAMP 值。如果自建立以來從未修改過該事件，則此欄位與 CREATED 欄位值相同。

- LAST_EXECUTED：事件上次執行的日期和時間，是一個 DATETIME 值。如果從未執行該事件，則欄位值為 NULL。LAST_EXECUTED 表示事件是從什麼時候開始，因此，ENDS 欄位的時間值總是大於 LAST_EXECUTED 的值。

- EVENT_COMMENT：事件的註解訊息。如果沒有，則該欄位為空字串。

- ORIGINATOR：建立事件的 MySQL Server 的 server id，用於複製。預設值為 0。

- CHARACTER_SET_CLIENT：建立事件時，character_set_client 系統變數的工作階段值。

- COLLATION_CONNECTION：建立事件時，collation_connection 系統變數的工作階段值。

- DATABASE_COLLATION：與事件關聯的資料庫的排序規則。

11.1.9 查看用戶端工作階段的狀態資訊

PROCESSLIST 資料表提供關於執行緒運行過程的狀態資訊，可利用下列 SQL 語句查詢。

```
mysql> select * from information_schema.PROCESSLIST\G
     ID: 14
   USER: root
   HOST: localhost
     DB: NULL
COMMAND: Query
   TIME: 0
  STATE: executing
   INFO: select * from information_schema.PROCESSLIST
1 row in set (0.00 sec)
```

下面簡單的解讀查詢結果。

- ID：連接處理程序識別字。該欄位與「SHOW PROCESSLIST;」語句返回的 ID 欄位值、performance_schema.threads 資料表的 PROCESSLIST_ID 欄位值相同，都是由 CONNECTION_ID() 函數回傳的值。

- USER：執行語句的 MySQL 使用者名稱。如果為「system user」，指的是由伺服器產生的非用戶端執行緒正在執行內部任務。例如，在主備複製中，備援庫使用的 I/O、SQL 執行緒或延遲列處理常式的執行緒。值為「unauthenticated user」，代表已經建立用戶端連接，但是還未進行認證的執行緒。值為「event_scheduler」，指的是監視計畫任務調度事件的執行緒。對於「system user」來說，HOST 欄位顯示為 NULL 值。

- HOST：執行語句的用戶端主機名稱（除沒有主機資訊的「system user」之外）。對於「SHOW PROCESSLIST;」語句，HOST 欄位以 host_name：client_port 格式顯示 TCP/IP 連接的主機名稱（如果是透過 Socket 連接或者 USER 為「event_scheduler」，則顯示「localhost」），以便更容易確定哪個客戶端正在做什麼事情。

- DB：用戶端連接的預設資料庫（如果指定的話），否則顯示為 NULL 值。

- COMMAND：執行緒正在執行的命令類型。此欄位的值對應於 C/S 協定和 Com_xxx 狀態變數的 COM_xxx 命令。

- TIME：執行緒處於目前狀態的時間（以秒為單位）。對於備援庫的 SQL 執行緒，本欄位是最後複製事件的時間戳記，和備援庫實際時間之間的秒數（也可理解為事件等待的時間）。

- STATE：提示執行緒正在進行什麼操作、事件或狀態。大多數狀態對應的操作都執行得非常快。如果執行緒停留在某個狀態很長時間，表明該執行緒在過程中可能遇到問題，需要進一步排查。對於「SHOW PROCESSLIST;」語句，STATE 欄位始終為 NULL。

- INFO：執行緒正在執行的語句，如果沒有，則顯示為 NULL。可以是發送到伺服器的語句，如果語句內部呼叫其他語句，指的便是最內層的語句。例如，如果 CALL 語句呼叫預存程序，而後者又執行了 SELECT 語句，則 INFO 欄位將顯示此 SELECT 語句。

11.2 使用 InnoDB 層的字典表查詢相關的中繼資料

11.2.1 查看索引行的資訊

INNODB_SYS_FIELDS 資料表提供有關 InnoDB 索引行（欄位）的中繼資料，等同於 InnoDB 資料字典中 SYS_FIELDS 資料表的資訊。

INNODB_SYS_INDEXES 資料表提供有關 InnoDB 索引的中繼資料，等同於 InnoDB 資料字典內部 SYS_INDEXES 資料表的資訊。

INNODB_SYS_TABLES 資料表提供有關 InnoDB 資料表的中繼資料，等同於 InnoDB 資料字典中 SYS_TABLES 資料表的資訊。

假設需要查詢 employees 資料庫下 InnoDB 資料表 dept_emp 的索引行名稱和索引行順序，則可利用下列 SQL 語句查詢。

```
mysql> select t.name as d_t_name, i.name as i_name, i.type as i_type,
i.N_FIELDS as i_column_numbers, f.name as i_column_name, f.pos as i_
position from INNODB_SYS_TABLES as t join INNODB_SYS_INDEXES as i on
t.TABLE_ID=i.TABLE_ID left join INNODB_SYS_FIELDS as f on i.INDEX_ID=f.
INDEX_ID where t.name='employees/dept_emp';
+------------------+--------+------+----------------+-------------+----------+
|d_t_name          |i_name  |i_type|i_column_numbers|i_column_name|i_position|
+------------------+--------+------+----------------+-------------+----------+
|employees/dept_emp|PRIMARY |   3  |              2|emp_no       |        0|
|employees/dept_emp|PRIMARY |   3  |              2|dept_no      |        1|
|employees/dept_emp|emp_no  |   0  |              1|emp_no       |        0|
|employees/dept_emp|dept_no |   0  |              1|dept_no      |        0|
+------------------+--------+------+----------------+-------------+----------+
4 rows in set (0.01 sec)
```

從上面的結果集得知，employees 資料庫的 dept_emp 資料表有三個索引，即一個雙行主鍵索引和兩個單行普通索引。下面簡單的解讀查詢結果。

- d_t_name(INNODB_SYS_TABLES.name)：資料表名稱。該字串包含 db_name + tb_name，例如「test/t1」。字串內容可能受到 lower_case_table_names 系統參數的影響。

- i_name(INNODB_SYS_INDEXES.name)：索引名稱。索引名稱可於建立時指定，如果不指定，InnoDB 將隱式建立與欄名一致的索引名稱，但名稱在整個實例中不一定是唯一的（每個資料表要求唯一性）。例如，PRIMARY 用於主鍵索引，GEN_CLUST_INDEX 用來表示未指定主鍵時，InnoDB 隱式建立的一個主鍵索引，ID_IND、FOR_IND 和 REF_IND 用於外鍵約束等。

- i_type(INNODB_SYS_INDEXES.type)：索引類型的數字 ID，0 = 二級索引、1 = 群集索引、2 = 唯一索引、3 = 主鍵索引、32 = 全文索引、64 = 空間索引、128 = 包含虛擬產生行的二級索引。

- i_column_numbers(INNODB_SYS_INDEXES.N_FIELDS)：索引 key 的欄數量。對於 GEN_CLUST_INDEX 索引（InnoDB 隱式建立的主鍵索引），此值為 0，因為該索引是透過偽造的行值，而非實際資料表的欄位建立而來。

- i_column_name(INNODB_SYS_FIELDS.name)：索引行的名稱，與 INNODB_SYS_COLUMNS 資料表的 NAME 欄位值相同。

- i_position(INNODB_SYS_FIELDS.pos)：索引行的序號位置，從 0 開始依次遞增。當刪除一欄時，便重新排序剩下的欄位，以使該序列無間隙。

11.2.2 查看資料表的欄位相關資訊

INNODB_SYS_TABLES 資料表提供有關 InnoDB 資料表的中繼資料，等同於 InnoDB 資料字典中 SYS_TABLES 資料表的資訊。

INNODB_SYS_COLUMNS 資料表提供有關 InnoDB 資料表欄位的中繼資料，等同於 InnoDB 資料字典中 SYS_COLUMNS 資料表的資訊。

假設需要查詢 employees 資料庫下 dept_emp 資料表的欄位資訊，則可利用下列 SQL 語句查詢。

```
mysql> select t.name as db_table_name, c.name as column_name, c.pos as
column_position, c.mtype as column_type, c.len as column_len from INNODB_
SYS_TABLES as t, INNODB_SYS_COLUMNS as c where t.TABLE_ID=c.TABLE_ID and
t.name='employees/dept_emp';
+--------------------+-------------+-----------------+-------------+------------+
| db_table_name      | column_name | column_position | column_type | column_len |
+--------------------+-------------+-----------------+-------------+------------+
| employees/dept_emp | emp_no      |               0 |           6 |          4 |
| employees/dept_emp | dept_no     |               1 |          13 |         12 |
| employees/dept_emp | from_date   |               2 |           6 |          3 |
| employees/dept_emp | to_date     |               3 |           6 |          3 |
+--------------------+-------------+-----------------+-------------+------------+
4 rows in set (0.00 sec)
```

下面簡單的解讀查詢結果。

- db_table_name(INNODB_SYS_TABLES.name)：資料表名稱。該字串包含 db_name + tb_name，例如「test/t1」，字串內容可能受到 lower_case_table_names 系統參數的影響。

- column_name(INNODB_SYS_COLUMNS.name)：欄位名稱，可以是大寫或小寫字母，具體取決於 lower_case_table_names 系統變數的設定。

- column_position(INNODB_SYS_COLUMNS.pos)：欄位在資料表的順序，從 0 開始依次遞增。當刪除一個欄位時，便重新排序剩下的欄位，以使得該序列無間隙。

- column_type(INNODB_SYS_COLUMNS.mtype)：表示欄位類型的數字 ID。1 = VARCHAR、2 = CHAR、3 = FIXBINARY、4 = BINARY、5 = BLOB、6 = INT、7 = SYS_CHILD、8 = SYS、9 = FLOAT、10 = DOUBLE、11 = DECIMAL、12 = VARMYSQL、13 = MYSQL、14 = GEOMETRY。

- column_len(INNODB_SYS_COLUMNS.len)：欄位位元組長度，例如 INT 為 4 位元組，BIGINT 為 8 位元組。對於多位元組字元集的欄位長度，此為定義長度所需的最大位元組數。例如 VARCHAR(N)，如果字元集為 Latin1，則該欄位的位元組長度為 N；如果字元集為 IBIG5，則長度為 2N；如果字元集為 UTF-8，則長度為 3N。

11.2.3 查看交易鎖等待資訊

詳 9.2 節「查看是否有交易鎖等待」。

11.2.4　查看 InnoDB 緩衝池的熱點資料

詳 9.4 節「查看 InnoDB 緩衝池的熱點資料」。

溫馨提示：

- 關於文內提到參數的詳細說明，可參考本書下載資源的「附錄 C」。

- 關於 information_schema 系統資料庫更詳細的內容，可參閱微信公眾帳號「沃趣技術」，其中以 11 個章節進行全方位的介紹。

NOTE

mysql 系統資料庫的權限系統表

前面章節介紹了 performance_schema、information_schema 和 sys 三個系統資料庫,其中 information_schema 的所有資料表都是 InnoDB 或 Memory 引擎臨時表,容易遺失,那麼這些資料表的資料來自哪裡呢?除一部分是 ibdataN 共用資料表空間中資料字典表的映射之外,還有一部分來自 mysql 系統資料庫下持久表的映射。從本章開始的第 12~17 章,將為大家詳細說明 mysql 系統資料庫。本章先介紹 mysql 系統資料庫的權限系統表。

在 mysql 系統資料庫中,MySQL 存取權限系統表包含下列資料表。

- user:使用者帳號、全域權限和其他非權限清單(安全組態欄位和資源控制欄位)。

- db:資料庫等級的權限表。

- tables_priv:資料表等級的權限表。

- columns_priv:欄位等級的權限表。

- procs_priv:預存程序和函數權限表。

- proxies_priv:代理者權限表。

提示:

- 若想更改權限表的內容,推薦使用帳號管理語句(如:CREATE USER、GRANT、REVOKE 等)間接修改,不建議直接使用 DML 語句,否則後果自負。

- 以下內容主要針對 MySQL 5.7 版本進行整理。

- 由於本章的內容對於 MySQL 來說比較重要,所以會對每一個權限表做較為詳細的說明。

12.1 user

user 資料表提供全域權限資訊。其中的帳號密碼在認證 1 階段（下一章將介紹關於認證階段的相關內容）決定是否允許使用者連接，對於通過帳號密碼認證的連接，如果同時也通過 user 資料表的權限檢查，就代表該使用者擁有全域權限。表中記錄的權限資訊，表示使用者是否擁有該實例下所有資料庫的相關全域權限。

注意：如果 user 資料表有任意一個權限欄位值為 Y，就認為擁有全域權限。所以，當使用者利用 SHOW DATABASES 或者 information_schema 的 schemata 資料表查詢時，便可查到所有資料庫名稱清單。

下面是該表儲存的資訊內容。

```
mysql> select * from mysql.user limit 1\G;
*************************** 1. row ***************************
                  Host: %
                  User: qfsys
           Select_priv: Y
           Insert_priv: N
           Update_priv: N
           Delete_priv: N
           Create_priv: N
             Drop_priv: N
           Reload_priv: Y
         Shutdown_priv: Y
          Process_priv: Y
             File_priv: Y
            Grant_priv: N
       References_priv: N
            Index_priv: N
            Alter_priv: N
          Show_db_priv: N
            Super_priv: Y
  Create_tmp_table_priv: N
      Lock_tables_priv: Y
          Execute_priv: N
       Repl_slave_priv: Y
      Repl_client_priv: Y
       Create_view_priv: N
         Show_view_priv: N
     Create_routine_priv: N
      Alter_routine_priv: N
       Create_user_priv: N
            Event_priv: N
```

```
               Trigger_priv: N
     Create_tablespace_priv: N
                   ssl_type:
                 ssl_cipher:
                x509_issuer:
               x509_subject:
              max_questions: 0
                max_updates: 0
            max_connections: 0
       max_user_connections: 0
                     plugin: mysql_native_password
        authentication_string: *3B3D7D2FD587C29C730F36CD52B4BA8CCF4C744F
           password_expired: N
      password_last_changed: 2017-07-01 14:37:32
          password_lifetime: NULL
             account_locked: N
1 row in set (0.00 sec)
```

各欄位的說明如下。

- Host 和 User：官方稱為範圍欄位，可以理解為構成允許存取的用戶端範圍，以及允許存取的資料庫資源範圍（沒有像 db 資料表那樣的 Db 欄位限制範圍，因此可以解釋為整個實例範圍的資料庫）。

  - Host：允許使用者從哪些主機存取資料庫，可以使用萬用字元和 DNS。

  - User：使用者名稱。

- 權限欄位：從 Select_priv 到 Create_tablespace_priv 之間的欄位，官方稱為權限欄位。每一個欄位對應一個具體的權限，Y 代表有權限，N 代表沒有。

- 下列欄位官方稱為安全組態欄位，與用戶端和伺服端之間的安全、加密通訊有關。

  - ssl_type：如果使用加密 SSL 連接，便記錄加密憑證類型。

  - ssl_cipher：SSL 連接握手中可能使用的密碼清單。

  - x509_issuer：x509 憑證相關欄位。

  - x509_subject：x509 憑證相關欄位。

  - plugin：密碼認證外掛程式名稱。

  - authentication_string：密碼的 MD5 加密字串。

  - password_expired：密碼是否過期，Y 表示使用者密碼會過期，N 表示使用者密碼永不過期。

- password_last_changed：最近一次修改使用者密碼的時間。如果使用 MySQL 內建的認證外掛程式（mysql_native_password 或 sha256_password），則該欄位為非空；如果使用外部認證外掛程式，則該欄位值為空。當採用 MySQL 內建的認證外掛程式時，初始值為 CREATE USER、ALTER USER、SET PASSWORD、GRANT 語句建立使用者或者修改密碼的時間。

- password_lifetime：如果 password_expired 欄位值為 Y，則該欄位記錄使用者剩餘的密碼未過期天數；假設該欄位為 N，則表示使用者需要每 N 天修改一次密碼。如果未單獨指定該值，則採用全域系統變數 default_password_lifetime 的值代替。當該欄位為 NULL 且全域系統變數 default_password_lifetime 為 0，或者該欄位為 0 時，表示此使用者的密碼永不過期。

- account_locked：代表使用者目前是鎖定狀態還是啟動可用狀態。

- 下列欄位官方稱為資源控制欄位，用來限制使用者的一些存取資源。

  - max_questions：所有使用者每小時的最大並行查詢數。

  - max_updates：所有使用者每小時的最大並行更新次數。

  - max_connections：所有使用者每小時的最大並行連接數。

  - max_user_connections：記錄使用者每小時的最大並行連接數。

12.2 db

db 資料表提供資料庫等級的物件權限資訊。該表記錄的內容代表使用者是否可以利用這些權限存取相關資料庫的所有物件（資料表或預存程序）。

下面是該表儲存的資訊。

```
mysql> select * from db limit 1\G
*************************** 1. row ***************************
             Host: localhost
               Db: performance_schema
             User: mysql.session
      Select_priv: Y
      Insert_priv: N
      Update_priv: N
```

```
            Delete_priv: N
            Create_priv: N
              Drop_priv: N
             Grant_priv: N
        References_priv: N
             Index_priv: N
             Alter_priv: N
   Create_tmp_table_priv: N
        Lock_tables_priv: N
        Create_view_priv: N
          Show_view_priv: N
     Create_routine_priv: N
      Alter_routine_priv: N
           Execute_priv: N
             Event_priv: N
           Trigger_priv: N
1 row in set (0.00 sec)
```

各欄位的說明如下。

- Host、Db、User：官方稱為範圍欄位，這三個欄位構成允許存取的用戶端範圍，以及用戶端可以存取的資料庫資源範圍。

  - Host：與 user 資料表的 Host 欄位相同。

  - Db：代表該使用者的權限屬於哪個資料庫等級範圍。

  - User：與 user 資料表的 User 欄位相同。

- xxx_priv：與 user 資料表的 xxx_priv 欄位相同，每一個欄位都有對應的權限，Y 代表有權限，N 代表沒有權限。與 user 資料表相較後，少了 Reload_priv、Shutdown_priv、Process_priv、File_priv、Show_db_priv、Super_priv、Repl_slave_priv、Repl_client_priv、Create_user_priv、Create_tablespace_priv 等欄位，表示這些欄位對應的權限是全域範圍，不區分資料庫、資料表等級。

12.3　tables_priv

tables_priv 資料表提供資料表等級的權限資訊。與 db 資料表類似，但更加細緻。tables_priv 資料表記錄的內容，代表使用者是否可以利用這些權限存取某個資料表的所有欄位。

下面是該表儲存的資訊。

```
mysql> select * from tables_priv\G
*************************** 1. row ***************************
       Host: localhost
         Db: mysql
       User: mysql.session
 Table_name: user
    Grantor: boot@connecting host
  Timestamp: 0000-00-00 00:00:00
 Table_priv: Select
Column_priv:
1 row in set (0.00 sec)
```

各欄位的説明如下。

- Host、Db、User、Table_name：官方稱為範圍欄位，這幾個欄位構成允許存取的用戶端範圍，以及用戶端可以存取的資料表物件資源範圍。

- Table_priv 和 Column_priv：官方稱為權限欄位，對應於資料表等級和欄位權限等級。請注意，這兩個權限欄位與 user 和 db 資料表不同，它們是 set 類型，內含資料表和欄位等級的權限集合，而不是具體的某個權限。Table_priv 對應於資料表等級的 Select、Insert、Update、Delete、Create、Drop、Grant、References、Index、Alter、Create View、Show view、Trigger 權限，Column_priv 則對應於欄位等級的 Select、Insert、Update、References 權限。

- Grantor：記錄是誰授予的使用者權限，亦即授予權限時 current_user 函數返回的使用者（account 形式）。

- Timestamp：授予 Grantor 時的時間戳記。

12.4 columns_priv

columns_priv 資料表提供欄位等級的權限資訊。與 db 資料表類似，但更加細緻。columns_priv 資料表中記錄的內容，代表使用者可以利用這些權限存取某個資料表的指定欄位。

下面是該表儲存的資訊。

```
mysql> select * from columns_priv\G
*************************** 1. row ***************************
      Host: %
        Db: test
      User: test
 Table_name: test
Column_name: id
  Timestamp: 0000-00-00 00:00:00
Column_priv: Select
1 row in set (0.00 sec)
```

各欄位的説明如下。

- Host、Db、User、Table_name、Column_name：官方稱為範圍欄位，這幾個欄位構成允許存取的用戶端範圍，以及用戶端可以存取的欄位物件資源範圍。

- Column_priv：官方稱為權限欄位，與 tables_priv 資料表的 Column_priv 欄位相同，也是一個集合類型，對應於欄位等級的 Select、Insert、Update、References 權限。

- Timestamp：與 tables_priv 資料表的 Timestamp 欄位相同。

12.5　procs_priv

procs_priv 資料表提供預存程式（預存程序和函數）的權限資訊。該表記錄的內容，代表使用者是否可以利用這些權限存取指定的預存程式。

各欄位的説明如下。

- Host、Db、User、Routine_name、Routine_type：官方稱為範圍欄位，這幾個欄位構成允許存取的用戶端範圍，以及用戶端可以存取的儲存物件資源。

- Proc_priv：官方稱為權限欄位，也是一個集合類型，代表預存程式的 Execute、Alter Routine、Grant 權限。

- Timestamp：與 tables_priv 資料表的 Timestamp 欄位相同。

- Grantor：與 tables_priv 資料表的 Grantor 欄位相同。

提示：本資料表的權限資料為空，目前還未找到填充資料的方法。

12.6 proxies_priv

proxies_priv 資料表提供代理人的權限資訊。表中記錄的內容，代表可以充當哪些使用者的代理人，以及是否可將 Proxy 權限授予其他使用者。

如果打算將 Proxy 權限授予其他使用者，那麼該帳號必須在資料表有一列權限資訊，且 With_grant 欄位必須為 1。

下面是該表儲存的資訊。

```
mysql> select * from proxies_priv\G
*************************** 1. row ***************************
        Host: localhost
        User: root
Proxied_host:
Proxied_user:
  With_grant: 1
     Grantor: boot@connecting host
   Timestamp: 0000-00-00 00:00:00
1 row in set (0.00 sec)
```

各欄位的說明如下。

- Host、User：這兩個欄位的涵義與前面的權限資料表相同。

- Proxied_host 和 Proxied_user：表示 Proxy 權限的來源帳號（被代理的使用者）對應的 Host 和 User 字串。

- 其他欄位的涵義和 tables_priv 資料表相同。

注意：針對所有的權限表，一些欄位有長度限制，具體如下。

- Host、Proxied_host：長度限制為 60 個字元。

- User、Proxied_user：長度限制為 32 個字元。

- authentication_string：長度限制為 41 個字元（注：在 MySQL 5.6.x 及之前的版本中，該欄位原名為 Password，從 MySQL 5.7.x 版本之後變更為 authentication_string，且使用 mysql_native_password 認證外掛程式時，該欄位的長度限制為 41 個位元組。從 MySQL 8.0.x 版本開始認證外掛程式變更為 caching_sha2_password，使用時 authentication_string 欄位的長度限制為 70 個位元組）。

- Db：長度限制為 64 個字元。

- Table_name：長度限制為 64 個字元。

- Column_name：長度限制為 64 個字元。

- Routine_name：長度限制為 64 個字元。

NOTE

第 13 章
mysql 系統資料庫之存取權限控制系統

透過第 12 章的介紹，對 mysql 系統資料庫的權限表有了簡單的認識。本章將在此基礎上，詳細說明 MySQL 的存取權限控制系統。

13.1 存取權限控制系統概述

什麼是存取權限控制系統？

MySQL 的 mysql 系統資料庫提供 user、db、tables_priv、columns_priv、procs_priv、proxies_priv 等資料表，用來存放不同權限範圍的使用者帳號資料，這些資料表共同組成 MySQL 的存取權限控制系統。

存取權限控制系統的主要功能，是針對從給定主機連接 MySQL 伺服器的使用者進行身份驗證，並檢查在伺服器中資料庫物件的存取權限（如 SELECT、INSERT、UPDATE 和 DELETE）。另外，還包括管理匿名使用者存取，以及授予特定 MySQL 權限的功能（如執行 LOAD DATA INFILE 語句和管理操作權限等）。

MySQL 存取權限控制系統的使用者介面由幾道 SQL 語句組成，如 CREATE USER、GRANT 和 REVOKE。

在伺服器內部，MySQL 將權限資訊存放在 mysql 系統資料庫的權限表。當 MySQL 伺服器啟動時，會將這些資料表的內容讀入記憶體，後續再根據記憶體副本實現使用者的存取控制決策。

存取權限控制系統可以確保只有允許的（與使用者權限相符的）操作，才能夠在伺服器執行。當一個帳號連接 MySQL 伺服器時，認證身份由「請求連接的主機名稱和帳號」確定，MySQL 使用上述格式來識別和區分「相同主機＋不同使用者」和「不同主機＋相同使用者」發出的請求（例如：從 office.example.com 連接的使用者

joe 和從 home.example.com 連接的使用者 joe，實際上在 MySQL 伺服器是當作兩個不同的連接者，因此可以設定不同的密碼與權限）。例如：

```
mysql> show grants for test_a@'localhost';
+------------------------------------------------+
| Grants for test_a@localhost                    |
+------------------------------------------------+
| GRANT SELECT ON *.* TO 'test_a'@'localhost'    |
+------------------------------------------------+
1 row in set (0.00 sec)

mysql> show grants for test_a@'%';
+------------------------------------------------+
| Grants for test_a@%                            |
+------------------------------------------------+
| GRANT SELECT, INSERT ON *.* TO 'test_a'@'%'    |
+------------------------------------------------+
1 row in set (0.00 sec)
```

當使用者以用戶端程式連接 MySQL 伺服器時，MySQL 的存取控制分為下列兩個階段。

- 階段 1：伺服器根據身份標誌（主機名稱＋使用者組成的帳號名稱），在 MySQL 的存取權限控制表查詢相關資訊，以確定要接受或拒絕該連接（沒有查到就拒絕）。如果有相關的記錄，則檢查提供的帳號密碼是否正確，如果密碼不正確則拒絕連接。這個階段的錯誤訊息類似於：ERROR 1045 (28000): Access denied for user 'test_a'@'localhost' (using password: YES)。

- 階段 2：連接成功之後，伺服器會檢查使用者請求的每個敘述，確定是否有足夠的權限來執行。例如：如果嘗試從資料表查詢資料列，或從資料庫刪除資料表，伺服器將驗證使用者是否具有該資料表的 SELECT 權限或資料庫的 DROP 權限，如果沒有，則這個階段的錯誤訊息類似於：ERROR 1142 (42000) at line 1: UPDATE command denied to user 'test_a'@'localhost' for table 'sbtest1'。

如果使用者在連接期間發生權限變更（自己或其他人修改了權限），那麼當執行下一道語句時，新權限不一定會立即生效。如果尚未生效，則需要執行「FLUSH PRIVILEGES;」語句。

13.2 MySQL 提供哪些權限

MySQL 提供的權限列表如圖 13-1 所示（其中，All 或者 All privileges 代表權限列表中除 Grant option 之外的所有權限）。

```
root@localhost : mysql 08:16:44> show privileges;
+-------------------------+---------------------------------------+-------------------------------------------------------+
| Privilege               | Context                               | Comment                                               |
+-------------------------+---------------------------------------+-------------------------------------------------------+
| Alter                   | Tables                                | To alter the table                                    |
| Alter routine           | Functions,Procedures                  | To alter or drop stored functions/procedures          |
| Create                  | Databases,Tables,Indexes              | To create new databases and tables                    |
| Create routine          | Databases                             | To use CREATE FUNCTION/PROCEDURE                      |
| Create temporary tables | Databases                             | To use CREATE TEMPORARY TABLE                         |
| Create view             | Tables                                | To create new views                                   |
| Create user             | Server Admin                          | To create new users                                   |
| Delete                  | Tables                                | To delete existing rows                               |
| Drop                    | Databases,Tables                      | To drop databases, tables, and views                  |
| Event                   | Server Admin                          | To create, alter, drop and execute events             |
| Execute                 | Functions,Procedures                  | To execute stored routines                            |
| File                    | File access on server                 | To read and write files on the server                 |
| Grant option            | Databases,Tables,Functions,Procedures | To give to other users those privileges you possess   |
| Index                   | Tables                                | To create or drop indexes                             |
| Insert                  | Tables                                | To insert data into tables                            |
| Lock tables             | Databases                             | To use LOCK TABLES (together with SELECT privilege)   |
| Process                 | Server Admin                          | To view the plain text of currently executing queries |
| Proxy                   | Server Admin                          | To make proxy user possible                           |
| References              | Databases,Tables                      | To have references on tables                          |
| Reload                  | Server Admin                          | To reload or refresh tables, logs and privileges      |
| Replication client      | Server Admin                          | To ask where the slave or master servers are          |
| Replication slave       | Server Admin                          | To read binary log events from the master             |
| Select                  | Tables                                | To retrieve rows from table                           |
| Show databases          | Server Admin                          | To see all databases with SHOW DATABASES              |
| Show view               | Tables                                | To see views with SHOW CREATE VIEW                    |
| Shutdown                | Server Admin                          | To shut down the server                               |
| Super                   | Server Admin                          | To use KILL thread, SET GLOBAL, CHANGE MASTER, etc.   |
| Trigger                 | Tables                                | To use triggers                                       |
| Create tablespace       | Server Admin                          | To create/alter/drop tablespaces                      |
| Update                  | Tables                                | To update existing rows                               |
| Usage                   | Server Admin                          | No privileges - allow connect only                    |
+-------------------------+---------------------------------------+-------------------------------------------------------+
31 rows in set (0.00 sec)
```

圖 13-1

在上圖的權限清單中，Context 欄位顯示權限的使用環境（或者稱為作用域）。根據 Context 欄位內容的不同，權限分為下列三類。

（1）管理權限：用於管理 MySQL 伺服器的操作。這些是全域性的權限，授權範圍不允許是特定的資料庫或資料庫物件（只能透過 *.*，不能使用 db.* 或 db.tb 方式）。

- Create user
- Event
- Process
- Proxy
- Reload
- Replication client
- Replication slave
- Show databases

- Shutdown

- Super

- Create tablespace

- Usage

- Grant option

（2）資料庫權限等級：授權範圍允許是某資料庫或某資料庫的所有物件，或者是所有資料庫（*.* 代表全域物件，或以 db.* 代表某資料庫的所有物件）。

- Create

- Create routine

- Create temporary tables

- Drop

- Lock tables

- References

（3）資料庫物件權限等級：授權範圍可以是資料庫的特定物件、資料庫給定類型的物件，或者是所有資料庫（*.* 代表全域物件，db.* 代表某資料庫的所有物件，db.tb 代表資料庫的某個物件）。

- Alter

- Alter routine

- Create view

- Delete

- Execute

- File

- Index

- Insert

- Select

- Show view

- Trigger

- Update

一般情況下，還可根據操作經驗按照下列方式劃分。

（1）開發權限

- Delete
- Insert
- Select
- Update
- Alter
- Create temporary tables
- Trigger
- Create view
- Show view
- Alter routine
- Create routine
- Execute
- Index
- Event

（2）管理權限——資料表等級（這裡把帶資料表等級的管理命令都歸於此類）

- Create
- File
- Drop
- Lock tables

（3）管理權限——伺服器等級

- Grant option
- Create tablespace
- Create user
- Process
- Proxy

- Reload

- Replication client

- Replication slave

- Show databases

- Shutdown

- Super

- Usage

- All [privileges]

下面逐一解釋每個權限的作用。

- All 或 All privileges：除 Grant option 之外，代表其他所有權限。

- Alter：允許以 ALTER TABLE 語句更改資料表的結構（除該權限之外，使用 ALTER TABLE 語句還需要有 Create 和 Insert 權限；ALTER TABLE RENAME 語句還得有舊資料表的 Alter 和 Drop 權限，新資料表的 Create 和 Insert 權限）。

- Alter routine：用來修改或刪除預存程序或預存函數。

- Create：用來建立資料庫和資料表。

- Create routine：用來建立預存程序或預存函數。

- Create tablespace：用來建立、修改、刪除資料表空間檔和日誌檔。

- Create temporary tables：用來建立臨時表。一旦某工作階段使用 CREATE TEMPORARY TABLE 語句成功建立臨時表後，伺服器便不會在該表執行權限檢查（因為其他工作階段看不見此資料表，工作階段一旦斷開，就會自動刪除臨時表）。亦即，建立臨時表的工作階段能夠執行任何操作，例如 DROP TABLE、INSERT、UPDATE、SELECT 等。

- Create user：允許使用 ALTER USER、CREATE USER、DROP USER、RENAME USER、REVOKE ALL PRIVILEGES 語句。

- Create view：允許使用 CREATE VIEW 語句。

- Delete：從資料表刪除記錄。

- Drop：刪除現有資料庫、資料表、檢視等物件。另外，如果在分區表使用 ALTER TABLE ... DROP PARTITION 語句，必須要有資料表的 Drop 權限，

執行 TRUNCATE TABLE 也得有 Drop 權限（請注意，如果將 MySQL 資料庫的 Drop 權限授予使用者，則該使用者可以刪除儲存 MySQL 存取權限記錄的 mysql 資料庫）。

- Event：用來建立、更改、刪除或查看 Event Scheduler 事件。

- Execute：用來執行預存程序或預存函數。

- File：用來執行 LOAD DATA INFILE、SELECT ... INTO OUTFILE 語句，以及 LOAD_FILE() 函數讀寫伺服器主機的檔案。具有 File 權限的使用者允許讀取伺服器主機或 MySQL 伺服器的可讀檔（即 datadir 目錄的任何檔案），File 權限還能在 MySQL 伺服器有寫入權限的任何目錄建立新檔。所以，作為安全保護措施，伺服器不會覆蓋現有檔案（匯出資料到文字時，如果檔名重複，便無法成功執行匯出語句）。在 MySQL 5.7 版本中，可以利用 secure_file_priv 系統變數限制 File 權限的讀寫目錄。

- Grant option：用來授予或回收其他使用者或自己的權限。

- Index：用來建立或刪除索引。Index 權限適用在已存在的資料表使用 CREATE INDEX 語句，如果具有 Create 權限，還能在 CREATE TABLE 語句包含索引定義語句。

- Insert：對資料表插入記錄。針對 ANALYZE TABLE、OPTIMIZE TABLE 和 REPAIR TABLE 等維護語句也需要 Insert 權限。

- Lock tables：允許以 LOCK TABLES 語句對資料表顯式加鎖，持有資料表鎖的使用者具有讀寫權限，未持有資料表鎖的讀寫請求會被阻塞。

- Process：用來顯示伺服器執行的執行緒資訊（關於工作階段正在執行的語句相關狀態）。擁有該權限的使用者利用 SHOW PROCESSLIST 語句或 mysqladmin processlist 命令查看有關資訊時，除了看到自己的執行緒資訊之外，還有屬於其他帳號的執行緒資訊。另外，使用 SHOW ENGINE 語句與查看 information_schema 系統資料庫的部分資料表時，也要求該權限。

- Proxy：該權限允許使用者模仿（偽裝、代理）另一個使用者。

- References：建立外鍵約束時，要求使用者具有父資料表的 References 權限。

- Reload：允許使用 FLUSH 語句。擁有該權限的使用者還能操作與 FLUSH 等效的 mysqladmin 子命令 ——flush-hosts、flush-logs、flush-privileges、flush-status、flush-tables、flush-threads、refresh 和 reload。其中，reload 子命令會通知伺服器重新載入權限表到記憶體；flush-privileges 子命令的作用與 reload

相同；refresh 子命令會通知伺服器關閉並重新開啟日誌檔，然後刷新所有資料表。其他 flush-xxx 子命令也會執行類似刷新的功能，包括更具體的物件。例如，若只想刷新日誌檔，便可使用 flush-logs 子命令。

- Replication client：允許以 SHOW MASTER STATUS、SHOW SLAVE STATUS 和 SHOW BINARY LOGS 語句。

- Replication slave：從備援資料庫伺服器連接到主資料庫伺服器，並請求後者的 binlog 日誌。如果沒有此權限，備援資料庫將無法請求主資料庫異動的 binlog 日誌。

- Select：從資料表查詢記錄。只有實際從資料表檢索記錄時，才需要 Select 權限。但某些 SELECT 語句不需要存取資料表，並且允許在沒有任何權限的情況下執行。例如，以 SELECT 語句拼接的常數運算式：「SELECT 1 + 1; SELECT PI()* 2;」。另外，使用 UPDATE 或 DELETE 語句後，當加上 WHERE 子句指定某欄位的條件後，也需要該欄位的 SELECT 權限；否則，便會發現可以使用不帶 WHERE 子句的 UPDATE 更新全表，卻不能以 WHERE 語句指定更新某些記錄。對基礎資料表或檢視使用 EXPLAIN 語句，也要求使用者具有該權限。

- Show databases：用來執行 SHOW DATABASE 語句，對於沒有此權限的使用者，只能看到有對應存取權限的資料庫清單。如果伺服器採用 --skip-show- database 選項啟動，則沒有此權限的帳號即使對某資料庫有其他存取權限，也不能使用 SHOW DATABASES 語句查看任何資料庫清單（會報錯：ERROR 1227 (42000): Access denied; you need (at least one of) the SHOW DATABASES privilege(s) for this operation）。

- Show view：用來執行 SHOW CREATE VIEW 語句。對檢視使用 EXPLAIN 語句時，也要求此權限。

- Shutdown：用來執行 SHUTDOWN 語句、mysqladmin shutdown 命令和 mysql_shutdown() 的 C API 函數。

- Super：用來進行下列操作和伺服器行為。

  - 修改全域系統組態變數需要此權限。對於某些系統變數，修改工作階段等級的系統組態變數也要求 Super 權限（如果有此需求的話，變數的相關文件會進行說明，例如 binlog_format、sql_log_bin 和 sql_log_off）。

  - 針對全域交易特徵的更改（START TRANSACTION 語句）。

■ 備援資料庫伺服器用來執行啟動和停止複製的語句，包括群組複製。

■ 備援資料庫伺服器用來執行 CHANGE MASTER TO 和 CHANGE REPLICATION FILTER 語句。

■ 執行 PURGE BINARY LOGS 和 BINLOG 語句。

■ 如果檢視或預存程序定義了 DEFINER 屬性，則擁有 Super 權限的使用者就算不是建立者，也仍然可以執行該檢視或預存程序。

■ 執行 CREATE SERVER、ALTER SERVER 和 DROP SERVER 語句。

■ 執行 mysqladmin debug 命令。

■ 用於 InnoDB key 自旋。

■ 透過執行 DES_ENCRYPT() 函數啟用 DES 金鑰檔的讀取。

■ 執行使用者自訂函數時啟用版本權杖。

■ 超過最大連接數之後，具有 Super 權限的帳號還能執行的操作有：

　　➢ 使用 KILL 語句或 mysqladmin kill 命令終止屬於其他帳號的執行緒（注意：無論是否擁有 Super 權限，使用者總是可以 kill 自己的執行緒）。

　　➢ 即使伺服器總連接數達到 max_connections 系統變數定義的值，伺服器也會接受來自 Super 權限使用者的一個額外連接。

　　➢ 即使伺服器啟用 read_only 系統變數，具有 Super 權限的使用者仍然可以執行資料更新，包括顯式和隱式的操作更新（帳號管理語句 GRANT 和 REVOKE 等觸發的資料表更新）。

　　➢ 具有 Super 權限的使用者連接伺服器時，伺服器不執行 init_connect 系統變數指定的內容。

　　➢ 處於離線模式（已啟用 offline_mode 系統變數）的伺服器不會中斷具有 Super 權限的使用者連接，而且仍然接受該使用者的新連接請求。

■ 如果啟用二進位日誌功能，則使用者可能還需要 Super 權限，才能建立或更改儲存的功能。

● Trigger：用於觸發器的操作。必須擁有某資料表的 Trigger 權限，才能針對該表建立、刪除、執行或查看觸發器。

● Update：用來執行資料表的資料更新操作。

- Usage：代表使用者「無任何權限」。全域權限等級，擁有該權限的使用者可以登錄資料庫伺服器，但在預設組態下，除了能夠執行部分 show 命令之外，其他任何資料變更和資料庫查詢操作都無法執行。

提示：只對使用者授予需要的權限，不包括額外多餘的權限，特別是管理權限，例如 File、Grant option、Alter、Shutdown、Process、Super 等。

13.3 MySQL 帳號命名規則

MySQL 的帳號名稱由使用者和主機名稱兩部分組成（例如：user_name@host_name），透過這種方式，伺服器就能區分來自不同主機、相同使用者的連接，本節將介紹如何編寫有效的帳號名稱（包括特殊值和萬用字元規則）。對於使用 SQL 語句 CREATE USER、GRANT 和 SET PASSWORD 的人來說，都得遵守以下規則。

- 帳號名稱構成語法：'user_name'@'host_name'。

- 僅由使用者組成的帳號名稱相當於 'user_name'@'%'。例如：'me' 相當於 'me'@'%'。

- 如果使用者和主機名稱是合法的非參照識別字（亦即，不包含 SQL 的關鍵字或命令），則不需要加上反引號。如果其內包含特殊字元（如：空格或 - 符號）或者萬用字元（如：小數點或 %），則得加上單引號或雙引號括起來，例如：'test-user'@'%.com'（注意：一旦使用引號，'me@localhost' 和 'me'@'localhost' 就是不同的涵義，實際上使用 'me@localhost' 時，MySQL 會將其解析為 'me@localhost'@'%'，而不是 'me'@'localhost'）。如果帳號名稱不包含參照字元或特殊字元等，則不需要使用反引號和引號。但為了規範起見，建議一律採用引號，例如：'me'@'localhost'。

CURRENT_USER 關鍵字和 CURRENT_USER() 函數在查詢語句的效果相同，例如：select current_user 和 select current_user() 的查詢結果相同，都是返回目前連接的帳號名稱。

儲存 MySQL 的帳號名稱至 mysql 系統資料庫的 user 權限表時，會將 user_name 和 host_name 分別儲存到 User 和 Host 兩個欄位。

- 在 user 資料表的帳號資訊中，每個帳號包含一列記錄。User 和 Host 欄位存放帳號對應的使用者和主機名稱，其他欄位則儲存與帳號對應的權限和其他屬性資訊。

- 其他權限表分別保存資料庫等級、資料表等級、欄位等級等權限資訊。這些
  資料表與 user 資料表一樣，也使用 User 和 Host 欄位分別儲存與帳號對應的
  使用者和主機名稱。其中保存著不同權限作用域的權限資訊等（例如：db、
  columns_priv、procs_priv、proxies_priv、tables_priv，但這些資料表不包含密
  碼資訊）。

- 為了進行帳號的存取檢查，使用者名稱嚴格區分大小寫，但主機名稱則否。

關於帳號名稱某些特殊值或萬用字元的約定，如下所示。

- 預設情況下，user 資料表保存一些匿名帳號，所以 MySQL 允許匿名帳號連
  接（亦即，user_name 為空的帳號，但需要加上引號，如：'@ localhost'）。

- 帳號名稱的 host_name 部分允許多種形式，並且可以使用萬用字元。

  - 主機名稱可以是網域或作業系統主機名稱（要求 DNS 解析服務），或者
    是 IP 位址（IPv4 或 IPv6 位址）。'localhost' 表示本地主機，'127.0.0.1' 表
    示 IPv4 位址的環回介面，':: 1' 表示 IPv6 位址的環回介面。

  - 主機名稱或 IP 位址都允許使用萬用字元「%」和「_」，它們與 LIKE 運
    算子的萬用字元相同。例如，'%' 表示比對任意主機，'%.mysql.com' 表示
    比對 mysql.com 網域的任意主機，'192.51.100.%' 表示比對 C 類私有網路
    192.51.100 的任意主機。由於主機名稱允許使用 IP 位址＋萬用字元（例
    如：'192.51.100.%' 對應至 192.51.100 子網的任意主機），為了阻止有人
    透過 192.51.100.somewhere.com 格式的主機名稱字串嘗試掃描存活的主
    機，MySQL 不會對以數字和小數點開頭的主機名稱執行比對動作。例如：
    如果主機名稱部分為 1.2.example.com，則直接被 MySQL 忽略。IP 位址
    只能與萬用字元組合，而非主機名稱，否則也會被忽略。

  - 對於指定為 IPv4 位址的主機名稱，可以結合子網路遮罩控制子網 IP 位址
    的數量（注意：子網路遮罩不使用 IPv6 位址），格式：host_ip/netmask。
    例如：CREATE USER 'david'@'192.51.100.0/255.255.255.0'，表示使用者
    名稱為 david，主機名稱為 192.51.100.0 子網的任意主機，滿足此條件的
    用戶端主機 IP 位址，範圍從 192.51.100.0 到 192.51.100.255。

- 當 MySQL 帳號的主機名稱部分為 IP 位址時，表示支援子網路遮罩的 A、B、
  C 類網路。例如：

  - 192.0.0.0/255.0.0.0：遮罩 8 位，表示 192 A 類網路的任意主機。

- 192.51.100.0/255.255.0.0：遮罩 16 位，表示 192.51 B 類網路的任意主機。

- 192.51.100.0/255.255.255.0：遮罩 24 位，表示 192.51.100 C 類網路的任意主機。

- 192.51.100.1：沒有遮罩，表示僅比對具有此特定 IP 位址的主機。

MySQL 伺服器使用 DNS 解析時，需要注意下列問題。

- 假設本地網路的主機具有 host1.example.com 的完全限定名稱（DNS 位址）。如果 DNS 將此主機解析為 host1.example.com 返回，則在 MySQL 帳號的主機名稱部分也需要使用 host1.example.com；如果 DNS 解析僅返回 host1，則在 MySQL 帳號的主機名稱部分只需要使用 host1，否則會被拒絕連接。

- 如果 DNS 解析返回的是 IP 位址 192.51.100.2，那麼將優先進行 IP 位址的精確比對（192.51.100.2），如果不成功，則繼續比對對應網路的萬用字元（192.51.100.%），但包括非法的 IP 位址（例如：192.051.100.2）或子網（例如：192.051.100.%）。

13.4 MySQL 帳號存取控制兩階段

13.4.1 第一階段（帳號和密碼認證）

當使用者嘗試連接 MySQL 伺服器時，伺服器根據下列條件決定是否接受或拒絕連接。

- 使用者的身份資訊（帳號名稱，由 user_name@host_name 格式組成）與密碼資訊是否可以通過驗證。

- 使用者的帳號是否處於鎖定狀態。

當 MySQL 伺服器收到一個新的連接請求時，首先會檢查使用者憑證（帳號＋密碼），然後是帳號的鎖定狀態。若任意一個步驟檢查失敗，都會拒絕連接。如果兩個步驟都通過，則進入第二階段並等待執行請求。

MySQL 伺服器使用 user 資料表的 Host、User、authentication_string 三個欄位儲存的使用者憑證執行憑證檢查。使用者帳號的鎖定狀態，記錄在 user 資料表的 account_locked 欄位，如下所示。

```
mysql> select host,user,authentication_string, account_locked from mysql.
user;
+-----------+--------------+-------------------------------------------+---+
| host      | user         | authentication_string                     | account_locked |
+-----------+--------------+-------------------------------------------+---+
| localhost | root         | *3B3D7D2FD587C29C730F36CD52B4BA8CCF4C744F | N |
| localhost |mysql.session | *THISISNOTAVALIDPASSWORDTHATCANBEUSEDHERE | Y |
| localhost | mysql.sys    | *THISISNOTAVALIDPASSWORDTHATCANBEUSEDHERE | Y |
| %         | admin        | *3B3D7D2FD587C29C730F36CD52B4BA8CCF4C744F | N |
| %         | repl         | *3B3D7D2FD587C29C730F36CD52B4BA8CCF4C744F | N |
| %         | alvin        | *1966B10B87AA6A1F8E1215A1C81DDD5FBBA6B0D0 | N |
| %         | program      | *3B3D7D2FD587C29C730F36CD52B4BA8CCF4C744F | N |
+-----------+--------------+-------------------------------------------+---+
7 rows in set (0.00 sec)

# 帳號鎖定狀態可以透過 ALTER USER 語句更改
ALTER USER [IF EXISTS]
    user [auth_option] [, user [auth_option]] ...
    [REQUIRE {NONE | tls_option [[AND] tls_option] ...}]
    [WITH resource_option [resource_option] ...]
    [password_option | lock_option] ...
......
lock_option: {
    ACCOUNT LOCK
  | ACCOUNT UNLOCK
}
```

上文曾提及，使用者的身份資訊由 user_name 和 host_name 兩部分組成。這兩個組成部分有下列的認證規則。

- 如果使用者名稱（即 User）欄位不為空，當嘗試連接時就得傳入使用者字串，且必須完全符合；如果欄位值為空，則在進行認證時可以比對任意名稱（包括空和不為空的使用者名稱，前者稱為匿名使用者）。在帳號存取控制的第一階段找到匿名使用者時，第二階段認證仍會使用匿名使用者。

- 如果密碼資訊（即 authentication_string）欄位為空，意謂著使用者嘗試連接伺服器時不需要輸入密碼（注意：密碼欄位與使用者欄位不同，若前者為空時，只能比對空字串的密碼，而非任意密碼）。如果伺服器使用認證外掛程式進行身份驗證，其中可能會也可能不會使用 authentication_string 欄位的密碼字串，甚至還會以外部密碼認證伺服器結合 MySQL 伺服器進行身份驗證。

- user 資料表非空的 authentication_string 欄位，表示加密過的密碼字串（hash 加密）。MySQL 在 authentication_string 欄位不存放明文格式的密碼（使用

帳號認證外掛程式實作的密碼雜湊方法加密），在認證過程以加密的密碼檢查是否正確。從 MySQL 的角度來看，加密之後才是真正的密碼。所以，在非授權情況下，不要讓別人知道密碼資訊，特別是不要讓其擁有 mysql 資料庫的存取權限。

下面列舉一些 user_name 和 host_name 常用的組合。

- 'fred'@'h1.example.net'：表示 fred 使用者從 h1.example.net 主機連接。

- ''@'h1.example.net'：表示任意用戶從 h1.example.net 主機連接。

- 'fred'@'%'：表示 fred 使用者從任意主機連接。

- ''@'%'：表示任意使用者從任意主機連接。

- 'fred'@'%.example.net'：表示 fred 使用者從 example.net 網域的任意主機連接。

- 'fred'@'x.example.%'：表示 fred 使用者從 x.example.net、x.example.com、x.example.edu 任意網域名稱後綴的主機連接（但後綴 % 限制可能不生效）。

- 'fred'@'192.51.100.177'：表示 fred 使用者從 IP 位址為 192.51.100.177 的主機連接。

- 'fred'@'192.51.100.%'：表示 fred 使用者從 192.51.100 C 類子網的任意主機連接。

- 'fred'@'192.51.100.0/255.255.255.0'：涵義同 'fred'@'192.51.100.%'。

用戶端傳入伺服器的身份標誌（使用者和主機名稱）可能與 user 資料表的多筆記錄相符。當用戶端嘗試連接伺服器時，如果在伺服器的 user 資料表找到多筆記錄的身份認證資訊，則伺服器必須確定採用哪一列記錄進行許可（不同的身份記錄可能對應至不同的權限）。

- 伺服器只要將 user 資料表讀入記憶體，就會開始排序使用者資訊。

- 當用戶端嘗試連接時，伺服器會按照記憶體排好序的內容進行比對。

- 伺服器使用第一筆符合的記錄進行授權。

伺服器採用的排序規則中，首先排序主機名稱（越精確的值越靠前，最具體的是主機名稱字串和 IP 位址。另外，IP 位址的精確度不會受到遮罩的影響，例如：192.51.100.13 和 192.51.100.0/255.255.255.0 被視為相同的精確度。萬用字元「%」表示「任意主機」，代表精確度較差的主機名稱。空字串也等同於「任意主機」，但精確度比「%」更差，所以排在「%」之後），然後以使用者欄位進行排序（排序規

則同主機名稱欄位）。主機和使用者名稱兩個欄位的排序規則，有點類似多行索引的排序規則。

範例一：使用者資料表記錄的內容如下。

```
mysql> select host, user from user;
+---------------+-------------+-
| Host          | User        | ...
+---------------+-------------+-
| %             | root        | ...
| %             | jeffrey     | ...
| localhost     | root        | ...
| localhost     |             | ...
+---------------+-------------+-
```

當伺服器將資料表的內容讀入記憶體時，將使用剛剛描述的規則排序使用者的身份認證資訊。排序後的結果如下

```
+---------------+-------------+-
| Host          | User        | ...
+---------------+-------------+-
| localhost     | root        | ...
| localhost     |             | ...
| %             | jeffrey     | ...
| %             | root        | ...
+---------------+-------------+-
```

當用戶端嘗試連接時，伺服器便檢查記憶體中已排好序的認證資訊，並使用第一個符合的記錄開放權限。如：對於使用者 jeffrey 的 localhost 主機連接，首先精確比對 localhost 主機名稱欄位，有兩列記錄符合，然後比對使用者名稱欄位，也有兩列記錄符合（空值和 jeffrey），它們的交集最終確定匹配項：Host=localhost,User='',即 ''@'localhost' 身份

範例二：使用者資料表記錄的資訊如下。

```
+-------------------+----------+-
| Host              | User     | ...
+-------------------+----------+-
| %                 | jeffrey  | ...
| h1.example.net    |          | ...
+-------------------+----------+-
```

記憶體排序之後的內容如下

```
+-------------------+----------+-
| Host              | User     | ...
+-------------------+----------+-
| h1.example.net    |          | ...
| %                 | jeffrey  | ...
+-------------------+----------+-
```

來自 h1.example.net 主機的 jeffrey 使用者，其連接成功符合第一筆記錄；而來自任意主機的 jeffrey 使用者，其連接則符合第二筆記錄

注意：藉由上述範例得知，當存在匿名使用者時，如果用戶端成功連接伺服器後，發現權限不符合期望，就表示該用戶端此時可能正透過其他帳號進行身份驗證（亦即，或許用錯帳號）。可以使用 SELECT CURRENT_USER() 或者 SELECT CURRENT_USER 語句，檢查目前登錄成功的帳號身份是什麼，以便確定是否有正確對應的權限資訊，如下所示。

```
mysql> SELECT CURRENT_USER();
+----------------+
| CURRENT_USER() |
+----------------+
| root@localhost |
+----------------+
```

13.4.2 第二階段（權限檢查）

當用戶端與 MySQL 伺服器建立連接之後，伺服器便進入帳號存取控制的第二階段。在第二階段中，用戶端送給伺服器的每個請求，伺服器都會檢查請求操作的類型，以及是否有足夠的權限執行請求的操作。檢查工作依賴於 mysql 資料庫的 user、db、tables_priv、columns_priv、procs_priv、proxies_priv 權限表存放的權限資訊。

user 資料表的權限是全域性的作用範圍，當相關權限類型的欄位為 'Y' 時，表示對資料庫實例的所有資料表都有該權限。所以，大多數時候，需要根據具體的業務環境需求為存取的資料庫授予對應的權限；而不是貪圖方便，直接為全部資料庫及資料表授予所有權限（關於如何授權，請參考上文提到的權限分類內容）。

- 當 User 欄位為空時表示匿名使用者，非空值必須符合字串本身的使用者名稱，而且不能使用萬用字元。

- Host 欄位不允許為空（雖然授權語句和建立使用者的語句可以只寫後者，但實際上儲存時會轉換為「%」），但允許使用萬用字元（「%」和「_」，「%」表示任意主機，「_」表示主機名稱的任意一個字元），並且加上 LIKE 關鍵字配合萬用字元進行比對。

db 資料表的權限是資料庫等級的作用範圍，對應至資料庫的所有物件。

- User 欄位和 Host 欄位的呈現形式與 user 資料表相同。

- 與 user 資料表類似，伺服器會在啟動時讀取 db 資料表的內容至記憶體，並根據 Host、Db 和 User 三個欄位排序其中的資料。排序會將最具體的值放在最前面，最不具體的值放到最後面。當伺服器比對使用者時，將使用第一個符合的記錄授予權限。

tables_priv、columns_priv 和 procs_priv 這三個資料表記錄資料表權限等級、欄位權限等級和預存程序權限。

- User 欄位和 Host 欄位的呈現形式與 user 資料表相同。

- Db、Table_name、Column_name 和 Routine_name 欄位不能包含萬用字元或為空值。

- 與 user 資料表類似，伺服器會在啟動時讀取三個資料表的內容至記憶體，並根據 Host、Db 和 User 三個欄位排序 tables_priv、columns_priv 和 procs_priv 資料表的資訊。

當一個用戶端連接進行第二階段的權限檢查時，首先檢查 user 資料表，如果是 user 資料表特有的權限（其他權限表沒有此權限），且該權限記錄為 Yes，則伺服器便授予用戶端存取權限，否則直接拒絕，不會繼續檢查其他權限表（因為其他權限表沒有該權限，無須檢查）。如果不是 user 資料表的特有權限，其他權限表也有（例如：DML 操作權限），則即使 user 資料表不允許（畢竟此表是全域性的權限），也會繼續往下檢查 db 資料表、tables_priv 資料表，餘依此類推。

提示：

- 如果用戶端在 user 資料表的 DML 操作權限不足，而在 db、tables_priv、columns_priv 資料表都找不到對應的 User、Host 欄位記錄（表示所有權限表都沒有對應操作類型的權限），則拒絕用戶端存取，然後返回相關的提示訊息。

- 使用 GRANT 語句授予使用者資料庫等級的權限時，資料庫不需要事先存在；但如果是授予資料表等級的權限，則要求事先存在該資料表，否則授權失敗，然後提示相關的錯誤訊息。

- 針對預存程序的請求操作，伺服器使用 procs_priv 資料表檢查權限，而不是 tables_priv 和 columns_priv 資料表。

上文提及的權限檢查邏輯，可以使用下列布林型的虛擬程式碼來表示。

```
global privileges
OR (database privileges AND host privileges)
OR table privileges
OR column privileges
OR routine privileges
```

提示：可以根據需求以某些類型的語句請求多個權限，例如：使用 INSERT...
SELECT 語句，請求 Insert 和 Select 兩種權限，而這兩種權限可能在授予使用者時
範圍不同。假如 Insert 權限是授予全域性的範圍，而 Select 權限則是資料庫等級，
此時，Insert 權限存放在 user 資料表，而 Select 權限位於 db 資料表，那麼伺服器需
要分兩次查詢，以便組合兩個資料表記錄的權限資訊，然後再判斷使用者是否具有
INSERT...SELECT 語句請求的權限，並返回相關的請求結果。倘若任意一個權限不
滿足，則拒絕存取。

13.5 權限變更的影響

啟動 mysqld 後，將讀取所有權限表的內容到記憶體。後續針對 MySQL 伺服器
的存取權限，都是根據記憶體保存的內容進行授予。

- 如果在 MySQL 伺服器運行期間以帳號管理語句（如 GRANT、REVOKE、
  SET PASSWORD 或 RENAME USER）間接修改權限表，伺服器會立即將權
  限表的內容重新載入到記憶體。

- 如果在 MySQL 伺服器運行期間以 INSERT、UPDATE 或 DELETE 等語句直
  接修改權限表，相關的異動不會立即生效。除非重新啟動伺服器，或者使用
  FLUSH PRIVILEGES 語句或 mysqladmin flush-privileges|reload 等命令重新載
  入權限表。

針對權限表的重新載入，必須注意下列事項。

- 對於資料表和欄位權限等級，修改與重新載入權限表之後，針對已經建立的
  用戶端連接，會在對資料表、欄位的下一個請求生效。就新建的連接而言，
  第一個請求立即生效。

- 對於資料庫權限等級，修改與重新載入權限表之後，針對已經建立的用戶端
  連接，會在下一次使用 USE DB_NAME 語句時生效。就新建的連接而言，
  第一個請求立即生效。

提示：如果回收使用者對資料庫的權限，但用戶端已經建立連接且目前正好預設是該資料庫，那麼用戶端若不使用 USE DB_NAME 語句切換資料庫，可能便無法感測資料庫等級的權限發生變化。

- 對於全域性權限和密碼的修改，不影響已建立連接的用戶端，只對重新連接或新建連接的用戶端生效。

如果啟動伺服器時加上 --skip-grant-tables 選項，則伺服器不會讀取權限表，也不進行任何存取權限控制，此時任何人都可以免密碼登錄資料庫並做任何事情。所以，除非是維護時間，否則禁止啟用 --skip-grant-tables 選項。如果打算重新載入權限表，無須重新啟動伺服器，只需要執行 FLUSH PRIVILEGES 語句即可。

13.6 MySQL 常見連接問題

下面介紹用戶端無法連接伺服器的問題，以及解決方法。

- 伺服器未啟動，可以檢查伺服器處理程序是否存在來解決（ps aux |grep mysqld，如果不存在則嘗試啟動，啟動失敗則檢查錯誤日誌排查原因）。通常錯誤訊息如下所示。

  - 以 TCP/IP 方式連接：ERROR 2003: Can't connect to MySQL server on 'host_name' (111)。

  - 以 Socket 方式連接：ERROR 2002: Can't connect to local MySQL server through socket '/tmp/mysql.sock' (111)。

- 用戶端連錯埠，可以檢查伺服器處理程序運行的埠（netstat -ln | grep mysqld），找到正確的埠後，並於用戶端連接指定該埠來解決。

- 啟動伺服器時加上了 --skip-networking 或者 --bind-address = 127.0.0.1 選項，它僅在本地環回介面監聽 TCP/IP 連接，但不會接受遠端連接。可以透過刪除這些選項，然後重啟處理程序來解決。

- 伺服器防火牆未開啟 MySQL 伺服器埠的存取權限，可以關閉防火牆，或者允許 MySQL 伺服器的服務埠對外提供服務來解決。

- 沒有使用正確的帳號或密碼連接伺服器，通常錯誤訊息類似：ERROR 1045 (28000): Access denied for user 'root'@'localhost' (using password: NO)。

- 如果是第一次初始化資料庫，且利用 mysqld --initialize-secure 命令，便會為 root 使用者產生一個隨機密碼。啟動 MySQL 伺服器之後，需要在錯誤日誌搜索 password 關鍵字，以找到隨機密碼進行登錄（如果不需要隨機密碼，則可改用 mysqld --initialize-insecure 命令初始化資料庫），否則會報出拒絕連接的錯誤。

- 如果只升級伺服器到最新版本，而用戶端沒有進行升級，則可能報出認證協定不支援的錯誤：Client does not support authentication protocol requested by server; consider upgrading MySQL client。最好的解決辦法是升級用戶端版本，不建議修改密碼認證外掛程式。

- 伺服器達到最大用戶連接數限制，此時可以利用具有 Super 權限的管理員帳號登錄資料庫，並修改最大連接數參數。

- 伺服器達到最大錯誤連接數限制，反覆嘗試連接的某些用戶端被拒絕（例如：以錯誤的帳號或密碼試圖連接多次，達到最大錯誤連接數），此時可以利用管理員帳號從其他主機登錄資料庫，執行 FLUSH HOSTS 語句刷新主機快取資訊，或者修改最大錯誤連接數參數。

提示：MySQL 存取權限控制系統有下列限制。

- 不能明確拒絕，只能明確允許指定使用者的存取。例如：使用正確的帳號和密碼，從允許的主機上存取資料庫。

- 不能單獨授權使用者只能建立或刪除資料表，而不允許建立或刪除資料庫本身（指定對某資料表擁有 Create 和 Drop 權限之後，該使用者就能夠建立和刪除該表所在的資料庫）。

- 帳號的密碼在伺服器是全域性的作用域，不能將密碼與針對特定物件的存取權限掛鉤（如資料庫、資料表、預存程序與函數等，換句話說，帳號的密碼與是否有權限存取資料庫具體的某個物件無關）。

第 14 章
mysql 系統資料庫之統計資訊表

在 DBA 的日常工作中，有時候會碰到明明有索引，但是卻派不上用場的尷尬，這可能是由於統計資訊更新不夠即時所導致。那麼，什麼是統計資訊？這些資訊記錄在哪裡呢？本章將從統計資訊表的角度回答這個問題。

14.1 統計資訊概述

1. 如何組態統計資訊持久化最佳化

持久化統計功能是透過將記憶體的統計資料儲存到磁碟中，以便在資料庫重啟時可以快速讀入這些統計資訊，而不用重新執行統計，進而使得查詢最佳化工具能夠利用這些持久化的統計資訊，準確地選擇執行計畫（如果不這麼做的話，那麼重啟資料庫之後，記憶體的統計資訊將遺失，下一次存取某資料表時，便需要重新計算統計資訊，此舉可能會因為估算值的差異，導致查詢計畫生變，因此造成查詢效能的變化）。

如何啟用統計資訊的持久化功能呢？當 innodb_stats_persistent = ON，或者在建立資料表時加上選項 STATS_PERSISTENT = 1，則表示開啟統計資訊的持久化功能（注意，後者只開啟單資料表的統計資訊持久化功能，而且無論是否啟用 innodb_stats_persistent 參數，前者代表開啟全域所有資料表的統計資訊持久化功能。innodb_stats_persistent 系統變數預設為開啟狀態，如果打算單獨關閉某個資料表的持久化統計功能，則可透過 ALTER TABLE tbl_name STATS_PERSISTENT = 0 語句來修改）。

持久化統計資訊儲存於 mysql.innodb_table_stats 和 mysql.innodb_index_stats 資料表，前者存放與資料表結構、資料列相關的統計資訊，後者則存放與索引值相關的統計資訊。

2. 如何組態統計資訊的持久化最佳化自動重新計算

innodb_stats_auto_recalc 系統變數控制是否啟用統計資訊的自動重新計算功能，預設是開啟狀態。一旦開啟後，當資料量異動超過 10% 時，便會觸發統計資訊自動重新計算功能。如果未啟用 innodb_stats_auto_recalc 系統變數，則可於 CREATE TABLE 或 ALTER TABLE 語句加上 STATS_AUTO_RECALC 子句，為單個資料表設定統計資訊自動重新計算功能。

自動重新計算在後台執行，即使啟用 innodb_stats_auto_recalc 系統變數，當資料表的 DML 操作超過 10% 之後，也可能不會立即重新計算統計資訊，在某些情況下或許會延遲幾秒鐘。如果需要精確的統計資訊，可以手動執行 ANALYZE TABLE 語句，以確保最佳化程式統計資訊的精確性。

當為某資料表增加新的索引時，無論系統變數 innodb_stats_auto_recalc 的值如何，都會觸發重新計算索引統計資訊，並且加到 mysql.innodb_index_stats 資料表。但請注意，這裡說的是觸發重新計算 mysql.innodb_index_stats 資料表，而不是 mysql.innodb_table_stats 資料表的統計資訊。若想在增加索引時，將與資料相關的統計資訊同時更新到 mysql.innodb_table_stats 資料表，則需啟用系統變數 innodb_stats_auto_recalc，或者修改資料表的 STATS_AUTO_RECALC 選項，或者對資料表執行 ANALYZE TABLE 語句。

3. 如何組態單個資料表的統計資訊持久化最佳化

innodb_stats_persistent、innodb_stats_auto_recalc 和 innodb_stats_persistent_sample_pages 是全域的系統變數。若想忽略全域變數的值，單獨指定某個資料表是否需要組態持久化統計資訊，便可使用建表選項（STATS_PERSISTENT、STATS_AUTO_RECALC 和 STATS_SAMPLE_PAGES）覆蓋系統變數設定的值。建表選項可於 CREATE TABLE 或 ALTER TABLE 語句中指定。

- STATS_PERSISTENT：指定是否啟用 InnoDB 資料表的持久化統計資訊功能。如果不設定，則預設值為 DEFAULT，表示此功能是由 innodb_stats_persistent 系統變數指定。如果設為 1，表示啟用持久化統計資訊功能；如果設為 0，表示關閉此功能。倘若透過 CREATE TABLE 或 ALTER TABLE 語句啟用持久化統計資訊功能，那麼在載入代表性的資料到資料表後，可呼叫 ANALYZE TABLE 語句計算統計資訊。

- STATS_AUTO_RECALC：指定是否自動重新計算 InnoDB 資料表的持久化統計資訊。預設值為 DEFAULT，表示此功能是由系統變數 innodb_stats_auto_ recalc 指定。當設為 1 時，代表啟用自動重新計算功能，啟用之後，當 10% 的資料發生變化時會重新計算統計資訊；當設為 0 時，表示關閉此功能。請注意，一旦關閉之後，如果資料表的內容發生較大變化，那麼請手動執行 ANALYZE TABLE 語句重新計算統計資訊；否則有可能會因為統計資訊不精確，因此導致執行計畫不準確。

- STATS_SAMPLE_PAGES：設定估算索引行的基數，以及其他統計資料要求抽樣的索引頁數（例如：ANALYZE TABLE 計算所需的取樣頁數）。

以下為這三個建表選項的使用範例。

```
CREATE TABLE 't1' (
'id' int(8) NOT NULL auto_increment,
'data' varchar(255),
'date' datetime,
PRIMARY KEY ('id'),
INDEX 'DATE_IX' ('date')
) ENGINE=InnoDB,
  STATS_PERSISTENT=1,      # 啟用 InnoDB 資料表的持久化統計資訊功能
  STATS_AUTO_RECALC=1,     # 啟用自動重新計算 InnoDB 資料表的持久化統計資訊功能
  STATS_SAMPLE_PAGES=25;   # 設定估算索引行的基數和其他統計資料要求抽樣的索引頁數為 25
```

4. 如何組態 InnoDB 最佳化器統計資訊的取樣頁數

MySQL 查詢最佳化工具使用關於索引的鍵值統計資訊計算索引選擇度，再根據選擇度挑選執行計畫的索引。這些統計資訊如何得來呢？例如：當執行 ANALYZE TABLE 之類的操作時，InnoDB 會從資料表的每個索引抽取隨機頁，以估計索引的基數（稱為隨機取樣）。取樣頁的數量由系統變數 innodb_stats_persistent_sample_pages 設定，預設值為 20，該變數為動態變數。通常情況下，不需要修改變數值，因為增大該變數可能導致每次取樣的時間變長（需讀取更多的分頁）。但如果確定預設取樣頁的數量會導致索引統計資訊不精確，可以嘗試逐步增加系統變數值，直到具備足夠精確的統計資訊為止。統計資訊是否精準，可透過 SELECT DISTINCT(index_name) 返回的值，與 mysql.innodb_index_stats 持久化統計資訊表提供的估計值進行比對檢查。

5. 如何組態在持久化統計資訊的計算中包含刪除標記的記錄

預設情況下，InnoDB 在計算統計資訊時會讀取未提交的資料。對於刪除列操作的未提交交易，InnoDB 在估算列和索引統計資訊時，將忽略這些被加上刪除標記的記錄，可能會導致對該資料表執行平行查詢、其他交易的執行計畫不精確。為了避

免這種情況，建議啟用系統變數 innodb_stats_include_delete_marked，以確保 InnoDB 在計算持久化統計資訊時包含被加上刪除標記的記錄。一旦啟用 innodb_stats_include_delete_marked 後，ANALYZE TABLE 語句便會統計這些有刪除標記的記錄。請注意，innodb_stats_include_delete_marked 是全域變數，不允許單獨設定某個資料表。MySQL 5.7.16 版本開始引入 innodb_stats_include_delete_marked。

統計資訊持久化依賴 mysql 資料庫的 innodb_table_stats 和 innodb_index_stats 資料表，在安裝、升級和原始碼建構過程中，將自動設定這些資料表。

- innodb_table_stats 和 innodb_index_stats 資料表都包含 last_update 欄位，表示 InnoDB 上次更新統計資訊的時間。

- innodb_table_stats 和 innodb_index_stats 是普通的資料表，可以手動執行更新。透過此功能，便可強制執行特定的查詢最佳化計畫或測試備選計畫，無須修改資料庫。請注意：如果手動更新統計資訊，必須執行 FLUSH TABLE tbl_name 語句，好讓 MySQL 重新載入更新後的統計資訊。

- 持久化統計資訊被視為本地資訊，因為它們與實例本身相關。因此，innodb_table_stats 和 innodb_index_stats 資料表的自動統計資訊變更，不會在主備架構之間複製。但如果是透過手動執行 ANALYZE TABLE 語句觸發重新計算功能，那麼主備架構之間便會複製該語句本身，以在備援資料庫啟動統計資訊的同步重新計算操作（除非在主資料庫設定 set sql_log_bin=0 之類的語句，關閉了日誌記錄）。

提示：以下是統計資訊表範例模擬資料。

```
mysql> CREATE TABLE test ( a INT, b INT, c INT, d INT, e INT, f INT,
PRIMARY KEY (a, b), KEY i1 (c, d), UNIQUE KEY i2uniq (e, f) ) ENGINE=INNODB;
Query OK, 0 rows affected (0.02 sec)

mysql> insert into test values(1,1,1,1,1,1),(2,2,2,2,2,2),
(3,3,3,3,3,3),(4,4,4,4,4,4), (5,5,4,4,5,5),(5,6,6,6,6,6);
Query OK, 6 rows affected (0.00 sec)
Records: 6 Duplicates: 0 Warnings: 0

mysql> select * from test;
+---+---+---+---+---+---+
| a | b | c | d | e | f |
+---+---+---+---+---+---+
| 1 | 1 | 1 | 1 | 1 | 1 |
| 2 | 2 | 2 | 2 | 2 | 2 |
| 3 | 3 | 3 | 3 | 3 | 3 |
```

```
| 4 | 4 | 4 | 4 | 4 | 4 |
| 5 | 5 | 4 | 4 | 5 | 5 |
| 5 | 6 | 6 | 6 | 6 | 6 |
+---+---+---+---+---+---+
6 rows in set (0.00 sec)
```

14.2 統計資訊表詳解

14.2.1 innodb_table_stats

innodb_table_stats 資料表提供與資料相關的統計資訊。

下面是該表儲存的資訊。

```
mysql> use mysql;
Database changed
mysql> select * from innodb_table_stats where table_name='test'\G
*************************** 1. row ***************************
            database_name: test
               table_name: test
              last_update: 2020-05-24 20:00:50
                   n_rows: 6
       clustered_index_size: 1
sum_of_other_index_sizes: 2
1 row in set (0.00 sec)
```

各欄位的說明如下。

- database_name：資料庫名稱。

- table_name：資料表名稱、分區或子分區名稱。

- last_update：InnoDB 上次更新統計資訊的時間。

- n_rows：資料表估算的資料記錄筆數。

- clustered_index_size：主鍵索引的大小，以頁為單位的數值。

- sum_of_other_index_sizes：其他（非主鍵）索引的總大小，以頁為單位的數值。

14.2.2 innodb_index_stats

innodb_index_stats 資料表提供與索引相關的統計資訊。

下面是該表儲存的資訊。

```
# 注：以下範例的 test 資料表明確定義了三個索引，主鍵索引 (a,b)、唯一索引 i2uniq(e,f) 和
一般索引 i1(c,d)
mysql> select * from innodb_index_stats where table_name='test';
+----+----+------+------------------+------------+-----+----+----------------------------------+
|database_name|table_name|index_name|last_update|stat_name|stat_value|sample_size|stat_description|
+----+----+------+------------------+------------+-----+----+----------------------------------+
|test|test|PRIMARY|2020-05-24 20:00:50|n_diff_pfx01|5|1    |a                                 |
|test|test|PRIMARY|2020-05-24 20:00:50|n_diff_pfx02|6|1    |a,b                               |
|test|test|PRIMARY|2020-05-24 20:00:50|n_leaf_pages|1|NULL|Number of leaf pages in the index |
|test|test|PRIMARY|2020-05-24 20:00:50|size        |1|NULL|Number of pages in the index      |
|test|test|i1     |2020-05-24 20:00:50|n_diff_pfx01|5|1    |c                                 |
|test|test|i1     |2020-05-24 20:00:50|n_diff_pfx02|5|1    |c,d                               |
|test|test|i1     |2020-05-24 20:00:50|n_diff_pfx03|6|1    |c,d,a                             |
|test|test|i1     |2020-05-24 20:00:50|n_diff_pfx04|6|1    |c,d,a,b                           |
|test|test|i1     |2020-05-24 20:00:50|n_leaf_pages|1|NULL|Number of leaf pages in the index |
|test|test|i1     |2020-05-24 20:00:50|size        |1|NULL|Number of pages in the index      |
|test|test|i2uniq |2020-05-24 20:00:50|n_diff_pfx01|6|1    |e                                 |
|test|test|i2uniq |2020-05-24 20:00:50|n_diff_pfx02|6|1    |e,f                               |
|test|test|i2uniq |2020-05-24 20:00:50|n_leaf_pages|1|NULL|Number of leaf pages in the index |
|test|test|i2uniq |2020-05-24 20:00:50|size        |1|NULL|Number of pages in the index      |
+----+----+------+------------------+------------+-----+----+----------------------------------+
14 rows in set (0.00 sec)
```

各欄位的說明如下。

- database_name：資料庫名稱。

- table_name：資料表名稱、分區、子分區名稱。

- index_name：索引名稱。

- last_update：InnoDB 上次更新統計資訊的時間。

- stat_name：統計資訊名稱，對應的內容保存在 stat_value 欄位。

- stat_value：保存 stat_name 欄位對應的統計資訊。

- sample_size：stat_value 欄位中提供的統計資訊估計值的取樣頁數。

- stat_description：stat_name 欄位指定的統計資訊說明。

從資料表的查詢結果中，可以看到：

- stat_name 欄位一共有下列幾個統計值。

  - size：當 stat_name 欄位為 size 值時，stat_value 欄位表示索引的總頁數量。

- n_leaf_pages：當 stat_name 欄位為 n_leaf_pages 值時，stat_value 欄位表示索引葉子頁的數量。

- n_diff_pfxNN：NN 代表數字（例如 01、02 等）。當 stat_name 欄位為 n_diff_pfxNN 值時，stat_value 欄位表示索引的 first column（索引的最前索引欄，即索引的第一個欄位）的唯一值數量。例如：當 NN 為 01 時，stat_value 欄位就是索引第一行的唯一值數量；當 NN 為 02 時，stat_value 欄位就是索引第一個和第二個行組合的唯一值數量，餘依此類推。此外，在 stat_name = n_diff_pfxNN 的情況下，stat_description 欄位顯示一個以逗號分隔、計算索引統計資訊欄位的清單。

● 從 index_name 欄位為 PRIMARY 值時，stat_description 欄位的描述「a, b」中得知，主鍵索引的統計資訊，只包括建立主鍵索引時顯式指定的行。

● 從 index_name 欄位為 i2uniq 值時，stat_description 欄位的描述「e, f」中得知，唯一索引的統計資訊，只包括建立唯一索引時顯式指定的行。

● 從 index_name 欄位為 i1 值時，stat_description 欄位的描述「c, d, a, b」中得知，普通索引（非唯一的輔助索引）的統計資訊包括顯式定義的行和主鍵行。

注意：在 MySQL 5.7 中，系統變數 innodb_stats_persistent_sample_pages 定義的持久化統計資訊取樣頁數為 20。本範例的 sample_size 欄位值為 1，主要是因為表中資料量太小，一頁已經足夠存放，所以實際取樣也只使用了一頁。如果資料量足夠大，這裡顯示的值就會是 innodb_stats_persistent_sample_pages 系統變數指定的值。

提示：可以利用索引資訊頁數結合系統變數 innodb_page_size 的值，以計算索引資料大小，如下所示。

```
mysql> SELECT SUM(stat_value) pages, index_name, SUM(stat_value)*@@
innodb_page_size size FROM mysql.innodb_index_stats WHERE table_name='dept_
emp' AND stat_name = 'size' AND database_name = 'test' GROUP BY index_name;
+-------+------------+-------------+
| pages | index_name | size        |
+-------+------------+-------------+
| 737   | PRIMARY    | 12075008    |
| 353   | dept_no    | 5783552     |
| 353   | emp_no     | 5783552     |
+-------+------------+-------------+
3 rows in set (0.01 sec)
```

NOTE

mysql 系統資料庫之複製資訊表

　　一般情況下，通常都是以 SHOW SLAVE STATUS 語句查看複製資訊，但是實際上，該語句返回的是一個記憶體快取值，如果資料庫崩潰或者重啟，就會遺失這些資料。然而，當重啟資料庫之後，透過 SHOW SLAVE STATUS 語句仍然可以看到正確的複製資訊。那麼，這些複製資訊是從哪裡取得呢？mysql 系統資料庫的複製資訊表就是用來持久化複製資訊，本章將詳細介紹每一個複製資訊表。

15.1 複製資訊表概述

　　複製資訊表在備援資料庫複製主資料庫的期間，用來儲存從後者轉發到前者的 binlog（二進位日誌）事件，並記錄有關 relay log（中繼日誌）目前狀態和位置的資訊。

- master.info 檔案或者 mysql.slave_master_info 資料表：儲存備援資料庫的 I/O 執行緒連接主資料庫的狀態、帳號、IP 位址、埠、密碼，以及 I/O 執行緒目前讀取主資料庫 binlog 的檔案和位置資訊（稱為 I/O 執行緒資訊日誌）。預設情況下，I/O 執行緒的連接資訊和狀態儲存在 master.info 檔案（預設位置在 datadir 下，可透過 master_info_file 參數修改。注意：在 MySQL 5.7.x 較新的版本以及 8.0.x 版本已移除該參數）。如果打算存放到 mysql.slave_master_info 資料表，則得在伺服器啟動之前設定 master_info_repository = TABLE。

- relay_log.info 檔案或者 mysql.slave_relay_log_info 資料表：當備援資料庫的 I/O 執行緒從主資料庫取得最新的 binlog 事件資訊後，會先寫入前者本地的 relay log 中，然後 SQL 執行緒再讀取與解析 relay log 並重播。relay_log.info 檔案或者 mysql.slave_relay_log_info 資料表就用來記錄最新 relay log 的檔案和位置，以及 SQL 執行緒目前重播的事件對應到主資料庫 binlog 的檔案和位置資訊（SQL 執行緒位置稱為 SQL 執行緒資訊日誌）。預設情況下，relay log 的位置和 SQL 執行緒的位置資訊，儲存於 relay-log.info 檔案（預

設位置為 datadir，可透過 relay_log_info_file 選項修改）。如果打算存放到 mysql.slave_relay_log_info 資料表，則得在伺服器啟動之前設定 relay_log_info_repository = TABLE。

將 relay_log_info_repository 和 master_info_repository 設為 TABLE，便可提高資料庫本身，或者所在主機意外終止之後恢復的能力（這兩個是 InnoDB 資料表，保證崩潰之後不會丟失其內的位置資訊），而且可以保證資料的一致性。

當備援資料庫崩潰時，SQL 執行緒可能還有一部分 relay log 重播延遲。另外，I/O 執行緒的位置或許也正處於一個交易的中間，並不完整，所以必須在備援資料庫上啟用參數 relay_log_recovery=ON。啟用後，若備援資料庫崩潰恢復時，便會清理 SQL 執行緒未重播完成的 relay log，並以 SQL 執行緒的位置為主重置 I/O 執行緒，重新到主資料庫請求。

啟動資料庫實例時，如果 mysqld 無法初始化 slave_master_info 和 slave_relay_log_info 這兩個資料表，那麼 mysqld 允許繼續啟動，但會寫入警告訊息到錯誤日誌。當 MySQL 從不支援該資料表的版本升級到正確版本時，常常會遇到這種情況。

提示：

- 不要嘗試手動更新 slave_master_info 或 slave_relay_log_info 資料表，否則後果自負。

- 當備援資料庫的複製執行緒持續運作時，不允許執行任何可能對這兩個資料表加寫鎖的語句，但允許執行唯讀的語句。

15.2 複製資訊表詳解

由於本節介紹的複製資訊，對日常資料庫的維護非常重要，所以會在過程中適度加上擴充說明。

15.2.1 slave_master_info

slave_master_info 資料表提供 I/O 執行緒讀取主資料庫的位置資訊，以及備援資料庫連接主資料庫的 IP 位址、帳號、埠、密碼等資訊。

下面是該表儲存的資訊。

```
mysql> select * from slave_master_info\G
*************************** 1. row ***************************
       Number_of_lines: 25
       Master_log_name: mysql-bin.000292
        Master_log_pos: 194
                  Host: 192.168.2.148
             User_name: qfsys
         User_password: letsg0
                  Port: 3306
         Connect_retry: 60
           Enabled_ssl: 0
                Ssl_ca:
            Ssl_capath:
              Ssl_cert:
            Ssl_cipher:
               Ssl_key:
 Ssl_verify_server_cert: 0
             Heartbeat: 5
                  Bind:
     Ignored_server_ids: 0
                  Uuid: ec123678-5e26-11e7-9d38-000c295e08a0
           Retry_count: 86400
               Ssl_crl:
           Ssl_crlpath:
 Enabled_auto_position: 0
          Channel_name:
           Tls_version:
1 row in set (0.00 sec)
```

各欄位與 SHOW SLAVE STATUS 輸出欄位、master.info 檔案中列資訊的對應關係，以及欄位說明如表 15-1 所示。

表 15-1

master.info 檔案中的列數	slave_master_info 資料表欄位	SHOW SLAVE STATUS 輸出欄位	欄位說明
1	Number_of_lines	[None]	master.info 的列數 或 slave_master_info 資料表的欄位數
2	Master_log_name	Master_Log_File	備援資料庫 I/O 執行緒目前讀取主資料庫最新的 binlog 檔案名稱
3	Master_log_pos	Read_Master_Log_Pos	備援資料庫 I/O 執行緒目前讀取主資料庫最新的 binlog 位置

master.info 檔案中的列數	slave_master_info 資料表欄位	SHOW SLAVE STATUS 輸出欄位	欄位説明
4	Host	Master_Host	備援資料庫 I/O 執行緒目前正連接的主資料庫 IP 位址或主機名稱
5	User_name	Master_User	備援資料庫 I/O 執行緒用來連接主資料庫的使用者名稱
6	User_password	[None]	備援資料庫 I/O 執行緒用來連接主資料庫的密碼
7	Port	Master_Port	備援資料庫 I/O 執行緒連接到主備援資料庫的通訊埠
8	Connect_retry	Connect_Retry	備援資料庫 I/O 執行緒斷線後重連主資料庫的間隔時間，單位為秒，預設值為 60s
9	Enabled_ssl	Master_SSL_Allowed	主、備資料庫之間的連接是否支援 SSL
10	Ssl_ca	Master_SSL_CA_File	CA（Certificate Authority） 認證檔名
11	Ssl_capath	Master_SSL_CA_Path	CA 認證檔案路徑
12	Ssl_cert	Master_SSL_Cert	SSL 認證憑證檔名
13	Ssl_cipher	Master_SSL_Cipher	SSL 連接交握中可能用到的密碼清單
14	Ssl_key	Master_SSL_Key	SSL 認證的金鑰檔名
15	Ssl_verify_server_cert	Master_SSL_Verify_Server_Cert	是否需要校驗伺服器的憑證
16	Heartbeat	[None]	主、備資料庫之間心跳封包的間隔時間，單位為秒
17	Bind	Master_Bind	備援資料庫用來連接主資料庫的網路介面，預設值為空
18	Ignored_server_ids	Replicate_Ignore_Server_Ids	備援資料庫複製時需忽略哪些 server id。注意：這是一份清單，第一個數字表示待忽略的實例 server id 總數
19	Uuid	Master_UUID	主資料庫的 UUID
20	Retry_count	Master_Retry_Count	備援資料庫允許重連主資料庫的最大次數

master.info 檔案中的列數	slave_master_info 資料表欄位	SHOW SLAVE STATUS 輸出欄位	欄位說明
21	Ssl_crl	[None]	SSL 憑證撤銷清單檔的路徑
22	Ssl_crlpath	[None]	包含 SSL 憑證撤銷清單檔的目錄
23	Enabled_auto_position	Auto_position	備援資料庫是否啟用在主資料庫自動尋找位置的功能（1 表示啟用；如果設定 Auto_position = 0，便不會自動尋找位置）
24	Channel_name	Channel_name	備援資料庫複製通道名稱，一個通道代表一個複製來源
25	Tls_version	Master_TLS_Version	主資料庫的 TLS 版本

15.2.2 slave_relay_log_info

slave_relay_log_info 資料表提供 SQL 執行緒重播 binlog 檔時，對應的主資料庫和中繼日誌目前最新的位置資訊。

下面是該表儲存的資訊。

```
mysql> select * from slave_relay_log_info\G
*************************** 1. row ***************************
  Number_of_lines: 7
   Relay_log_name: /home/mysql/data/mysqldata1/relaylog/mysql-relay-
bin.000205
    Relay_log_pos: 14097976
  Master_log_name: mysql-bin.000060
   Master_log_pos: 21996812
        Sql_delay: 0
Number_of_workers: 16
               Id: 1
     Channel_name:
1 row in set (0.00 sec)
```

各欄位與 SHOW SLAVE STATUS 輸出欄位、relay-log.info 檔案中列資訊的對應關係，以及欄位說明如表 15-2 所示。

表 15-2

relay-log.info 檔案中的列數	slave_relay_log_info 資料表欄位	SHOW SLAVE STATUS 輸出欄位	欄位說明
1	Number_of_lines	[None]	relay-log.info 的列數 或 slave_relay_log_info 資料表的欄位數,用於版本化資料表定義
2	Relay_log_name	Relay_Log_File	目前最新的 relay log 檔名
3	Relay_log_pos	Relay_Log_Pos	目前最新的 relay log 檔,對應到最近一次完整接收的事件位置
4	Master_log_name	Relay_Master_Log_File	SQL 執行緒目前正在重播的中繼日誌,對應到主資料庫 binlog 檔名
5	Master_log_pos	Exec_Master_Log_Pos	SQL 執行緒目前正在重播的中繼日誌,對應到主資料庫 binlog 檔案的位置
6	Sql_delay	SQL_Delay	當延遲複製指定的備援資料庫時,必須延遲主資料庫多少秒
7	Number_of_workers	[None]	備援資料庫目前的平行複製有多少個 Worker 執行緒
8	Id	[None]	內部唯一標識資料表的每一列記錄,目前總是 1
9	Channel_name	Channel_name	備援資料庫複製通道名稱,用於多主複製(多來源複製),一個通道對應一個來源

什麼是中繼日誌?

中繼日誌(relay log)儲存的事件資料與二進位日誌(binlog,即 binary log)相同(但前者包含更多的資訊),也是由一組描述資料庫變更事件的檔案組成,這些檔案的後綴帶有連續編號。此外,還有一個包含所有正在使用、中繼日誌檔名的索引檔。

中繼日誌的資料存放格式與二進位日誌相同,都可使用 mysqlbinlog 命令擷取資料。預設情況下,中繼日誌存放在 datadir 下,檔名格式為:host_name-relay-bin.nnnnnn,其中 host_name 是備援資料庫伺服器主機名稱,nnnnnn 是檔名後綴序號。連續的中繼日誌檔案編號從 000001 開始,並透過索引檔追蹤目前正在使用的中繼日

誌檔。預設的中繼日誌索引檔儲存於 datadir 下，檔名格式為：host_name-relay-bin.index。

中繼日誌檔和中繼日誌索引檔名，可分別使用 --relay-log 和 --relay-log-index 參數覆蓋預設值。如果沿用預設值，則要注意不能修改主機名稱，否則會報出無法開啟中繼日誌的錯誤，建議利用參數指定固定的檔名前綴。倘若已經出現這種錯誤，便得修改索引檔的中繼日誌檔名，以及 datadir 下的中繼日誌檔名前綴為新的主機名稱，然後重啟備援資料庫。

什麼情況下會產生新的中繼日誌檔？

● 當啟動 I/O 執行緒時。

● 使用 FLUSH LOGS 語句或 mysqladmin flush-logs 命令時。

● 目前中繼日誌檔變得「太大」時。日誌滾動的規則如下：

　■ 如果 max_relay_log_size 系統變數的值大於 0，中繼日誌便按照此參數指定的大小滾動。

　■ 如果 max_relay_log_size 系統變數的值為 0，中繼日誌就按照 max_binlog_size 系統變數指定的大小滾動。

至於何時清理已被 SQL 執行緒重播完成的 relay log，並沒有清晰的觸發機制，交由 SQL 執行緒自行決定。但如果以 FLUSH LOGS 語句或 mysqladmin flush-logs 命令強制切換中繼日誌檔，則可能會影響 SQL 執行緒進行清理的時機。

15.2.3 slave_worker_info

slave_worker_info 資料表提供多執行緒複製時的 Worker 執行緒狀態。與 performance_schema.replication_applier_status_by_worker 資料表的區別是：slave_worker_info 資料表記錄的是 Worker 執行緒重播的 relay log 和主資料庫的 binlog 位置資訊；而 performance_schema.replication_applier_status_by_worker 資料表記錄的則是 Worker 執行緒重播的 GTID 位置資訊。

下面是該表儲存的資訊

```
mysql> select * from slave_worker_info limit 1\G
*************************** 1. row ***************************
                     Id: 1
         Relay_log_name:
          Relay_log_pos: 0
```

```
              Master_log_name:
               Master_log_pos: 0
    Checkpoint_relay_log_name:
     Checkpoint_relay_log_pos: 0
   Checkpoint_master_log_name:
    Checkpoint_master_log_pos: 0
             Checkpoint_seqno: 0
        Checkpoint_group_size: 64
      Checkpoint_group_bitmap:
                 Channel_name:
1 row in set (0.00 sec)
```

各欄位的說明如下。

- Id：資料 ID，也 是 Worker 執 行 緒 的 ID，對 應 於 performance_schema. replication_applier_status_by_worker 資料表的 WORKER_ID 欄位（如果停止複製，該欄位值仍然存在，不像 performance_schema.replication_applier_status_by_worker 資料表的 THREAD_ID 欄位會被清空）。

- Relay_log_name：每個 Worker 執行緒目前最新執行的 relay log 檔名。

- Relay_log_pos：每個 Worker 執行緒目前最新執行的 relay log 檔案中的位置。

- Master_log_name：每個 Worker 執行緒目前最新執行的主資料庫 binlog 檔名。

- Master_log_pos：每個 Worker 執行緒目前最新執行的主資料庫 binlog 檔案的位置。

- Checkpoint_relay_log_name：每個 Worker 執行緒最新檢查點的 relay log 檔名。

- Checkpoint_relay_log_pos：每個 Worker 執行緒最新檢查點的 relay log 檔案的位置。

- Checkpoint_master_log_name：每個 Worker 執行緒最新檢查點對應於主資料庫的 binlog 檔名。

- Checkpoint_master_log_pos：每個 Worker 執行緒最新檢查點對應於主資料庫 binlog 檔案的位置。

- Checkpoint_seqno：每個 Worker 執行緒目前最新執行完成的交易序號，這個序號的大小，乃是相對於每個 Worker 執行緒自己最新的檢查點而言，並不是真正的交易序號。

- Checkpoint_group_size：每個 Worker 執行緒的執行佇列若大於這個欄位值時，就會觸發目前 Worker 執行緒執行一次檢查點。

- Checkpoint_group_bitmap：備援資料庫崩潰之後恢復的關鍵值，它是一個點陣圖值，表示每個 Worker 執行緒在自己最新檢查點中已經執行的交易。

- Channel_name：複製通道名稱，多主複製時顯示指定的複製通道名稱，單主複製時該欄位為空。

資料表的內容對備援資料庫多執行緒複製的崩潰恢復十分重要，所以下文針對此機制的恢復過程，進行一些必要的說明。

備援資料庫多執行緒複製如何進行複製分發？

MySQL 5.7 版加入根據交易的平行複製（根據列），主資料庫在 binlog 的 GTID 事件新加入 last_commit 和 sequence_number 標記，用來表示每個 binlog 檔案中單個 group 的提交順序（每個 binlog 檔案都重置這兩個計數標記）。在每個給定的 binlog 檔案中，單個 group 的 last_commit 值，總是為上一個 group 中最大的 sequence_number 值、目前 group 中最小的 sequence_number 值減 1（last_commit 總是從 0 開始計數，sequence_number 則總是從 1 開始計數）。

備援資料庫 relay log 記錄的主資料庫 binlog，不會改變後者的 server id、時間戳記、last_commit 和 sequence_number 值。這樣一來，備援資料庫 SQL 執行緒在重播 binlog 時，就能依據這些資訊決定是否需要嚴格按照主資料庫的提交順序來提交（重播的交易只是分發順序按照主資料庫的提交順序，但是真正提交這些交易時，是否依照主資料庫的提交順序進行，還得取決於 slave_preserve_commit_order 變數，當設為 1 時，表示嚴格按照 relay log 中的順序提交；當設為 0 時，表示備援資料庫會自行決定提交順序）。

SQL 執行緒平行分發的原理如下：

- SQL 協調器執行緒讀到一個新的交易，然後取出 last_commit 和 sequence_number 值。

- SQL 協調器執行緒判斷取出的 last_commit 值，是否大於目前已執行完成 sequence_number 的最小值（Low Water Mark，簡稱 LWM，也叫低水位線標記）。

- 如果 SQL 協調器執行緒讀到的 last_commit 值，大於目前已執行完成的 sequence_number 值，則說明上一個 group 的交易還沒有全部完成。此時 SQL 協調器執行緒需要等待所有的 Worker 執行緒執行完成上一個 group 的交易，等待 LWM 變大，直到 last_commit 值與目前已執行完成交易的最小

sequence_number 值相等，才能繼續分發新的交易給空閒的 Worker 執行緒（平行複製是針對單個 group 的交易進行，所以 group 之間是串列形式，當一個 group 未執行完成之前，下一個 group 的交易必須等待，只有同一個 group 的交易才允許並行執行。根據前文的描述，每個 group 交易的 last_commit 值，總是為目前 group 中最小的 sequence_number 值減 1。亦即，如果 SQL 協調器執行緒讀到 last_commit 值，小於目前已執行完成交易的 sequence_number 最小值，就表示目前所有 Worker 執行緒正在執行的交易處於同一個 group 中。也就是說，SQL 協調器執行緒可以繼續往下尋找空閒的 Worker 執行緒進行分發；否則，SQL 協調器執行緒就需要等待）。

- SQL 協調器執行緒透過統計 Worker 執行緒返回的狀態，尋找一個空閒的 Worker 執行緒，如果找不到，則 SQL 協調器執行緒便得等待，直至找到一個空閒的 Worker 執行緒為止（如果有多個空閒的 Worker 執行緒，便隨機選擇一個進行分發）。

- 將目前交易的 binlog 事件分發給選定的空閒 Worker 執行緒，後者會處理這個交易，接下來 SQL 協調器執行緒繼續讀取新的 binlog 事件（注意：SQL 協調器執行緒是以事件，而不是以交易為單位進行分發，所以，將一個交易的第一個事件分發給選定的 Worker 執行緒之後，後續讀到的新事件如果同屬一個交易，那麼在進入下一個交易之前的所有事件，都會分發給同一個 Worker 執行緒。分發完一個交易中所有的 binlog 事件後，倘若讀取到下一個新的交易，SQL 協調器執行緒便會重覆上述判斷流程）。

下文說明備援資料庫多執行緒複製的崩潰恢復。

從前文介紹多執行緒複製分發的原理得知，處於同一個 group 的交易是平行應用且隨機分發的。當備援資料庫正常運行過程中，如果發生崩潰，那麼在所有 Worker 執行緒正在執行的交易中，哪些是已經完成，哪些尚未完成，其實無法以單個位置來確定（因為平行複製時有可能是亂序提交，端賴如何設定 slave_preserve_commit_order 變數）。也就是說，所有 Worker 執行緒正在執行的最大位置和最小位置之間可能有中斷點。那麼，MySQL 是如何解決備援資料庫崩潰恢復時，中斷點的後續處理問題呢？

為了解決這個問題，MySQL 對 Worker 執行緒的狀態做了很多記錄工作。首先維護一個佇列，名為 GAQ（Group Assigned Queue），當 SQL 協調器執行緒分發某一個交易時，會先加入佇列中，然後才按照規則找尋一個空閒的 Worker 執行緒來執行。每次分發到 Worker 執行緒之後，都會分配一個編號，此編號在一段時間內是相

對固定的，一旦分配後，就不會再改變。在 Worker 執行緒執行完某個交易之後，便刷新其位置資訊，這與 MySQL 5.5 版本中 relay_log_info 記錄的原理類似（relay_log_info 存放備援資料庫目前 SQL 執行緒重播的位置）。但現在是多執行緒，每個 Worker 執行緒的位置不能直接存放在 relay_log_info 中，其內是所有 Worker 執行緒匯總之後的位置。每個 Worker 執行緒獨立的位置資訊位於 mysql.slave_worker_info 資料表，該表有多少個平行複製執行緒，就有多少列記錄（如果是多主複製，那麼每個複製通道都具有 slave_parallel_workers 變數指定的筆數）。

在 mysql.slave_worker_info 資料表中，以 Checkpoint 開頭的欄位記錄每個 Worker 執行緒的檢查點相關資訊（這裡與 InnoDB 儲存引擎的檢查點不同，但是概念相通）。Worker 執行緒檢查點的作用是什麼呢？

前文曾提及，SQL 協調器執行緒分發交易給 Worker 執行緒之前，會先存入 GAQ 中，但是這個佇列的長度有限（是不是很熟悉？跟 redo log 的總大小限制類似），不可能無限制增長。所以必須在佇列中找到一個位置點，就是 GAQ 的起點位置，在此位置之前的 binlog，就表示已經執行完成了。確定這個位置的過程，就叫作檢查點。在多執行緒複製的過程中，隨著每個 Worker 執行緒不斷地應用交易的 binlog，檢查點在 GAQ 中也不斷地向前推進，每個 Worker 執行緒透過 Checkpoint_point_bitmap 欄位記錄已經執行過的交易，以及每個已執行交易與之對應、當時最新檢查點的相對位置。這樣一來，當複製意外中斷，重新開始複製時，就能透過所有 Worker 執行緒記錄的 Checkpoint_point_bitmap 欄位，計算出哪些是已經執行過，哪些是還未執行的交易。亦即，利用所有 Worker 執行緒記錄的 Checkpoint_point_bitmap 資訊執行一次檢查點操作，便能找到一個合適的恢復位置。執行檢查點的大致過程如下（注意：這裡是執行檢查點的過程，與備援資料庫崩潰恢復的過程無關）：

- GAQ 從尾部開始掃描，如果是已經執行過的交易，則直接從佇列中刪除。

- 持續掃描 GAQ，直至找到一個未執行過的交易，即停止掃描。

- 在上述步驟中，掃描動作停止前找到的最後一個交易，便確定為檢查點的最新位置，並且標記為 LWM（低水位線標記）。

- 將目前標記為 LWM 的交易位置（master_log_pos 和 relay_log_pos 位置），設定為此次檢查點對應的位置。

- 透過所有的 Worker 執行緒檢查自己的檢查點，也就是查看每個 Worker 執行緒的 Checkpoint_seqno 欄位值。每個 Worker 執行緒在提交交易時，會更新這個欄位，內容為最新檢查點的相對位置。

- 將本次執行檢查點的位置記錄到 mysql.slave_relay_log_info 資料表，以作為全域 binlog 應用的位置。

下文說明備援資料庫崩潰恢復的過程。

首先，讀取 mysql.slave_master_info、mysql.slave_relay_log_info、mysql.slave_worker_info 資料表，從 mysql.slave_master_info 資料表找到連接主資料庫的資訊，從 mysql.slave_relay_log_info 資料表找到全域最新的複製位置以及 Worker 執行緒個數，從 mysql.slave_worker_info 資料表找到每一個 Worker 執行緒對應的複製資訊位置。

接下來，以 mysql.slave_relay_log_info 資料表的位置（就是全域最新的檢查點位置）為準，判斷所有 Worker 執行緒的位置，在這個位置之前的 Worker 執行緒位置，表示已經執行過這些交易，直接刪除；在這個位置之後的 Worker 執行緒位置，表示尚未執行過這些交易（根據每個 Worker 執行緒在 mysql.slave_worker_info 資料表記錄的 Checkpoint_seqno 和 Checkpoint_group_bitmap 欄位值，計算出哪些交易沒有執行過，然後透過每個 Worker 執行緒在 mysql.slave_worker_info 資料表記錄的其他 checkpoint 欄位資訊，轉換為對應的全域檢查點位置。最後根據所有 Worker 執行緒的轉換位置資訊，匯總為一個共同的 bitmap，再以這個共同的 bitmap 比對 mysql.slave_relay_log_info 資料表的位置，就能取得還沒執行過的交易）。找出未完成的交易後，就一個一個重新應用這些交易串列（應用一個便更新一次 mysql.slave_relay_log_info 資料表。為什麼要串列？如果在恢復過程中再次崩潰，還可以正確恢復位置）。應用完成之後清空 mysql.slave_worker_info 資料表。然後啟動複製執行緒，繼續從主資料庫抓取最新的 binlog 進行資料複製。

提示：如果在主備複製架構中有兩個以上的備援資料庫，且備援資料庫永遠不做提升主資料庫的操作，則可利用下列方法最佳化延遲（在該場景下，備援資料庫無須擔心資料遺失的問題，因為有另外一個備援資料庫 + 不做主從切換，只需專心提供快速應用主資料庫 binlog 與唯讀業務即可）。

- 關閉 log_slave_updates 參數，減少備援資料庫 binlog 的寫入量（如果不做級聯複製，甚至可以同時關閉 binlog）。
- 設定 innodb_flush_log_at_trx_commit 參數為 0 或 2，減少提交交易時 redo log 的等待頻率。
- 設定 sync_binlog 參數為預設值或者更大的值，減少提交交易時 binlog 的等待頻率。

● 設定 slave_preserve_commit_order 參數為 OFF（預設值為 OFF，設為 ON 時
要求開啟 binlog 和 log_slave_updates 參數），減少嚴格按照主資料庫順序提
交時，提交交易的等待時間。

15.2.4　gtid_executed

前面介紹三個資料表的內容都不包括 GTID 資訊，當資料庫運行時，與 GTID 相
關的資訊都是儲存在 performance_schema 的複製資訊表。但是這些皆是記憶體表，
記錄的資訊會遺失。gtid_executed 才是儲存 GTID 資訊的持久表，該表提供與目前實
例一致的 GTID 集合（儲存為所有交易分配的 GTID 集合，GTID 集合由 UUID 集合
構成，每個 UUID 集合的組成為 uuid:interval[:interval]...，例如：28b13b49-3dfb-11e8-
a76d-5254002a54f2:1-600401,3ff62ef2-3dfb-11e8-a448-525400c33752:1-110133）。

● GTID 在整個複寫拓撲中是全域唯一，其中的交易序號是一個單調遞增的無
間隙數字。正常情況下，commit 用戶端的資料異動時將分配一個 GTID，且
會記錄到 binlog。這些 GTID 透過複製元件在其他實例重播時，也會保留其
來源不變。但是如果用戶端自行以 sql_log_bin 變數關閉 binlog 記錄，或者執
行的是一個唯讀交易，那麼伺服器便不會分配 GTID，binlog 也不會有 GTID
記錄。

● 當備援資料庫接收到 GTID 集合已經包含 GTID 時，便予以忽略，並且不會
報錯，也不會執行交易。

從 MySQL 5.7.5 開始，GTID 存放在 mysql 系統資料庫的 gtid_executed 資料表。
對於每個 GTID 集合，預設情況下只記錄起始和結束交易序號對應的 GTID。只有在
資料庫初始化或執行 update_grade 升級時才會建立此資料表，不允許手動建立和修
改。當有用戶端資料寫入，或者從其他主資料庫透過複製外掛程式同步資料時，才
會有新的 GTID 記錄寫入。另外，gtid_executed 資料表的記錄，將於 binlog 滾動或
者實例重啟時被更新（當日誌滾動時，需要把最新 binlog 之外，其他 binlog 的所有
GTID 集合記錄到該資料表；當實例重啟時，則把所有 binlog 的 GTID 集合寫入該資
料表）。

由於有 mysql.gtid_executed 資料表記錄 GTID（避免 binlog 毀壞時遺失 GTID 歷
史記錄），所以，從 MySQL 5.7.5 版本開始，複寫拓撲中的備援資料庫允許關閉
binlog，也允許在 binlog 開啟的情況下關閉 log_slave_updates 參數。

　　由於 GTID 必須在 gtid_mode 參數為 ON 或為 ON_PERMISSIVE 時才產生,所以 gtid_executed 資料表自然也得依賴 gtid_mode 參數為前述值時,才會進行記錄。另外,該資料表是否即時儲存 GTID,取決於是否開啟 binlog,或者開啟 binlog 時是否啟用 log_slave_updates 參數。

- 當禁用 binlog 記錄(log_bin 參數為 OFF),或者啟用 binlog 但禁用 log_slave_updates 參數時,伺服器會在提交每個交易時,把相關的 GTID 同步更新到資料表中。此時,gtid_executed 資料表的 GTID 將啟動週期性自動壓縮功能,每當達到 gtid_executed_compression_period 系統變數指定的數量時,就壓縮一次該資料表的 GTID 集合(也就是對每個 UUID 對應的交易序號的記錄取一個最大值、一個最小值,刪除中間值)。請注意:週期性自動壓縮功能僅針對備援資料庫,對主資料庫無效,因為後者必須啟用 binlog,且 log_slave_updates 參數不影響主資料庫。

- 當啟用 binlog 記錄(log_bin 參數為 ON)和 log_slave_updates 參數時,週期性自動壓縮功能失效。只在 binlog 日誌滾動或者伺服器關閉時,資料表的記錄才會進行壓縮,並且把除最後一個 binlog 之外,其他所有 binlog 包含的 GTID 集合寫入該資料表。

注意:

- 如果啟用 binlog 記錄(log_bin 參數為 ON)與 log_slave_updates 參數,那麼 gtid_executed 資料表不會即時記錄 GTID。也就是説,完整的 GTID 集合有一部分位於該資料表,另一部分記錄在 binlog。一旦伺服器發生崩潰,恢復時就會讀取 binlog 最新的 GTID 集合,然後合併到該資料表。

- 執行 RESET MASTER 語句時,將清空 gtid_executed 資料表的記錄。

下面給出 gtid_executed 資料表的記錄週期性執行壓縮的範例。

```
# 假設資料表有下列即時記錄的 GTID
mysql> SELECT * FROM mysql.gtid_executed;
| -------------------------------- + -------------- + ------------ |
| source_uuid                      | interval_start | interval_end |
| -------------------------------- + -------------- + ------------ |
| 3E11FA47-71CA-11E1-9E33-C80AA9429562 | 37         | 37           |
| 3E11FA47-71CA-11E1-9E33-C80AA9429562 | 38         | 38           |
| 3E11FA47-71CA-11E1-9E33-C80AA9429562 | 39         | 39           |
| 3E11FA47-71CA-11E1-9E33-C80AA9429562 | 40         | 40           |
| 3E11FA47-71CA-11E1-9E33-C80AA9429562 | 41         | 41           |
| 3E11FA47-71CA-11E1-9E33-C80AA9429562 | 42         | 42           |
```

```
| 3E11FA47-71CA-11E1-9E33-C80AA9429562 | 43                 | 43             |
...
```

每當達到 gtid_executed_compression_period 系統變數定義的交易數量時，就啟動壓縮功能，將 GTID 壓縮為一列記錄，如下所示

```
| ---------------------------------- + -------------- + ------------ |
| source_uuid                        | interval_start | interval_end |
| ---------------------------------- + -------------- + ------------ |
| 3E11FA47-71CA-11E1-9E33-C80AA9429562 | 37             | 43           |
...
```

注意：當 gtid_executed_compression_period 系統變數設為 0 時，表示週期性自動壓縮功能失效，需要預防資料表爆量的風險

各欄位的說明如下。

● source_uuid：代表資料來源的 GTID 集合。

● interval_start：每個 UUID 集合的最小交易序號。

● interval_end：每個 UUID 集合的最大交易序號。

針對 gtid_executed 資料表的壓縮功能，由名為 thread/sql/compress_gtid_table 的專用前台執行緒負責。SHOW PROCESSLIST 無法查看該執行緒，但可於 performance_schema.threads 資料表查到（大多數時候，thread/sql/compress_gtid_table 執行緒都處於睡眠狀態，直到超過 gtid_executed_compression_period 個交易之後，便喚醒此執行緒壓縮 mysql.gtid_executed 資料表。然後繼續進入睡眠狀態，直到下一次符合條件時，再被喚醒、執行壓縮，餘依此類推，無限重覆此循環。但是當關閉 binlog，或者啟用 binlog 而關閉 log_slave_updates 參數時，gtid_executed_compression_period 變數被設為 0，意謂著該執行緒始終處於休眠狀態，而且永遠不會被喚醒），如下所示。

```
mysql> SELECT * FROM performance_schema.threads WHERE NAME LIKE '%gtid%'\G
*************************** 1. row ***************************
           THREAD_ID: 26
                NAME: thread/sql/compress_gtid_table
                TYPE: FOREGROUND
      PROCESSLIST_ID: 1
    PROCESSLIST_USER: NULL
    PROCESSLIST_HOST: NULL
      PROCESSLIST_DB: NULL
 PROCESSLIST_COMMAND: Daemon
    PROCESSLIST_TIME: 1509
   PROCESSLIST_STATE: Suspending
    PROCESSLIST_INFO: NULL
```

```
     PARENT_THREAD_ID: 1
                 ROLE: NULL
         INSTRUMENTED: YES
              HISTORY: YES
      CONNECTION_TYPE: NULL
        THREAD_OS_ID: 18677
```

15.2.5 ndb_binlog_index

ndb_binlog_index 資料表提供與 NDB 叢集引擎相關的統計資訊。由於一般較少使用 NDB 儲存引擎,因此這裡不做過多介紹,有興趣的讀者可自行研究。

溫馨提示:關於文中提到參數的詳細解釋,可參考本書下載資源的「附錄 C」。

第 16 章

mysql 系統資料庫之日誌記錄表

MySQL 伺服器（下文統稱為伺服器）層的日誌分為錯誤日誌（error log）、普通查詢日誌（general query log）、慢查詢日誌（slow query log）、二進位日誌（binary log）和 DDL 日誌（ddl log），預設情況下，這些日誌都存放在磁碟中。其中 DBA 日常維護資料庫時，查詢最頻繁的就是普通查詢日誌和慢查詢日誌。這兩種日誌在檔案中是純文字格式且無滾動功能，日積月累，當檔案慢慢變大之後，便難以快速檢索。那麼，有沒有方便檢索這兩種日誌的辦法呢？有，mysql 系統資料庫提供 slow_log 和 general_log 兩個 CSV 引擎表保存上述日誌，這樣就可以透過標準的 SQL 語句檢索與過濾資料。本章將詳細介紹這兩個資料表。

16.1 日誌資訊概述

MySQL 的日誌系統包含：普通查詢日誌、慢查詢日誌、錯誤日誌（記錄伺服器啟動、運行、停止時的錯誤訊息）、二進位日誌（記錄伺服器運行過程中資料異動的邏輯日誌）、中繼日誌（記錄備援資料庫 I/O 執行緒從主資料庫取得的資料變更日誌）、DDL 日誌（記錄 DDL 語句執行時的中繼資料變更資訊。MySQL 5.7 只支援寫入檔案，MySQL 8.0 已支援寫入 innodb_ddl_log 資料表。請注意，DDL 日誌與 online ddl 的 alter log 不同，alter log 是在執行 online ddl 的過程中暫存 DML 語句的記憶體緩衝區，不要搞混了）。在 MySQL 5.7 中，只有普通查詢日誌、慢查詢日誌支援寫入資料表（也能寫入檔案），其他日誌類型只支援寫入檔案。所以，針對日誌系統表，下文主要介紹普通查詢日誌表和慢查詢日誌表。

預設情況下，除了 Windows 的錯誤日誌外，其他平台的所有日誌均不啟用（DDL 日誌只在需要時建立，並且無使用者可組態的選項）。

正常情況下，所有日誌均寫入 datadir 目錄，但可利用每種日誌對應的路徑參數自行更改路徑。

- 普通查詢日誌：general_log_file=/home/mysql/data/mysqldata1/mydata/localhost.log。

- 錯誤日誌：log_error=/home/mysql/data/mysqldata1/log/error.log。

- 慢查詢日誌：slow_query_log_file=/home/mysql/data/mysqldata1/slowlog/slow-query.log。

- 二進位日誌：log_bin_basename=/home/mysql/data/mysqldata1/binlog/mysql-bin、log_bin_index=/home/mysql/data/mysqldata1/binlog/mysql-bin.index。

- 中繼日誌：relay_log_basename=/home/mysql/data/mysqldata1/relaylog/mysql-relay-bin、relay_log_index=/home/mysql/data/mysqldata1/relaylog/mysql-relay-bin.index。

預設情況下，所有日誌都寫入檔案，但普通查詢日誌和慢查詢日誌允許透過 log_output=TABLE 設定，保存到 mysql.general_log 和 mysql.slow_log 資料表（MySQL 8.0 可以組態 DDL 日誌，以便輸出到錯誤日誌，或者存放到 innodb_ddl_log 資料表）。

內定情況下，二進位日誌根據 max_binlog_size 參數的大小自動滾動，中繼日誌則根據 max_relay_log_size 或 max_binlog_size 參數的大小自動滾動（如果 max_relay_log_size 參數設為 0，則按照 max_binlog_size 參數的大小滾動）。其他類型的日誌不會滾動，總是使用同一個檔案。所以，當這類日誌增長過大之後，需要自行切割，可參考下列方法。

- 移走原始檔案內容，然後產生一個新的空檔案，完成內容的切割。定期重覆該步驟，就能實作定期切割日誌。參考步驟（注意，請避開業務高峰期）：使用 mv 命令移除日誌檔（mv logfile logfile.bak），然後執行一道寫入語句產生新的日誌檔。產生新日誌檔的方法有多種：第一，可以登入資料庫實例，以 FLUSH LOGS 語句刷新重新產生的新日誌檔（但該語句適用於所有類型的日誌，若想針對具體類型的日誌刷新，可改用 FLUSH BINARY LOGS 語句刷新二進位日誌，FLUSH ERROR LOGS 語句刷新錯誤日誌，FLUSH GENERAL LOGS 語句刷新普通查詢日誌，FLUSH SLOW LOGS 語句刷新慢查詢日誌，FLUSH RELAY LOGS 語句刷新中繼日誌，FLUSH ENGINE LOGS 語句刷新與儲存引擎相關的任何日誌）。第二，登入資料庫實例，使用 FLUSH TABLES 或者 FLUSH TABLE WITH READ LOCK 語句產生新的日誌檔。第三，使用一些命令列工具選項產生新的日誌檔（本質上也是執行

刷新語句，只是利用工具自動傳送到資料庫執行），例如：mysqladmin 命令的 flush-logs 選項，或者是 mysqldump 命令的 flush-logs 和 --master-data 選項。

日誌表的實作具有下列特徵：

- 通常，日誌表的主要用途是為程式提供一個存取介面，以便查看伺服器內部的 SQL 運行情況。所以，將日誌存放於資料表，比放到檔案會更加方便，因為可以遠端存取這些資料表的日誌記錄，而不需要登入作業系統開啟檔案。

- 對於日誌表可以使用 CREATE TABLE、ALTER TABLE 和 DROP TABLE 語句，但前提是需要以對應的變數開啟、關閉日誌表，不能在使用期間異動（例如：設定 set global general_log=0，然後操作 general_log 資料表）。

- general_log 和 slow_log 資料表預設是 CSV 引擎表，使用逗號分隔的格式存放日誌記錄，因此可以很方便地將 CSV 檔案匯入其他程式處理，例如：Excel 試算表。

- 日誌表允許修改引擎為 MyISAM，但是修改之前必須先停止資料表的使用。合法的引擎為 CSV 和 MyISAM，不支援其他引擎。

若想禁用日誌表以便進行相關的 DDL 語句，則可按照下列步驟執行（以慢查詢表為例進行說明，slow_log 和 general_log 日誌表的操作方式類似）。

```
SET @old_log_state = @@global.general_log;
SET GLOBAL general_log ='OFF';
ALTER TABLE mysql.general_log ENGINE = MyISAM;
SET GLOBAL general_log = @old_log_state;
```

可以利用 TRUNCATE TABLE 清空日誌記錄，RENAME TABLE 實作日誌表的歸檔，或對新舊資料表進行名稱互換操作，如下所示。

```
use mysql;
DROP TABLE IF EXISTS general_log2;
CREATE TABLE general_log2 LIKE general_log;
RENAME TABLE general_log TO general_log_backup, general_log2 TO general_log;
```

對於日誌表的注意事項如下：

- 允許使用 CHECK TABLE 語句。

- 不能使用 LOCK TABLE 語句。

- 不能使用 INSERT、DELETE 和 UPDATE 語句，日誌表的記錄變更由伺服器內部維護，不允許手動操作。

- FLUSH TABLES WITH READ LOCK 和 read_only 系統變數的設定，對日誌表沒有影響。伺服器內部始終可以寫入日誌表。

- 對日誌表的資料變更操作，不會記錄到 binlog 中，因此不會複製到備援資料庫。

- 允許使用 FLUSH TABLES 或 FLUSH LOGS 語句刷新日誌表或日誌檔。

- 日誌表不支援分區表。

- mysqldump 備份包含重新建立這些資料表的語句，以便在重新載入備份檔案後恢復日誌表的結構，但是不會備份日誌表的記錄內容。

- MySQL 的查詢日誌、錯誤日誌等是以明文記錄，所以可能會記錄使用者的純文字密碼資訊，可透過 rewrite 外掛程式採用原始格式記錄。

16.2 日誌表詳解

16.2.1 general_log

general_log 資料表提供普通 SQL 語句的執行記錄資訊，以便查看用戶端到底在伺服器執行什麼 SQL 語句。除 general_log 之外，還可以使用企業版的 audit log（稽核日誌）外掛程式達到類似的目的（本文不做說明，有興趣的讀者請自行研究）。

開始執行 SQL 語句後，該資料表就會進行記錄，而不是等到 SQL 語句執行結束後才記錄。

下面是該表儲存的資訊。

```
mysql> set global log_output='TABLE';
Query OK, 0 rows affected (0.00 sec)

mysql> set global general_log=1;
Query OK, 0 rows affected (0.01 sec)

mysql> select * from mysql.general_log\G
*************************** 1. row ***************************
  event_time: 2020-01-07 09:48:20.659251
   user_host: root[root] @ localhost []
```

```
    thread_id: 18
    server_id: 3306102
command_type: Query
    argument: select * from mysql.general_log
1 row in set (0.00 sec)

mysql> select connection_id();
+-----------------+
| connection_id() |
+-----------------+
| 18              |
+-----------------+
1 row in set (0.00 sec)
```

各欄位的說明如下。

- event_time：查詢日誌記錄到資料表的 log_timestamps 系統變數值，用於標識日誌記錄何時寫入資料庫。

- user_host：查詢日誌記錄的來源，包括使用者和主機名稱資訊。

- thread_id：查詢日誌記錄執行時的 process id。

- server_id：執行該查詢的資料庫實例 ID。

- command_type：查詢的 command 類型，通常都是 query。

- argument：執行查詢的 SQL 語句字串。

mysqld 按照接收請求的順序，將語句寫入查詢日誌（可能與它們的執行順序不同）。

在主備複製架構中：

- 若主資料庫使用根據 statement 的日誌格式，備援資料庫在重播這些語句之後，會把這些語句記錄在自己的查詢日誌（需要啟用查詢日誌記錄功能）。以 statement 格式記錄的 binlog，在利用 mysqlbinlog 命令解析、匯入資料庫後，如果實例開啟了查詢日誌記錄功能，則這些解析語句也會記錄到查詢日誌。

- 若主資料庫使用根據 row 的日誌格式，備援資料庫在重播這些資料變更之後，不會記錄這些語句到查詢日誌。

- 若主資料庫使用根據 mixed 的日誌格式，如果它是以 statement 格式記錄，則備援資料庫在重播這些資料變更之後，會把語句記錄到自己的查詢日誌（需要啟用查詢日誌記錄功能）。如果主資料庫在記錄 binlog 時被轉換為 row 格

式,便比照 row 格式複製一樣,備援資料庫在重播這些資料變更之後,不會寫入這些語句到查詢日誌。

對於查詢日誌,可以利用 sql_log_off 系統變數動態關閉目前工作階段,或者所有工作階段的查詢日誌記錄功能(與 sql_log_bin 系統變數的作用類似)。

對於查詢日誌開關的 general_log 變數,以及查詢磁碟日誌檔路徑的 general_log_file 變數,都允許動態修改(如果查詢日誌處於開啟狀態,則以 general_log_file 變數修改查詢日誌路徑時,將關閉舊的查詢日誌,重新開啟新的查詢日誌)。當啟用查詢日誌記錄功能時,日誌將保存到系統變數 log_output 指定的目的地(將 log_output 設為 'FILE' 時,日誌便保存到 general_log_file 變數指定的路徑下;當將 log_output 設為 'TABLE' 時,日誌則保存到 mysql.general_log 資料表)。

如果啟用查詢日誌記錄功能,且將 log_output 設為 'FILE',則當伺服器重新開機時,倘若查詢日誌存在,便直接重新打開;如果查詢日誌不存在,則重新建立。如果需要在伺服器運行時動態歸檔查詢日誌,則可按照下列命令操作(Linux 或 UNIX 平台)。

```
shell> mv host_name.log host_name-old.log
shell> mysqladmin flush-logs
shell> mv host_name-old.log backup-directory
# Windows 平台請直接重新命名,而不是使用 mv 命令
```

或者在伺服器運行時,透過語句先關閉查詢日誌記錄功能,然後以外部命令來歸檔,最後重新啟用查詢日誌記錄功能,這樣就不需要使用 flush-logs 命令刷新日誌檔了。此方法適用於任何平台,命令如下:

```
mysql> SET GLOBAL general_log ='OFF';
# 在禁用查詢日誌記錄功能的情況下,從外部重新命名日誌檔。例如,從命令列重新命名日誌檔,然
後再次啟用查詢日誌記錄功能

mysql> SET GLOBAL general_log ='ON';
# 此方法適用於任何平台,伺服器不需要重新開機
```

預設情況下,在伺服器執行的語句如果帶有密碼,則該語句在伺服器處理之後再寫入查詢日誌;如果打算記錄純文字密碼,則需加上 --low-raw 選項啟動伺服器(該選項會繞過密碼覆寫功能)。通常不建議將純文字密碼記錄到查詢日誌,因為不安全,但是如果有必要,則請自行判斷(例如:需要查詢原始語句來排查問題時)。

在帶有密碼的語句中,如果指定密碼是一個 hash 值,則不會覆寫密碼字串。例 如:CREATE USER 'user1'@'localhost' IDENTIFIED BY PASSWORD 'not-so-secret'

就會被原原本本地記錄下來。但是如果去掉 PASSWORD 關鍵字，變成 CREATE USER 'user1'@'localhost' IDENTIFIED BY 'not-so-secret'，則在查詢日誌便會被覆寫為 CREATE USER 'user1'@'localhost' IDENTIFIED WITH 'mysql_native_password' AS ' '。

正常情況下，一些語法錯誤的 SQL 語句也不會記錄到查詢日誌，但是加上 --low-raw 選項啟動的伺服器，將記錄所有的原始 SQL 語句。

查詢日誌表的時間戳記來自系統變數 log_timestamps（包括慢查詢日誌檔和錯誤日誌檔的時間戳記都是如此）。查詢此時間戳記值時，可以使用 CONVERT_TZ() 函數或者透過設定工作階段，將這些資料表的時間戳記從本地系統時區轉換為任意時區（修改工作階段等級的 time_zone 變數值）。

16.2.2 slow_log

slow_log 資料表提供執行時間超過 long_query_time 設定值的 SQL 語句、未使用索引的語句（需要開啟參數 log_queries_not_using_indexes=ON）或者管理語句（需要開啟參數 log_slow_admin_statements=ON）。

下面是該表儲存的資訊。

```
mysql> set global long_query_time=0;
Query OK, 0 rows affected (0.01 sec)

mysql> set global slow_query_log=1;
Query OK, 0 rows affected (0.01 sec)

# 斷開工作階段重新連接
mysql> use test;
Database changed
mysql> show tables;
+----------------+
| Tables_in_test |
+----------------+
| customer       |
| product        |
| shares         |
| test           |
| transreq       |
+----------------+
5 rows in set (0.01 sec)

mysql> select * from test;
```

```
+---+---+------+------+------+------+
| a | b | c    | d    | e    | f    |
+---+---+------+------+------+------+
| 1 | 1 | 1    | 1    | 1    | 1    |
......
+---+---+------+------+------+------+
5 rows in set (0.01 sec)

mysql> select * from mysql.slow_log where sql_text='select * from test'
limit 1\G
*************************** 1. row ***************************
    start_time: 2020-01-07 09:52:25.099614
     user_host: root[root] @ localhost []
    query_time: 00:00:00.000447
     lock_time: 00:00:00.000264
     rows_sent: 6
 rows_examined: 6
            db: test
last_insert_id: 0
     insert_id: 0
     server_id: 3306102
      sql_text: select * from test
     thread_id: 18
1 row in set (0.00 sec)
```

各欄位的說明如下。

- start_time：將慢查詢日誌記錄到資料表的 log_timestamps 系統變數值。

- user_host：帶有使用者和主機名稱（IP 位址）格式的值，用來標識存取來源。

- query_time：慢查詢語句整體的執行時間。

- lock_time：慢查詢語句持有鎖的時間。

- rows_sent：慢查詢語句最終返回給用戶端的資料筆數。

- rows_examined：慢查詢語句在儲存引擎中檢查的記錄數。

- db：慢查詢語句執行時的預設資料庫名稱。

- last_insert_id：通常為 0。

- insert_id：通常為 0。

- server_id：產生慢查詢語句的 server id。

- sql_text：慢查詢日誌的語句。

- thread_id：產生慢查詢日誌的執行緒的 process id。

慢查詢日誌包含執行時間超過 long_query_time 系統變數設定秒數的 SQL 語句，以及檢查列數超過 min_examined_row_limit 系統變數設定值的 SQL 語句（預設情況下該變數為 0，表示不限制檢查列數）。long_query_time 系統變數的最小值和預設值分別為 0 和 10（單位為秒），可以指定為微秒（使用小數），但微秒單位只對記錄到檔案的慢查詢語句有效。對於記錄到資料表的慢查詢語句，則不支援微秒，直接予以忽略。

預設情況下，慢查詢日誌不會記錄管理語句以及未使用索引的語句，但是可以透過 log_slow_admin_statements 和 log_queries_not_using_indexes 系統變數更改預設行為，要求 MySQL 伺服器一併記錄上述語句到慢查詢日誌。

在慢查詢日誌中，語句取得初始鎖的時間不計入執行時間，它所記錄的執行時間為：獲得鎖、並在語句執行完成之後，釋放鎖之前，然後將該語句寫入慢查詢日誌。所以，在慢查詢日誌記錄的語句順序，可能與 MySQL 伺服器接收的語句順序（執行順序）不一樣，因為可能有先執行的語句最後才釋放完所有的鎖，而後執行的語句先釋放完所有的鎖。

預設情況下，不啟用慢查詢日誌記錄功能，若要啟用可以設定 --slow_query_log = 1。慢查詢日誌的檔案名稱，可以透過 --slow_query_log_file = file_name 設定；慢查詢日誌的輸出目標，則可使用 --log-output=FILE|TABLE|NONE 設定。

如果啟用慢查詢日誌記錄功能，但是未指定名稱，則預設在 datadir 目錄下命名為 host_name-slow.log。如果以 --log-output=TABLE 設定存放在資料表，則使用 slow_query_log_file = file_name 設定的路徑便無效。

若想動態修改慢查詢日誌檔案名稱，可以利用 slow_query_log=0 先關閉慢查詢日誌檔，然後以 slow_query_log_file=new_file_name 指定新的慢查詢日誌檔案名稱，最後使用 slow_query_log=1 重新啟用慢查詢日誌檔。

如果啟動 mysqld 時加上 --log-short-format 選項，則 MySQL 伺服器會將較少的慢查詢資訊寫入慢查詢日誌。

如果採用 log_slow_admin_statements=1 設定，則 MySQL 伺服器會在慢查詢日誌記錄下列管理語句：ALTER TABLE、ANALYZE TABLE、CHECK TABLE、CREATE INDEX、DROP INDEX、OPTIMIZE TABLE 和 REPAIR TABLE。

如果採用 log_queries_not_using_indexes=1 設定，則 MySQL 伺服器會把任何不使用索引的查詢語句，記錄到慢查詢日誌。一旦這麼做的話，慢查詢日誌可能會迅

速增長，此時可以透過 log_throttle_queries_not_using_indexes 系統變數，進一步限制記錄未使用索引的語句到慢查詢日誌的速率（注意：該變數限制的是在 60s 內未使用索引的語句數量，而不是限制時間）。內定情況下，這個變數值是 0，表示沒有速率限制。當啟用限制、執行第一個不使用索引的查詢語句之後，便開啟一個 60s 的時間視窗，該視窗將禁止其他同類型查詢語句記錄到慢查詢日誌，等到時間視窗結束之後，伺服器會顯示彙總資訊，表示執行多少次，以及這些次數整體的花費時間。然後進入下一個 60s 的時間視窗。

MySQL 伺服器按照以下順序判斷是否需要記錄語句到慢查詢日誌（不是透過複製重播的語句），如圖 16-1 所示。

- 判斷是否啟用 log_slow_admin_statements 參數，如果是，則判斷是否為管理語句，然後進行下一步處理。

- 判斷是否啟用 log_queries_not_using_indexes 參數，如果是，則判斷查詢語句是否使用索引，然後進行下一步處理。

- 判斷查詢語句的執行時間是否超過 long_query_time 秒，然後進行下一步處理。

- 判斷 min_examined_row_limit 變數的值，如果大於 0，則判斷語句的檢查列數是否超過該變數的值，如果是則記錄到慢查詢日誌，如果未超過則不記錄。

慢查詢日誌記錄的時間戳記，交由 log_timestamps 系統變數控制。

預設情況下，複製架構中備援資料庫不會將重播 binlog 產生的語句寫入慢查詢日誌。如果打算這麼做的話，則需設定變數 log_slow_slave_statements=1。

寫入慢查詢日誌的語句，伺服器會覆寫密碼，不會以純文字形式出現。如果要記錄原始語句，則需加上 --log-raw 選項。

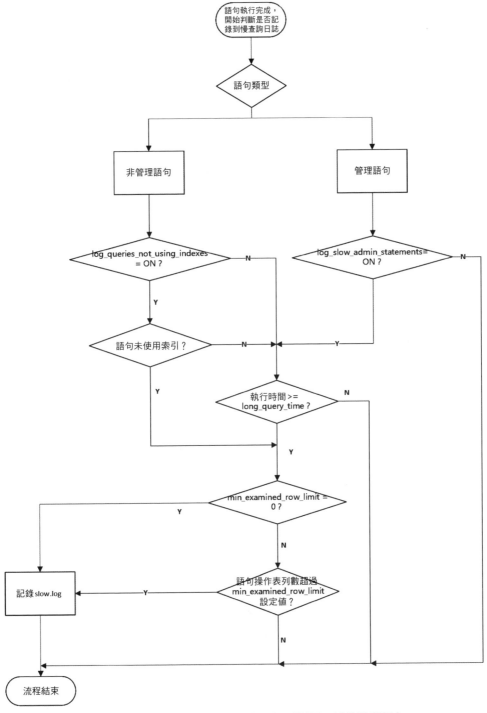

圖 16-1（該圖為慢查詢日誌記錄邏輯判斷圖，並非流程圖）

　　提示：對於管理語句，如果 min_examined_row_limit 系統變數設為非 0 值，將導致這些語句無法記錄到慢查詢日誌。雖然執行完部分管理語句之後，用戶端會返回一個非 0 值的影響列數資訊（例如：以 ALTER 語句修改欄位屬性時，實際影響到欄位的情況，用戶端將返回非 0 值的影響列數），但是在判斷管理語句是否要記錄為慢查詢時，所有 DDL 語句影響的列數總是為 0（也就是說，執行完 DDL 語句之後，用戶端就算返回非 0 值的影響列數，在這裡也仍然無效）。執行 DDL 語句時，返回非 0 值影響列數的範例如下：

```
mysql> alter table sbtest1 modify pad char(100);
Query OK, 1000000 rows affected (12.32 sec)
Records: 1000000 Duplicates: 0 Warnings: 0
```

mysql 系統資料庫應用範例薈萃

經過第 12~16 章針對 mysql 系統資料庫的介紹，相信大家對於什麼是 mysql 系統資料庫已經初步形成一個整體的認識，那麼到底 mysql 系統資料庫在哪些場景可以派上用場呢？本章就引入幾個 mysql 系統資料庫的日常應用範例，以便快速利用 mysql 系統資料庫的相關資訊進行資料庫的管理工作。

17.1 查看使用者不同作用域的權限

17.1.1 查看全域權限

首先建立一個具有全域權限的使用者 test_global，然後給予 Select 權限。全域權限在操作上以「.」表示。

```
mysql> grant select on *.* to test_global@'%' identified by 'test';
Query OK, 0 rows affected, 1 warning (0.00 sec)
```

下一步查詢全域權限表 mysql.user，進而驗證 Select_priv 欄位是否為「Y」，其他欄位是否為「N」。

```
mysql> use mysql;
Database changed
mysql> select * from user where user='test_global'\G
*************************** 1. row ***************************
                Host: %
                User: test_global
         Select_priv: Y    # 從這裡可以看到，mysql.user 資料表只有 Select 權限標記
欄位為「Y」，其餘皆為「N」
         Insert_priv: N
         Update_priv: N
         Delete_priv: N
         Create_priv: N
           Drop_priv: N
```

```
             Reload_priv: N
           Shutdown_priv: N
            Process_priv: N
               File_priv: N
              Grant_priv: N
         References_priv: N
              Index_priv: N
              Alter_priv: N
            Show_db_priv: N
              Super_priv: N
    Create_tmp_table_priv: N
         Lock_tables_priv: N
            Execute_priv: N
          Repl_slave_priv: N
         Repl_client_priv: N
         Create_view_priv: N
           Show_view_priv: N
       Create_routine_priv: N
        Alter_routine_priv: N
         Create_user_priv: N
              Event_priv: N
            Trigger_priv: N
  Create_tablespace_priv: N
                ssl_type:
              ssl_cipher:
             x509_issuer:
            x509_subject:
           max_questions: 0
             max_updates: 0
         max_connections: 0
    max_user_connections: 0
                  plugin: mysql_native_password
   authentication_string: *94BDCEBE19083CE2A1F959FD02F964C7AF4CFC29
        password_expired: N
   password_last_changed: 2020-08-19 12:53:35
        password_lifetime: NULL
          account_locked: N
1 row in set (0.00 sec)
```

　　接下來查詢資料庫權限等級表 db、資料表權限等級表 tables_priv 和欄位權限等級表 columns_priv。理論上，test_global 使用者不應該在這三個資料表有權限記錄，透過下列查詢結果也可以證實此點。

```
mysql> select * from db where user='test_global'\G
Empty set (0.02 sec)
```

```
mysql> select * from tables_priv where user='test_global'\G
Empty set (0.00 sec)

mysql> select * from columns_priv where user='test_global'\G
Empty set (0.00 sec)
```

17.1.2　查看資料庫權限等級

首先建立一個測試資料庫，以及一個具有資料庫權限等級的使用者 test_db，並授予 Select 權限。資料庫等級的權限，在操作上以 db_name.* 形式表示。

```
mysql> create database test_grant;
Query OK, 1 row affected (0.01 sec)

mysql> grant select on test_grant.* to test_db@'%' identified by 'test';
Query OK, 0 rows affected, 1 warning (0.00 sec)
```

接下來查詢全域權限表 mysql.user，發現 test_db 使用者在該資料表有權限記錄，但是所有權限標記欄位皆為「N」。該使用者沒有全域權限，但於此資料表存在相關的權限記錄，乃是因為要在這裡儲存密碼加密字串、密碼過期時間、帳號鎖定狀態等資訊。

```
mysql> select * from user where user='test_db'\G
*************************** 1. row ***************************
                  Host: %
                  User: test_db
           Select_priv: N
           Insert_priv: N
           Update_priv: N
           Delete_priv: N
           Create_priv: N
             Drop_priv: N
           Reload_priv: N
         Shutdown_priv: N
          Process_priv: N
             File_priv: N
            Grant_priv: N
       References_priv: N
            Index_priv: N
            Alter_priv: N
          Show_db_priv: N
            Super_priv: N
  Create_tmp_table_priv: N
       Lock_tables_priv: N
           Execute_priv: N
```

```
                Repl_slave_priv: N
               Repl_client_priv: N
               Create_view_priv: N
                 Show_view_priv: N
            Create_routine_priv: N
             Alter_routine_priv: N
               Create_user_priv: N
                     Event_priv: N
                   Trigger_priv: N
        Create_tablespace_priv: N
                      ssl_type:
                    ssl_cipher:
                   x509_issuer:
                  x509_subject:
                max_questions: 0
                  max_updates: 0
              max_connections: 0
         max_user_connections: 0
                        plugin: mysql_native_password
          authentication_string: *94BDCEBE19083CE2A1F959FD02F964C7AF4CFC29
              password_expired: N
         password_last_changed: 2020-08-19 12:56:09
             password_lifetime: NULL
                 account_locked: N
1 row in set (0.00 sec)
```

現在查詢資料庫權限等級表 db、資料表權限等級表 tables_priv 和欄位權限等級表 columns_priv。理論上，test_db 使用者只會在 mysql.db 資料表存在資料庫等級的 Select 權限記錄，其餘權限表不應該有相關記錄。透過下面的查詢結果，的確也證實只有 mysql.db 資料表存在 test_db 使用者的權限記錄。

```
mysql> select * from db where user='test_db'\G
*************************** 1. row ***************************
                 Host: %
                   Db: test_grant
                 User: test_db
          Select_priv: Y  # 資料庫等級的 Select 權限欄位為「Y」，其餘欄位皆為「N」
          Insert_priv: N
          Update_priv: N
          Delete_priv: N
          Create_priv: N
            Drop_priv: N
           Grant_priv: N
      References_priv: N
           Index_priv: N
           Alter_priv: N
```

```
Create_tmp_table_priv: N
    Lock_tables_priv: N
   Create_view_priv: N
    Show_view_priv: N
Create_routine_priv: N
 Alter_routine_priv: N
       Execute_priv: N
         Event_priv: N
       Trigger_priv: N
1 row in set (0.00 sec)

mysql> select * from tables_priv where user='test_db'\G
Empty set (0.00 sec)

mysql> select * from columns_priv where user='test_db'\G
Empty set (0.00 sec)
```

17.1.3 查看資料表權限等級

首先建立一個測試資料表，以及一個具有資料表權限等級的使用者 test_table，並授予 Select 權限。資料表等級的權限，在操作上以 db_name.table_name 形式表示。

```
mysql> use test_grant
Database changed
mysql> create table test_table_grant(id int);
Query OK, 0 rows affected (0.03 sec)

mysql> grant select on test_grant.test_table_grant to test_table@'%'
identified by 'test';
Query OK, 0 rows affected, 1 warning (0.01 sec)
```

接下來查詢全域權限表 mysql.user，發現 test_table 使用者在該資料表有權限記錄，但是所有權限標記欄位為「N」。該使用者沒有全域權限，但於此資料表存在 test_table 使用者的權限記錄，乃是因為要在這裡儲存密碼加密字串、密碼過期時間、帳號鎖定狀態等資訊。

```
mysql> select * from mysql.user where user='test_table'\G
*************************** 1. row ***************************
               Host: %
               User: test_table
        Select_priv: N
        Insert_priv: N
        Update_priv: N
        Delete_priv: N
        Create_priv: N
```

```
                Drop_priv: N
              Reload_priv: N
            Shutdown_priv: N
             Process_priv: N
                File_priv: N
               Grant_priv: N
          References_priv: N
               Index_priv: N
               Alter_priv: N
             Show_db_priv: N
               Super_priv: N
     Create_tmp_table_priv: N
          Lock_tables_priv: N
             Execute_priv: N
           Repl_slave_priv: N
          Repl_client_priv: N
          Create_view_priv: N
            Show_view_priv: N
       Create_routine_priv: N
        Alter_routine_priv: N
          Create_user_priv: N
               Event_priv: N
             Trigger_priv: N
   Create_tablespace_priv: N
                 ssl_type:
               ssl_cipher:
              x509_issuer:
             x509_subject:
            max_questions: 0
             max_updates: 0
          max_connections: 0
     max_user_connections: 0
                   plugin: mysql_native_password
    authentication_string: *94BDCEBE19083CE2A1F959FD02F964C7AF4CFC29
         password_expired: N
    password_last_changed: 2020-08-19 12:58:13
        password_lifetime: NULL
           account_locked: N
1 row in set (0.00 sec)
```

　　現在查詢資料庫權限等級表 db、資料表權限等級表 tables_priv 和欄位權限等級表 columns_priv。理論上，test_table 使用者只會在 mysql.tables_priv 資料表存在資料表等級的 Select 權限記錄，其餘權限表則無。透過下面的查詢結果，的確也證實只有 mysql.tables_priv 資料表存在 test_table 使用者的權限記錄。

```
mysql> select * from mysql.db where user='test_table'\G
Empty set (0.00 sec)

mysql> select * from mysql.tables_priv where user='test_table'\G
*************************** 1. row ***************************
       Host: %
         Db: test_grant
       User: test_table
 Table_name: test_table_grant
    Grantor: root@localhost
  Timestamp: 0000-00-00 00:00:00
 Table_priv: Select  # Table_priv 欄位值為 Select，表示 test_table 使用者對 test_
table_grant 資料表具有資料表等級 Select 權限
Column_priv:    # Column_priv 欄位為空，表示 test_table 使用者對 test_table_grant
資料表不具有欄位權限等級
1 rows in set (0.00 sec)

mysql> select * from mysql.columns_priv where user='test_table'\G
Empty set (0.00 sec)
```

17.1.4 查看欄位權限等級

首先建立一個對 test_table_grant 資料表具有欄位權限等級的使用者 test_column，並授予 id 欄位的 Select 權限。欄位等級的權限，在操作上以 select(column_name) 形式表示。

```
mysql> grant select(id) on test_grant.test_table_grant to test_column@'%'
identified by 'test';
Query OK, 0 rows affected, 1 warning (0.02 sec)
```

然後查詢全域權限表 mysql.user，發現 test_column 使用者在該資料表有權限記錄，但是所有權限標記欄位皆為「N」。該使用者沒有全域權限，但於此資料表存在 test_column 使用者的權限記錄，乃是因為要在這裡儲存密碼加密字串、密碼過期時間、帳號鎖定狀態等資訊。

```
mysql> select * from mysql.user where user='test_column'\G
*************************** 1. row ***************************
              Host: %
              User: test_column
         Select_priv: N
         Insert_priv: N
         Update_priv: N
         Delete_priv: N
         Create_priv: N
```

```
                    Drop_priv: N
                  Reload_priv: N
                Shutdown_priv: N
                 Process_priv: N
                    File_priv: N
                   Grant_priv: N
              References_priv: N
                   Index_priv: N
                   Alter_priv: N
                 Show_db_priv: N
                   Super_priv: N
       Create_tmp_table_priv: N
             Lock_tables_priv: N
                 Execute_priv: N
              Repl_slave_priv: N
             Repl_client_priv: N
             Create_view_priv: N
               Show_view_priv: N
          Create_routine_priv: N
           Alter_routine_priv: N
             Create_user_priv: N
                   Event_priv: N
                 Trigger_priv: N
      Create_tablespace_priv: N
                     ssl_type:
                   ssl_cipher:
                  x509_issuer:
                 x509_subject:
                max_questions: 0
                  max_updates: 0
              max_connections: 0
         max_user_connections: 0
                       plugin: caching_sha2_password
         authentication_string: *94BDCEBE19083CE2A1F959FD02F964C7AF4CFC29
             password_expired: N
        password_last_changed: 2020-08-19 13:02:38
            password_lifetime: NULL
               account_locked: N
1 row in set (0.00 sec)
```

　　現在查詢資料庫權限等級表 db、資料表權限等級表 tables_priv 和欄位權限等級表 columns_priv 表。理論上，test_column 使用者只會在 mysql.tables_priv、mysql.columns_priv 資料表存在資料表和欄位等級的 Select 權限記錄，其餘權限表則無。透過下面的查詢結果，的確也證實只有 mysql.db 資料表不存在 test_column 使用者的權限記錄。

```
mysql> select * from mysql.db where user='test_column'\G
Empty set (0.00 sec)

mysql> select * from mysql.tables_priv where user='test_column'\G
*************************** 1. row ***************************
        Host: %
          Db: test_grant
        User: test_column
  Table_name: test_table_grant
     Grantor: root@localhost
   Timestamp: 0000-00-00 00:00:00
  Table_priv:  # Table_priv 欄位值為空，表示 test_column 使用者對 test_table_grant
資料表不具有資料表權限等級
 Column_priv: Select  # Column_priv 欄位值為 Select，表示 test_column 使用者對
test_table_grant 資料表具有欄位等級的 Select 權限
1 row in set (0.00 sec)
```

\# 查詢 mysql.tables_priv 資料表後發現，test_column 使用者對 test_table_grant 資料表具有欄位等級的 Select 權限。由於欄位權限等級是針對具體的欄位而授予，因此這些資訊需要透過 mysql.columns_priv 資料表來查詢，如下所示

```
mysql> select * from mysql.columns_priv where user='test_column'\G
*************************** 1. row ***************************
        Host: %
          Db: test_grant
        User: test_column
  Table_name: test_table_grant
 Column_name: id        # 對 id 欄位具有欄位權限等級
   Timestamp: 0000-00-00 00:00:00
 Column_priv: Select  # 欄位權限等級為 Select
1 row in set (0.00 sec)
```

提示：請自行嘗試上述範例未涉及的權限管理，這裡便不再贅述。

17.2 查看統計資訊

由於統計資訊表的欄位以及欄位值的涵義不是很直觀，所以下文便列出相關的欄位以及一些欄位值的解釋。

17.2.1 查看資料表統計資訊

首先建立一個測試資料表 test_stat。

```
mysql> use test
Database changed
mysql> create table test_stat(id int not null primary key auto_increment);
Query OK, 0 rows affected (0.01 sec)
```

然後以 mysql.innodb_table_stats 資料表查看該資料表的統計資訊。由下面的查詢結果得知，最近一次更新統計資訊的時間為「2020-08-19 13:41:46」（也是建立資料表的時間），目前估算資料為 0 列，有一個分頁大小的叢集索引，沒有其他索引。

```
mysql> select * from mysql.innodb_table_stats where table_name='test_stat'\G
*************************** 1. row ***************************
            database_name: test
               table_name: test_stat
              last_update: 2020-08-19 13:41:46
                   n_rows: 0
      clustered_index_size: 1
  sum_of_other_index_sizes: 0
1 row in set (0.00 sec)
```

各欄位的說明，詳見 14.2.1 節「innodb_table_stats」。

17.2.2 查看索引統計資訊

這裡根據 17.2.1 節建立的資料表進行擴充，首先透過 mysql.innodb_index_stats 資料表查詢索引統計資訊，如圖 17-1 所示。

```
root@localhost : test 10:04:33> select * from mysql.innodb_index_stats where table_name='test_stat';
+---------------+------------+------------+---------------------+--------------+------------+-------------+------------------------------------+
| database_name | table_name | index_name | last_update         | stat_name    | stat_value | sample_size | stat_description                   |
+---------------+------------+------------+---------------------+--------------+------------+-------------+------------------------------------+
| test          | test_stat  | PRIMARY    | 2019-01-07 10:04:15 | n_diff_pfx01 |          0 |           1 | id                                 |
| test          | test_stat  | PRIMARY    | 2019-01-07 10:04:15 | n_leaf_pages |          1 |        NULL | Number of leaf pages in the index  |
| test          | test_stat  | PRIMARY    | 2019-01-07 10:04:15 | size         |          1 |        NULL | Number of pages in the index       |
+---------------+------------+------------+---------------------+--------------+------------+-------------+------------------------------------+
3 rows in set (0.00 sec)
```

圖 17-1

為資料表增加兩個欄位，一個欄位建立唯一索引，另一個欄位建立普通索引。

```
mysql> alter table test_stat add column test1 int,add unique index i_
test1(test1);
Query OK, 0 rows affected (0.03 sec)
Records: 0  Duplicates: 0  Warnings: 0

mysql> alter table test_stat add column test2 int,add index i_test2(test2);
Query OK, 0 rows affected (0.03 sec)
Records: 0  Duplicates: 0  Warnings: 0
```

現在再次透過 mysql.innodb_index_stats 資料表查詢索引統計資訊，可以發現多了索引 i_test1 和 i_test2 的統計資訊記錄，如圖 17-2 所示

圖 17-2

各欄位的說明，詳見 14.2.2 節「innodb_index_stats」。

17.3 查看 SQL 日誌資訊

首 先 開 啟 第 一 個 工 作 階 段（ 工 作 階 段 1 ），並 修 改 log_output 變 數 值 為 'TABLE'，修改慢查詢日誌記錄時間為「0」，啟用查詢日誌和慢查詢日誌記錄功能。

```
mysql> set global log_output='TABLE';
Query OK, 0 rows affected (0.00 sec)

mysql> set global general_log=1;
Query OK, 0 rows affected (0.00 sec)

mysql> set global slow_query_log=1;
Query OK, 0 rows affected (0.00 sec)

mysql> set global long_query_time=0;
Query OK, 0 rows affected (0.00 sec)

mysql> select connection_id();
+-----------------+
| connection_id() |
+-----------------+
| 4               |
+-----------------+
1 row in set (0.00 sec)
```

　　然後開啟第二個工作階段（工作階段 2），這裡根據 17.2.1 節建立的資料表進一步擴充，在工作階段 2 對資料表加鎖。

```
mysql> use test
Database changed
mysql> lock table test_stat read;
Query OK, 0 rows affected (0.00 sec)

mysql> select connection_id();
+-----------------+
| connection_id() |
+-----------------+
| 9               |
+-----------------+
1 row in set (0.00 sec)
```

　　接下來開啟第三個工作階段（工作階段 3），在工作階段 3 對 test_stat 資料表插入一筆資料。

```
mysql> select connection_id();
+-----------------+
| connection_id() |
+-----------------+
| 10              |
+-----------------+
1 row in set (0.00 sec)

mysql> use test
Database changed
mysql> begin;# 明確開啟一個交易
Query OK, 0 rows affected (0.00 sec)

mysql> insert into test_stat values(1,1,1);# 被阻塞
```

　　現在回到工作階段 1，查詢 mysql.general_log 和 mysql.slow_log 資料表。

```
# general_log 資料表
mysql> select * from mysql.general_log;
+------------+-----------+-----------+-----------+--------------+----------+
| event_time | user_host | thread_id | server_id | command_type | argument |
+------------+-----------+-----------+-----------+--------------+----------+
# 下面是在第一個工作階段修改變數的語句
| 2020-08-19 14:47:45.857168 | root[root] @ localhost [] | 4| 3306111 |
Query | set global slow_query_log=1 |
```

```
     |2020-08-19 14:47:50.250382|root[root] @ localhost [] | 4 | 3306111 | Query
| set global long_query_time=0 |
     | 2020-08-19 14:48:03.434208 | root[root] @ localhost [] | 4 | 3306111 |
Query | select connection_id() |
     # 下面是在第二個工作階段中對 test_stat 資料表加鎖的語句
     |2020-08-19 14:48:22.284294|[root] @ localhost [] | 9 | 3306111 | Connect |
root@localhost on using Socket |
     |2020-08-19 14:48:22.284637|root[root] @ localhost []|9|3306111
|Query|select @@version_comment limit 1|
     | 2020-08-19 14:48:22.289570 | root[root] @ localhost [] | 9 | 3306111 |
Query | select USER() |
     | 2020-08-19 14:48:23.744586 | root[root] @ localhost [] | 9 | 3306111 |
Query | SELECT DATABASE() |
     | 2020-08-19 14:48:23.744747 | root[root] @ localhost [] | 9 | 3306111 |
Init DB | test |
     | 2020-08-19 14:48:27.529909 | root[root] @ localhost [] | 9 | 3306111 |
Query | lock table test_stat read |
     | 2020-08-19 14:48:39.194290 | root[root] @ localhost [] | 9 | 3306111 |
Query | select connection_id() |
     | 2020-08-19 14:48:55.444310 | [root] @ localhost [] | 10|3306111
|Connect|root@localhost on using Socket |
     # 下面是在第三個工作階段明確開啟一個交易，藉以插入一筆資料的語句
     |2020-08-19 14:48:55.444554|root[root] @localhost []|10|3306111|Query|
select @@version_comment limit 1|
     | 2020-08-19 14:48:55.448847 | root[root] @ localhost [] | 10 | 3306111 |
Query | select USER() |
     | 2020-08-19 14:49:01.473291 | root[root] @ localhost [] | 10 | 3306111 |
Query | select connection_id() |
     | 2020-08-19 14:49:05.088319 | root[root] @ localhost [] | 10 | 3306111 |
Query | SELECT DATABASE() |
     | 2020-08-19 14:49:05.088481 | root[root] @ localhost [] | 10 | 3306111 |
Init DB | test |
     | 2020-08-19 14:49:06.920451 | root[root] @ localhost [] | 10 | 3306111 |
Query | begin |
     | 2020-08-19 14:49:23.457191 | root[root] @ localhost [] | 10 | 3306111 |
Query | insert into test_stat values(1,1,1) |
     # 下面是回到工作階段 1 查詢 general_log 資料表的語句
     | 2020-08-19 14:49:47.280187 | root[root] @ localhost [] | 4 | 3306111 |
Query | select * from mysql.general_log |
     +------------+----------+----------+----------+------------+----------+
     19 rows in set (0.00 sec)
```

　# 由以上資料表明，MySQL 伺服器接收語句、開始執行後，就立即記錄 general_log 資料表的資料。現在查詢 slow_log 資料表

```
mysql> select * from mysql.slow_log;
+-----+-----+-----+-----+-----+-----+-----+-----+-----+-----+-----+------+
| start_time | user_host | query_time | lock_time | rows_sent | rows_
examined | db | last_insert_id | insert_id | server_id | sql_text | thread_id |
+-----+-----+-----+-----+-----+-----+-----+-----+-----+-----+-----+------+
| 2020-08-19 14:48:22.284687 | root[root] @ localhost [] | 00:00:00.000083
| 00:00:00.000000 | 1 | 0 | | 0 | 0 | 3306111 | select @@version_comment
limit 1 | 9 |
| 2020-08-19 14:48:22.289881 | root[root] @ localhost [] | 00:00:00.000379
| 00:00:00.000000 | 1 | 0 | | 0 | 0 | 3306111 | select USER() | 9 |
| 2020-08-19 14:48:23.744671 | root[root] @ localhost [] | 00:00:00.000112
| 00:00:00.000000 | 1 | 0 | | 0 | 0 | 3306111 | SELECT DATABASE() | 9 |
| 2020-08-19 14:48:23.744769 | root[root] @ localhost [] | 00:00:00.000035
| 00:00:00.000000 | 1 | 0 | test | 0 | 0 | 3306111 | Init DB | 9 |
| 2020-08-19 14:48:27.530057 | root[root] @ localhost [] | 00:00:00.000172
| 00:00:00.000160 | 0 | 0 | test | 0 | 0 | 3306111 | lock table test_stat read
| 9 |
| 2020-08-19 14:48:39.194382 | root[root] @ localhost [] | 00:00:00.000126
| 00:00:00.000000 | 1 | 0 | test | 0 | 0 | 3306111 | select connection_id() |
9 |
| 2020-08-19 14:48:55.444605 | root[root] @ localhost [] | 00:00:00.000087
| 00:00:00.000000 | 1 | 0 | | 0 | 0 | 3306111 | select @@version_comment
limit 1 | 10 |
| 2020-08-19 14:48:55.449065 | root[root] @ localhost [] | 00:00:00.000276
| 00:00:00.000000 | 1 | 0 | | 0 | 0 | 3306111 | select USER() | 10 |
| 2020-08-19 14:49:01.473380 | root[root] @ localhost [] | 00:00:00.000122
| 00:00:00.000000 | 1 | 0 | | 0 | 0 | 3306111 | select connection_id() | 10 |
| 2020-08-19 14:49:05.088409 | root[root] @ localhost [] | 00:00:00.000117
| 00:00:00.000000 | 1 | 0 | | 0 | 0 | 3306111 | SELECT DATABASE() | 10 |
| 2020-08-19 14:49:05.088507 | root[root] @ localhost [] | 00:00:00.000041
| 00:00:00.000000 | 1 | 0 | test | 0 | 0 | 3306111 | Init DB | 10 |
| 2020-08-19 14:49:06.920526 | root[root] @ localhost [] | 00:00:00.000091
| 00:00:00.000000 | 0 | 0 | test | 0 | 0 | 3306111 | begin | 10 |
+-----+-----+-----+-----+-----+-----+-----+-----+-----+-----+-----+------+
12 rows in set (0.00 sec)
# 此時發現 slow_log 資料表沒有 INSERT 語句的慢查詢日誌記錄
```

現在回到工作階段 2 進行解鎖。

```
mysql> unlock tables;
Query OK, 0 rows affected (0.00 sec)
```

接著回到工作階段 3，查看 INSERT 交易的執行結果。

```
mysql> insert into test_stat values(1,1,1);
Query OK, 1 row affected (2 min 12.87 sec)
```

現在回到工作階段 1，查詢 general_log 和 slow_log 資料表。

```
# general_log 資料表
mysql> select * from mysql.general_log;
+------------+-----------+-----------+-----------+--------------+----------+
| event_time | user_host | thread_id | server_id | command_type | argument |
+------------+-----------+-----------+-----------+--------------+----------+
| 2020-08-19 14:47:45.857168 | root[root] @ localhost [] | 4 | 3306111 |
Query | set global slow_query_log=1 |
| 2020-08-19 14:47:50.250382 | root[root] @ localhost [] | 4 | 3306111 |
Query | set global long_query_time=0 |
| 2020-08-19 14:48:03.434208 | root[root] @ localhost [] | 4 | 3306111 |
Query | select connection_id() |
| 2020-08-19 14:48:22.284294 | [root] @ localhost [] | 9 | 3306111 |
Connect | root@localhost on using Socket |
| 2020-08-19 14:48:22.284637 | root[root] @ localhost [] | 9 | 3306111 |
Query | select @@version_comment limit 1 |
| 2020-08-19 14:48:22.289570 | root[root] @ localhost [] | 9 | 3306111 |
Query | select USER() |
| 2020-08-19 14:48:23.744586 | root[root] @ localhost [] | 9 | 3306111 |
Query | SELECT DATABASE() |
| 2020-08-19 14:48:23.744747 | root[root] @ localhost [] | 9 | 3306111 |
Init DB | test |
| 2020-08-19 14:48:27.529909 | root[root] @ localhost [] | 9 | 3306111 |
Query | lock table test_stat read |
| 2020-08-19 14:48:39.194290 | root[root] @ localhost [] | 9 | 3306111 |
Query | select connection_id() |
| 2020-08-19 14:48:55.444310 | [root] @ localhost [] | 10 | 3306111 |
Connect | root@localhost on using Socket |
| 2020-08-19 14:48:55.444554 | root[root] @ localhost [] | 10 | 3306111 |
Query | select @@version_comment limit 1 |
| 2020-08-19 14:48:55.448847 | root[root] @ localhost [] | 10 | 3306111 |
Query | select USER() |
| 2020-08-19 14:49:01.473291 | root[root] @ localhost [] | 10 | 3306111 |
Query | select connection_id() |
| 2020-08-19 14:49:05.088319 | root[root] @ localhost [] | 10 | 3306111 |
Query | SELECT DATABASE() |
| 2020-08-19 14:49:05.088481 | root[root] @ localhost [] | 10 | 3306111 |
Init DB | test |
| 2020-08-19 14:49:06.920451 | root[root] @ localhost [] | 10 | 3306111 |
Query | begin |
```

```
    | 2020-08-19 14:49:23.457191 | root[root] @ localhost [] | 10 | 3306111 |
Query | insert into test_stat values(1,1,1) |
    | 2020-08-19 14:49:47.280187 | root[root] @ localhost [] | 4 | 3306111 |
Query | select * from mysql.general_log |
    | 2020-08-19 14:50:34.591172 | root[root] @ localhost [] | 4 | 3306111 |
Query | select * from mysql.slow_log |
    # 下面是在工作階段 2 解鎖的語句
    | 2020-08-19 14:51:36.350705 | root[root] @ localhost [] | 9 | 3306111 |
Query | unlock tables |
    # 下面是在工作階段 1 查詢 general_log 資料表的語句
    | 2020-08-19 14:51:58.373666 | root[root] @ localhost [] | 4 | 3306111 |
Query | select * from mysql.general_log |
    +------------+-----------+------------+-----------+--------------+----------+
    22 rows in set (0.00 sec)

    # slow_log 資料表
mysql> select * from mysql.slow_log;
    +------------+-----------+------------+-----------+-----------+----------+
    | start_time | user_host | query_time | lock_time | rows_sent | rows_
examined | db | last_insert_id | insert_id | server_id | sql_text | thread_id |
    +------------+-----------+------------+-----------+-----------+----------+
    | 2020-08-19 14:48:22.284687 | root[root] @ localhost [] | 00:00:00.000083
| 00:00:00.000000 | 1 | 0 | | 0 | 0 | 3306111 | select @@version_comment
limit 1 | 9 |
    | 2020-08-19 14:48:22.289881 | root[root] @ localhost [] | 00:00:00.000379
| 00:00:00.000000 | 1 | 0 | | 0 | 0 | 3306111 | select USER() | 9 |
    | 2020-08-19 14:48:23.744671 | root[root] @ localhost [] | 00:00:00.000112
| 00:00:00.000000 | 1 | 0 | | 0 | 0 | 3306111 | SELECT DATABASE() | 9 |
    | 2020-08-19 14:48:23.744769 | root[root] @ localhost [] | 00:00:00.000035
| 00:00:00.000000 | 1 | 0 | test | 0 | 0 | 3306111 | Init DB | 9 |
    | 2020-08-19 14:48:27.530057 | root[root] @ localhost [] | 00:00:00.000172
| 00:00:00.000160 | 0 | 0 | test | 0 | 0 | 3306111 | lock table test_stat
read | 9 |
    | 2020-08-19 14:48:39.194382 | root[root] @ localhost [] | 00:00:00.000126
| 00:00:00.000000 | 1 | 0 | test | 0 | 0 | 3306111 | select connection_id() |
9 |
    | 2020-08-19 14:48:55.444605 | root[root] @ localhost [] | 00:00:00.000087
| 00:00:00.000000 | 1 | 0 | | 0 | 0 | 3306111 | select @@version_comment
limit 1 | 10 |
    | 2020-08-19 14:48:55.449065 | root[root] @ localhost [] | 00:00:00.000276
| 00:00:00.000000 | 1 | 0 | | 0 | 0 | 3306111 | select USER() | 10 |
    | 2020-08-19 14:49:01.473380 | root[root] @ localhost [] | 00:00:00.000122
| 00:00:00.000000 | 1 | 0 | | 0 | 0 | 3306111 | select connection_id() | 10 |
    | 2020-08-19 14:49:05.088409 | root[root] @ localhost [] | 00:00:00.000117
| 00:00:00.000000 | 1 | 0 | | 0 | 0 | 3306111 | SELECT DATABASE() | 10 |
```

```
| 2020-08-19 14:49:05.088507 | root[root] @ localhost [] | 00:00:00.000041
| 00:00:00.000000 | 1 | 0 | test | 0 | 0 | 3306111 | Init DB | 10 |
    | 2020-08-19 14:49:06.920526 | root[root] @ localhost [] | 00:00:00.000091
| 00:00:00.000000 | 0 | 0 | test | 0 | 0 | 3306111 | begin | 10 |
    # 下面是在工作階段 2 解鎖的語句
    | 2020-08-19 14:51:36.350840 | root[root] @ localhost [] | 00:00:00.000153
| 00:00:00.000000 | 0 | 0 | test | 0 | 0 | 3306111 | unlock tables | 9 |
    # 下面是在工作階段 3 執行的 INSERT 慢查詢語句
    | 2020-08-19 14:51:36.351046 | root[root] @ localhost [] | 00:02:12.893889
| 00:02:12.893718 | 0 | 0 | test | 0 | 0 | 3306111 | insert into test_stat
values(1,1,1) | 10 |
    +-----------+----------+----------+----------+----------+---------+
14 rows in set (0.00 sec)
```

 # 注意：此時仍未提交工作階段 3 的交易，所以在慢查詢日誌記錄的語句與交易無關，只要語句執行完成即會開始記錄

現在回到工作階段 3，準備提交交易。

```
mysql> commit;
Query OK, 0 rows affected (0.01 sec)
```

現在回到工作階段 1，分別查詢 general_log 和 slow_log 資料表。

```
# general_log 資料表
mysql> select * from mysql.general_log;
+-----------+----------+----------+----------+--------------+----------+
| event_time | user_host | thread_id | server_id | command_type | argument |
+-----------+----------+----------+----------+--------------+----------+
| 2020-08-19 14:47:45.857168 | root[root] @ localhost [] | 4 | 3306111 |
Query | set global slow_query_log=1 |
| 2020-08-19 14:47:50.250382 | root[root] @ localhost [] | 4 | 3306111 |
Query | set global long_query_time=0 |
| 2020-08-19 14:48:03.434208 | root[root] @ localhost [] | 4 | 3306111 |
Query | select connection_id() |
| 2020-08-19 14:48:22.284294 | [root] @ localhost [] | 9 | 3306111 |
Connect | root@localhost on using Socket |
| 2020-08-19 14:48:22.284637 | root[root] @ localhost [] | 9 | 3306111 |
Query | select @@version_comment limit 1 |
| 2020-08-19 14:48:22.289570 | root[root] @ localhost [] | 9 | 3306111 |
Query | select USER() |
| 2020-08-19 14:48:23.744586 | root[root] @ localhost [] | 9 | 3306111 |
Query | SELECT DATABASE() |
| 2020-08-19 14:48:23.744747 | root[root] @ localhost [] | 9 | 3306111 |
Init DB | test |
```

```
| 2020-08-19 14:48:27.529909 | root[root] @ localhost [] | 9 | 3306111 |
Query | lock table test_stat read |
| 2020-08-19 14:48:39.194290 | root[root] @ localhost [] | 9 | 3306111 |
Query | select connection_id() |
| 2020-08-19 14:48:55.444310 | [root] @ localhost [] | 10 | 3306111 |
Connect | root@localhost on using Socket |
| 2020-08-19 14:48:55.444554 | root[root] @ localhost [] | 10 | 3306111 |
Query | select @@version_comment limit 1 |
| 2020-08-19 14:48:55.448847 | root[root] @ localhost [] | 10 | 3306111 |
Query | select USER() |
| 2020-08-19 14:49:01.473291 | root[root] @ localhost [] | 10 | 3306111 |
Query | select connection_id() |
| 2020-08-19 14:49:05.088319 | root[root] @ localhost [] | 10 | 3306111 |
Query | SELECT DATABASE() |
| 2020-08-19 14:49:05.088481 | root[root] @ localhost [] | 10 | 3306111 |
Init DB | test |
| 2020-08-19 14:49:06.920451 | root[root] @ localhost [] | 10 | 3306111 |
Query | begin |
| 2020-08-19 14:49:23.457191 | root[root] @ localhost [] | 10 | 3306111 |
Query | insert into test_stat values(1,1,1) |
| 2020-08-19 14:49:47.280187 | root[root] @ localhost [] | 4 | 3306111 |
Query | select * from mysql.general_log |
| 2020-08-19 14:50:34.591172 | root[root] @ localhost [] | 4 | 3306111 |
Query | select * from mysql.slow_log |
| 2020-08-19 14:51:36.350705 | root[root] @ localhost [] | 9 | 3306111 |
Query | unlock tables |
| 2020-08-19 14:51:58.373666 | root[root] @ localhost [] | 4 | 3306111 |
Query | select * from mysql.general_log |
| 2020-08-19 14:52:26.182895 | root[root] @ localhost [] | 4 | 3306111 |
Query | select * from mysql.slow_log |
    # 下面是在工作階段 3 執行的顯式 COMMIT 語句
| 2020-08-19 14:54:14.339269 | root[root] @ localhost [] | 10 | 3306111 |
Query | commit |
    # 下面是在工作階段 1 查詢 general_log 資料表的語句
| 2020-08-19 14:54:23.637580 | root[root] @ localhost [] | 4 | 3306111 |
Query | select * from mysql.general_log |
    +------------+-----------+-----------+-----------+--------------+----------+
25 rows in set (0.00 sec)

# slow_log 資料表
mysql> select * from mysql.slow_log;
    +------------+-----------+-----------+-----------+--------------+-----------+
    | start_time | user_host | query_time | lock_time | rows_sent | rows_
examined | db | last_insert_id | insert_id | server_id | sql_text | thread_id |
    +------------+-----------+-----------+-----------+--------------+-----------+
```

```
    | 2020-08-19 14:48:22.284687 | root[root] @ localhost [] | 00:00:00.000083
| 00:00:00.000000 | 1 | 0 | | 0 | 0 | 3306111 | select @@version_comment
limit 1 | 9 |
    | 2020-08-19 14:48:22.289881 | root[root] @ localhost [] | 00:00:00.000379
| 00:00:00.000000 | 1 | 0 | | 0 | 0 | 3306111 | select USER() | 9 |
    | 2020-08-19 14:48:23.744671 | root[root] @ localhost [] | 00:00:00.000112
| 00:00:00.000000 | 1 | 0 | | 0 | 0 | 3306111 | SELECT DATABASE() | 9 |
    | 2020-08-19 14:48:23.744769 | root[root] @ localhost [] | 00:00:00.000035
| 00:00:00.000000 | 1 | 0 | test | 0 | 0 | 3306111 | Init DB | 9 |
    | 2020-08-19 14:48:27.530057 | root[root] @ localhost [] | 00:00:00.000172
| 00:00:00.000160 | 0 | 0 | test | 0 | 0 | 3306111 | lock table test_stat
read | 9 |
    | 2020-08-19 14:48:39.194382 | root[root] @ localhost [] | 00:00:00.000126
| 00:00:00.000000 | 1 | 0 | test | 0 | 0 | 3306111 | select connection_id() |
9 |
    | 2020-08-19 14:48:55.444605 | root[root] @ localhost [] | 00:00:00.000087
| 00:00:00.000000 | 1 | 0 | | 0 | 0 | 3306111 | select @@version_comment
limit 1 | 10 |
    | 2020-08-19 14:48:55.449065 | root[root] @ localhost [] | 00:00:00.000276
| 00:00:00.000000 | 1 | 0 | | 0 | 0 | 3306111 | select USER() | 10 |
    | 2020-08-19 14:49:01.473380 | root[root] @ localhost [] | 00:00:00.000122
| 00:00:00.000000 | 1 | 0 | | 0 | 0 | 3306111 | select connection_id() | 10 |
    | 2020-08-19 14:49:05.088409 | root[root] @ localhost [] | 00:00:00.000117
| 00:00:00.000000 | 1 | 0 | | 0 | 0 | 3306111 | SELECT DATABASE() | 10 |
    | 2020-08-19 14:49:05.088507 | root[root] @ localhost [] | 00:00:00.000041
| 00:00:00.000000 | 1 | 0 | test | 0 | 0 | 3306111 | Init DB | 10 |
    | 2020-08-19 14:49:06.920526 | root[root] @ localhost [] | 00:00:00.000091
| 00:00:00.000000 | 0 | 0 | test | 0 | 0 | 3306111 | begin | 10 |
    | 2020-08-19 14:51:36.350840 | root[root] @ localhost [] | 00:00:00.000153
| 00:00:00.000000 | 0 | 0 | test | 0 | 0 | 3306111 | unlock tables | 9 |
    | 2020-08-19 14:51:36.351046 | root[root] @ localhost [] | 00:02:12.893889
| 00:02:12.893718 | 0 | 0 | test | 0 | 0 | 3306111 | insert into test_stat
values(1,1,1) | 10 |
    # 下面是在工作階段 3 執行的 COMMIT 語句
    | 2020-08-19 14:54:14.341319 | root[root] @ localhost [] | 00:00:00.002071
| 00:00:00.000000 | 0 | 0 | test | 0 | 0 | 3306111 | commit | 10 |
    +------------+----------+----------+----------+-------------+----------+
    15 rows in set (0.00 sec)
```

綜合前言，查詢日誌會在語句一執行就開始記錄，而慢查詢語句則在語句執行完成、釋放完所有的鎖之後，才進行記錄，兩者的記錄內容都與交易是否提交無關。

很多人說「慢查詢日誌記錄的語句執行時間不包含鎖等待時間」，這種說法有些含糊不清。正確的說法是，判定一道語句是否為慢查詢語句，端賴該語句真正的

執行時間（排除鎖等待時間）是否超過系統變數 long_query_time 的值，若是就歸類為慢查詢語句，並記錄到慢查詢日誌（語句執行時間包含鎖等待時間）；若沒超過，就不會記錄到慢查詢日誌。透過上述範例的過程也可以證實：當工作階段 3 的 DML 語句執行完成之後，慢查詢日誌的記錄總是包含鎖等待時間（筆者也測試過 log_output=FILE，結果一樣）。

舉個例子：以上面的範例來說，如果把 long_query_time 變數值設為 1（表示執行時間超過 1s 就記錄為慢查詢），便會發現無論 INSERT 語句被其他語句的鎖阻塞多久，都不會記錄到慢查詢日誌（因為 INSERT 語句插入一筆記錄的時間排除鎖等待時間之後，真正執行時間超過 1s 的情況微乎其微）。

第 18 章

複製技術的演進

實際上，複製技術的演進有兩條路線，一條路線是根據資料安全，另一條路線則根據複製效率。本章將分別介紹這兩條複製技術的演進路線。

18.1 複製格式概述

接觸過 MySQL 的朋友或多或少都知道，MySQL 的複製是根據 binlog（二進位日誌）達到主備實例之間的資料同步。binlog 的格式分為三種，從某種意義而言，也可以說對應到三種複製格式，其中以 binlog_format 控制 binlog 的格式，不同值代表不同的複製格式。下面以該參數的三個值簡單地闡述複製格式。

- statement：MySQL 5.1.5 版本之前只支援 statement 格式（Statement Binary Replication，SBR），簡單實現資料的同步。但在執行跨資料庫更新等 SQL 語句時，容易出現主備資料庫之間資料不一致的問題。

- row：MySQL 5.1.5 及之後的版本中，新增支援 row 格式（Row Binary Replication，RBR），不再簡單記錄 SQL 語句的執行順序，而是逐列記錄儲存引擎的資料如何變化，以大幅提升與保障主備資料庫的資料一致性。

- mixed：MySQL 5.1.8 及之後的版本中，新增支援 mixed 格式（Mixed Binary Replication，MBR），本質上是讓 MySQL 伺服器自行根據不同的 SQL 語句，進而判斷是否需要使用 row 格式。當出現可能造成主備資料庫資料不一致的 SQL 語句時（例如：使用者自訂函數、跨資料庫 SQL 語句等），binlog 便自動轉為 row 格式，否則預設使用 statement 格式記錄。

在操作 MySQL 的絕大多數應用環境，排除未升級到 MySQL 5.1.8 及更新的版本，以及極少數考慮複製效率的環境之外，其餘的環境通常都是使用 row 格式（資料安全大於一切）。

提示：這裡不多解釋下文提到的系統組態參數的涵義，詳見本書下載資源的「附錄 C」。

18.2 根據資料安全的複製技術演進

18.2.1 非同步複製

1. 原理

非同步複製主要利用三個執行緒實作資料流轉：主資料庫 binlog dump 執行緒、備援資料庫 I/O 執行緒和 SQL 執行緒。底下參照圖 18-1，簡單闡述非同步複製的原理。

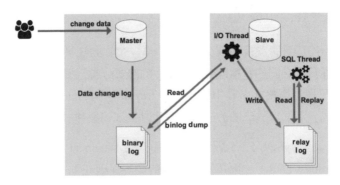

圖 18-1

非同步複製的原理大致如下：

- 使用者提交資料的修改，Master（以下統稱為「主資料庫」）把所有資料庫的變更寫進 binlog，主資料庫執行緒 binlog dump 將 binlog 內容推送到 Slave（以下統稱為「備援資料庫」，備援資料庫被動接收資料，而不是主動取得資料）。

- 備援資料庫 I/O 執行緒讀取（接收）主資料庫的 binlog 資訊，並把 binlog 寫入本地中繼日誌（relay log）。

- 備援資料庫 SQL 執行緒讀取與解析 ralay log 內容、按照主資料庫的提交順序重播交易、寫入本地資料檔案，這樣就實現主備實例之間的資料同步。

這裡需要注意一個小細節：主資料庫在寫入 binlog 至磁碟後，將通知 dump 執行緒有新的 binlog 產生，並傳送到備援資料庫。前者並不理會備援資料庫是否有

收到 binlog，而是自顧自地照常進行交易的提交，如圖 18-2 所示（該圖來自 Oracle MySQL 官方）。

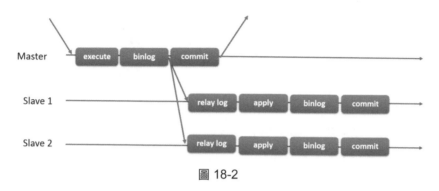

圖 18-2

提示：非同步複製的原理是後續所有複製技術演進的基礎，上述流程非常重要，貫穿整個架構基礎。所有的資料變更都記錄在 binlog 中（部分系統庫的資料表除外）。

2. 組態範例

（1）主資料庫參數

```
server_id=33061          # 該參數在同一個複製架構中需要保持唯一
log-bin=mysql-bin
```

（2）備援資料庫參數

```
server_id=33062          # 該參數在同一個複製架構中需要保持唯一
log-bin=mysql-bin
```

18.2.2 半同步複製

1. 原理

半同步複製出現之前，雖然非同步複製可以滿足主備實例之間的資料同步，同時 row 格式的 binlog 也能夠大幅度避免主備實例資料不一致的情況。但如果碰到主資料庫崩潰，寫入業務故障切換到備援資料庫，將備援資料庫提升為主資料庫時，備援資料庫可能還沒來得及接收原來主資料庫的部分資料，而實際上，主資料庫或許已經正常提交完這部分遺失的資料。為了解決這個問題，自 MySQL 5.5 版本引入了半同步複製，關鍵的改進就是當用戶端於主資料庫寫入一個交易時，需要等待備援資料庫收到主資料庫的 binlog，且主資料庫接收到 ACK 確認之後，用戶端才會收到交易成功提交的訊息，如圖 18-3 所示（該圖來自 Oracle MySQL 官方）。

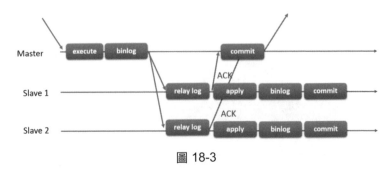

圖 18-3

這裡需要注意一個小細節：早期的半同步複製有一個缺陷，在正常的半同步複製流程中，當用戶端對主資料庫發起交易提交之後，主資料庫便發送 binlog 給備援資料庫，後者收到 binlog 並返回 ACK，然後主資料庫回傳交易提交成功的訊息給發起提交的用戶端。對於用戶端而言，前述流程看起來沒有任何問題。但實際上在早期的半同步複製中，主資料庫在等待 ACK 的 InnoDB 儲存引擎內部已經提交交易，只是阻塞了返回給用戶端的訊息而已。此時如果有其他工作階段查詢該交易修改的資料，將查到最新的內容，如圖 18-4 所示（該圖來自 http://my-replication-life.blogspot.com/）。

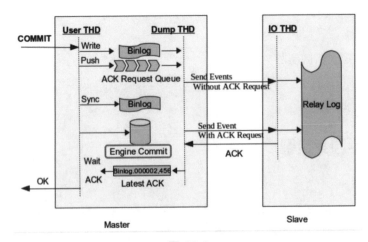

圖 18-4

這個缺陷可能導致其他用戶端在碰到主資料庫容錯移轉時發生幻讀，如圖 18-5 所示（該圖來自 http://my-replication-life.blogspot.com/）。User 1 發起一個 INSERT 操作寫入一列資料，正在等待寫入成功返回，此時 User 2 就能在主資料庫查到 User 1 插入的資料。當主資料庫發生故障，寫入業務切換到備援資料庫，而後者又沒有收到 User 1 寫入的資料時，那麼對於 User 1 來說，將收到交易寫入失敗的訊息；但對

於 User 2 來說，之前在主資料庫查到的資料，切換到備援資料庫之後卻發現不見了，就好像發生了幻讀一般。

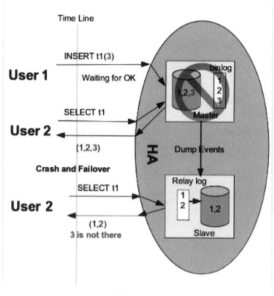

圖 18-5

2. 組態範例

（1）主資料庫

```
rpl_semi_sync_master=semisync_master.so
# 需要提前安裝好 semisync_master.so 半同步複製外掛程式
rpl_semi_sync_master_enabled = 1
rpl_semi_sync_master_timeout = 3000
```

（2）備援資料庫

```
rpl_semi_sync_slave=semisync_slave.so
# 需要提前安裝好 semisync_slave.so 半同步複製外掛程式
rpl_semi_sync_slave_enabled = 1
```

18.2.3 增強半同步複製

1. 原理

從 MySQL 5.7 版開始，Oracle MySQL 官方增強了半同步複製技術，從字面「增強半同步複製」來看，本質上就是對早期半同步複製的缺陷進行一些修補增強，而

其原理與半同步複製並無差別。那麼，增強半同步複製在早期半同步複製的基礎上做了什麼修改呢？詳見圖 18-6（該圖來自 http://my-replication-life.blogspot.com/）。

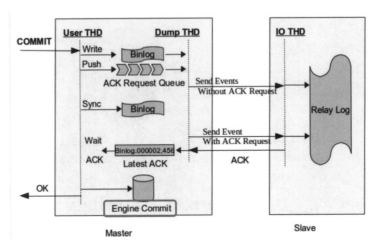

圖 18-6

從圖 18-6 方框標記處得知，Engine Commit 邏輯下沉到最後。也就是說，在增強半同步複製下，儲存引擎內部提交一個交易之前，必須先收到備援資料庫的 ACK 確認，否則不進行交易最後的提交。這樣一來，當非發起交易的用戶端查詢資料時，看到的資料就能夠和發起交易的用戶端保持一致，進而解決在主資料庫容錯移轉之後可能出現的幻讀問題。

2. 組態範例

（1）主資料庫（與早期的半同步複製類似，需要先安裝 semisync_master.so 外掛程式）

```
rpl_semi_sync_master_wait_no_slave=ON
rpl_semi_sync_master_wait_for_slave_count=1
rpl_semi_sync_master_wait_point=AFTER_SYNC
```

（2）備援資料庫（與早期的半同步複製類似，需要先安裝 semisync_slave.so 外掛程式）

與早期的半同步複製相比，備援資料庫無新增的參數。

18.2.4 群組複製

1. 原理

增強半同步複製雖然解決 HA 切換之後的幻讀問題，也從一定程度上保障與增強主備實例之間的資料一致性，但是仍然還有很多問題有待解決。例如：

- HA 切換程度需要依賴 MySQL 伺服器之外的合作廠商程式，維護十分繁瑣。當發生 HA 切換之後，原主資料庫重新加入叢集時，還需要處理其上的一些多餘資料（在半同步複製下，主資料庫的最後一個 binlog 交易或最後一個 binlog 佇列的交易，可能備援資料庫尚未收到（大機率）。當原主資料庫崩潰恢復之後，MySQL 伺服器會根據 binlog 已寫入磁碟的內容，重新提交這些交易，而在新主資料庫並不存在這些交易，需要對其進行還原（rollback）處理）。

- 無法良好地解決寫節點多活問題，主備複製架構雖然可以透過建置雙主（兩個實例互為主備）架構，好在任意一個節點的資料變更時，都可以同步到互為主備的節點。但是，如果兩個節點同時修改一筆資料，將發生相互覆蓋且結果不可預期的現象，無法做到有效的交易衝突檢測

為了解決上述棘手的問題，群組複製技術便應運而生。Oracle MySQL 官方根據主備複製基礎架構實作的群組複製（MySQL Group Repliation，MGR，以下提到 MGR 都是指官方叢集複製技術），可說是當下主流的叢集複製架構之一，當然還有其他的叢集複製技術 [例如：Percona Server 分支根據合作廠商的 Galera 複製外掛程式實作的叢集複製技術 Percona Xtradb Cluster（PXC）；MariaDB 分支根據合作廠商的 Galera 複製外掛程式實作的叢集複製技術 MariaDB Galera Cluster（MGC），這裡就不進行介紹，有興趣的讀者請自行研究]。

那麼問題來了，MGR 如何解決上述兩個棘手的問題呢？首先看看 MGR 的應用架構，如圖 18-7 所示（該圖來自 Oracle MySQL 官方），至少需要 3 個節點（建議最多不要超過 8 個，因為節點越多寫入效能越差）。

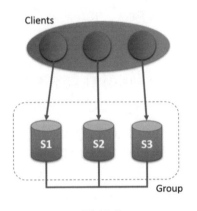

圖 18-7

　　為什麼至少需要 3 個節點呢？因為實作叢集複製技術的群組複製外掛程式，乃是根據 Paxos 協定而來，而 Paxos 協定提供一種仲裁機制，用於寫入節點崩潰之後，透過叢集內部節點之間的仲裁，以決定是否需要剔除故障節點，並選舉出新的寫入節點，如圖 18-8 所示（該圖來自 Oracle MySQL 官方）。當 S1 節點崩潰之後，叢集內部重新選舉 S2 作為寫入節點，發起請求的用戶端就可以繼續對叢集傳送寫入請求。整個寫入請求容錯移轉的過程，都是在群組複製外掛程式的內部自動完成，無須人為介入（注意：是指資料庫叢集本身的可用性，而不是應用程式的寫入請求路由，請求發往哪個節點的路由，還是需要依賴合作廠商路由外掛程式或者使用智慧 DNS 解析）。

　　在單節點寫入模式下，故障自動轉移示意圖如圖 18-8 所示。

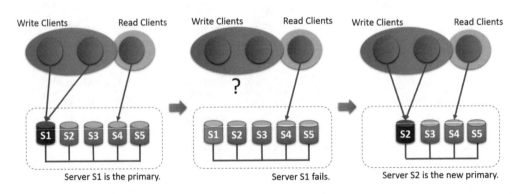

圖 18-8

　　在多節點寫入模式下，自動容錯移轉示意圖如圖 18-9 所示。

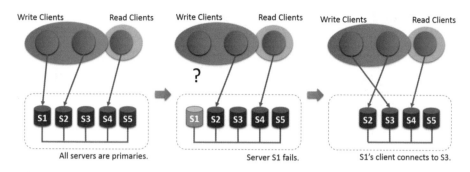

圖 18-9

　　透過上述功能，MGR 解決了故障自動轉移的問題，那麼是如何解決多節點寫入的交易衝突呢？詳見圖 18-10（該圖來自 Oracle MySQL 官方）。前面説過，MGR 是根據主備複製基礎架構而來，主要是在交易提交的過程中嵌入單獨的 binlog 封裝邏輯，並藉由專門的 group_replication_recovery 複製通道進行資料傳輸。群組複製外掛程式使用 Paxos 協定的原子廣播特性，以保證叢集內的大多數節點都能收到封包，當節點接收到 write set（寫入集）之後，每個節點上的分散式狀態機，便按照相同的規則排序交易，並進行交易的衝突認證檢測。對於寫入節點（主節點）而言，一旦通過衝突認證檢測之後，就將資料異動寫入本身的 binlog，然後在儲存引擎層進行提交（如果發現交易衝突，則復原交易）；對於讀取節點（備援節點）而言，當通過衝突認證檢測之後，就把主資料庫的 binlog 寫入本身的 relay log，然後由 SQL 執行緒讀取 relay log 進行重播，再把重播的 binlog 寫入本身的 binlog，接下來在儲存引擎內部進行提交（如果發現交易衝突，則丟棄主資料庫送過來的 binlog）。

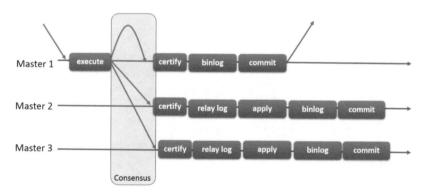

圖 18-10

2. 組態範例

（1）寫入節點（主節點）

```
server_id=3306162
sync_binlog=10000
innodb_flush_log_at_trx_commit = 2
binlog-checksum=NONE
innodb_support_xa=OFF
auto_increment_increment=3          # 叢集的節點數
auto_increment_offset=1             # 注意，本參數在其他節點保持一致
binlog_row_image=full
transaction-write-set-extraction=XXHASH64
loose-group_replication_group_name="aaaaaaaa-aaaa-aaaa-aaaa-aaaaaaaaaaaa"
loose-group_replication_single_primary_mode=OFF
loose-group_replication_enforce_update_everywhere_checks=ON
loose-group_replication_start_on_boot=on
# 需要先在實例安裝 group_replication.so 資料庫檔
loose-group_replication_ip_whitelist='0.0.0.0/0'
loose-group_replication_local_address='10.10.30.162:24901'
# 不同的節點修改為自己的 IP 位址
loose-group_replication_group_seeds='10.10.30.162:24901,10.10.30.163:24901,
10.10.30.164:24901'                      # 叢集有多少個節點，就寫入多少個節點的 IP 位址
loose-group_replication_bootstrap_group=OFF
report_host='node1'                      # 不同的節點修改為自己的 host 名稱
```

（2）讀取節點（備援節點）

```
server_id=3306163
sync_binlog=10000
innodb_flush_log_at_trx_commit = 2
innodb_support_xa=OFF
binlog-checksum=NONE
auto_increment_increment=3
auto_increment_offset=2
binlog_row_image=full
transaction-write-set-extraction=XXHASH64
loose-group_replication_group_name="aaaaaaaa-aaaa-aaaa-aaaa-aaaaaaaaaaaa"
loose-group_replication_single_primary_mode=OFF
loose-group_replication_enforce_update_everywhere_checks=ON
loose-group_replication_start_on_boot=on
loose-group_replication_ip_whitelist='0.0.0.0/0'
loose-group_replication_local_address='10.10.30.163:24901'
loose-group_replication_group_seeds='10.10.30.162:24901,10.10.30.163:24901,
10.10.30.164:24901'
loose-group_replication_bootstrap_group=OFF
report_host='node2'
```

18.2.5 GTID 複製

1. 原理

介紹 GTID 複製之前，先來看看 GTID 的組成。

```
# 啟用 GTID 複製模式之後，binlog 會有一個事件類型：GTID_event，專門用於記錄每個交易的
GTID 資訊
# at 768
#180823 16:05:40 server id 3306102 end_log_pos 833 CRC32 0x92f27079 GTID
last_committed=2 sequence_number=3 rbr_only=no
SET @@SESSION.GTID_NEXT='950a856c-a4e9-11e8-a589-0025905b06da:3'/*!*/;
# GTID 資訊在這裡
# at 833
#180823 16:05:40 server id 3306102 end_log_pos 980 CRC32 0x919481d9 Query
thread_id=9 exec_time=0 error_code=0
SET TIMESTAMP=1535011540/*!*/;
create database smt_bss_customer_pro
/*!*/;
```

```
# 從上面的 GTID_event 得知，GTID SET 為 950a856c-a4e9-11e8-a589-0025905b06da:3，
由兩部分組成，即 UUID：seqno。UUID 為實例的唯一標識（自 MySQL 5.6 版本引入），seqno 表示一
個實例的總交易數量（執行 reset master 語句會重置為 1），seqno 以一個減號連接起來，就叫作一
個 GTID SET（例如：1-100）。
```

本質上，GTID 複製仍然是根據主備複製基礎架構的演進，在複製組態時，不需要像傳統複製模式那般指定 binlog 檔和 binlog 位置，只需要在使用 change master to... 語句複製組態時，設定 master_auto_position=1 即可。

```
# 傳統複製模式下使用 change master to 語句，需要指定 binlog 檔和 binlog 位置
mysql> change master to master_host='ip',master_user='user_name',master_
password='password', master_port='mysql_port',master_log_file='binlog file
name', master_log_pos='binlog position';

# GTID 複製模式下不需要指定 binlog 檔和 binlog 位置，只要設定 master_auto_position=1
即可
## 注意，如果備援資料庫是根據備份資料建置，那麼在執行 change master to 語句之前，需要
以備份目錄下 xtrabackup_binlog_info 檔案的 GTID 建構一個 set gtid_purged= 'GTID SET'
，這樣就能夠保證 GTID 和資料保持一致了
reset master;    # 啟動備援資料庫實例後，登錄預搭建備援資料庫的實例，並清除之前的 GTID
、binlog 等位置資訊
mysql> set global gtid_purged='2d623f55-2111-11e8-9cc3-0025905b06da:1-3';
# 寫上 xtrabackup_binlog_info 檔案中的 GTID SET，當有多個 GTID SET 時，便以逗號分隔
mysql> change master to master_host='ip', master_user='user_name', master_
password= 'password',  master_port='mysql_port', master_auto_position=1;
# 執行 change master to 語句
```

GTID 複製帶來的改進,主要有哪些呢?

- 備援資料庫以 GTID SET 範圍向主資料庫請求 binlog 時,GTID 複製模式使得主資料庫可以透過 GTID SET,清楚地知道備援資料庫缺失哪些資料,進而讓主資料庫既能夠做到不少給備援資料庫請求的 binlog,也不多給 binlog 以免浪費網路頻寬等。例如:假設備援資料庫目前資料對應的 GTID SET 為 2d623f55-2111-11e8-9cc3-0025905b06da:1-3,10-100,那麼主資料庫透過 1-3 和 10-100 這兩個範圍,就能夠知道備援資料庫需要的資料是:GTID 交易號為 4 ～ 9,以及 101 ～最新兩個範圍的資料。

- 大幅改善在複製架構變動過程中繁瑣的操作步驟(新建備援資料庫複製時尋找 binlog 檔案和位置的邏輯,與複製架構變更時的邏輯一樣,就不逐一贅述),GTID 在整個複製架構中,像 server_id 參數值一樣要求全域唯一。所以,在同一個複製架構內,允許隨意變更複製結構,只要在備援資料庫關閉原來的複製功能,然後執行 reset slave all 語句清理掉複製資料,重新執行 change master 語句連接新的主資料庫,再執行 start slave 語句啟動複製即可,無須人工去新的主資料庫尋找 binlog 檔案和位置。

提示:

- 當啟用 GTID 複製模式之後,relay_log_recovery 參數可以設為 OFF,GTID 複製能夠保證在備援資料庫崩潰恢復時,自動尋找正確的位置,進而降低 relay_log_recovery=ON 功能帶來的依賴性,同時還可以避免因為啟用該參數之後,備援資料庫意外崩潰偶發的 relay log 結構損壞的錯誤。

- 如果不啟用 GTID 複製模式,請務必保持 relay_log_recovery=ON;否則,備援資料庫崩潰恢復之後,容易出現 I/O 執行緒找不到正確位置的問題。

2. 組態範例

(1)主資料庫

```
gtid_mode = on
enforce_gtid_consistency = 1
```

(2)備援資料庫

```
gtid_mode = on
enforce_gtid_consistency = 1
log_slave_updates = 1   # 在 MySQL 5.7 及更新的版本中,備援資料庫可以關閉該參數,關
閉之後 mysql.gtid_executed 資料表會即時記錄每個交易的 GTID
```

提示：關於 mysql.gtid_executed 資料表，詳見 15.2.4 節「gtid_executed」。

18.3 根據複製效率的複製技術演進

18.3.1 單執行緒複製

單執行緒複製是 MySQL 最早出現的主備複製技術，本節將進一步説明單執行緒複製。

在 MySQL 5.6 之前的版本中，備援資料庫複製不支援多執行緒，所以當主資料庫寫入壓力稍微大一點時，備援資料庫就會出現複製延遲。當然，目前最新的版本已經能夠充分地處理平行複製。為了便於理解複製的演進歷程，本小節簡單地剖析單執行緒複製。下面以在單執行緒複製中，主資料庫寫入 binlog 的日誌解析記錄為例，詳細地闡述單執行緒複製原理。假設某個交易的 INSERT 操作在 binlog 的記錄如下：

```
# at 605
# Query 類型的事件用來記錄非交易語句的原始語句內容
#180830 16:45:37 server id 3306102 end_log_pos 678 Query thread_id=2 exec_
time=0 error_code=0
SET TIMESTAMP=1535618737/*!*/;
BEGIN
/*!*/;
# at 678
# at 721
# Table_map 類型的事件用來記錄 InnoDB 儲存引擎層的資料表映射到伺服器層的一個 table id
#180830 16:45:37 server id 3306102 end_log_pos 721 Table_map: 'test'.'test'
mapped to number 33
# Write_rows 類型的事件用來在 binlog 記錄 INSERT 語句的 base64 編碼（同理，UPDATE 語
句使用 Update_rows 類型的事件記錄，DELETE 語句使用 Delete_rows 類型的事件記錄）
#180830 16:45:37 server id 3306102 end_log_pos 755 Write_rows: table id 33
flags: STMT_END_F

BINLOG '
sa6HWxN2cjIAKwAAANECAAAAACEAAAAAAAEABHRlc3QABHRlc3QAAQMAAQ==
sa6HWxd2cjIAIgAAAPMCAAAAACEAAAAAAAEAAf/+AQAAAA==
'/*!*/;
### INSERT INTO 'test'.'test'
### SET
###   @1=1 /* INT meta=0 nullable=1 is_null=0 */
# at 755
```

```
#180830 16:45:37 server id 3306102 end_log_pos 782 Xid = 16
COMMIT/*!*/;
```

備援資料庫的 SQL 執行緒，從 relay log 讀取與解析主資料庫的 binlog 變更日誌，然後依序串列執行所有的事件。而 binlog 的寫入時機，是在交易完成資料的修改且發起 Commit（提交）之後。也就是說，主資料庫先執行交易，產生的 binlog 則發送到備援資料庫執行。理論上來說，一前一後的時差必然會導致備援資料庫的複製延遲，如果碰到大型交易，便急劇放大備援資料庫延遲（例如：主資料庫的一個大交易耗費 1 小時完成，當備援資料庫收到這個交易開始執行時，就已經落後主資料庫 1 小時了）。也正是因為串列複製的諸多弊端，於是推動至平行複製的發展。

提示：前面說到，MySQL 5.6 之前的版本中，備援資料庫不支援平行複製，但實際上啟用 binlog 之後，主資料庫本身也不支援平行交易的提交。當不啟用 binlog 時，InnoDB 儲存引擎本身是支援 Group Commit（即一次提交多個交易）的，但一旦啟用 binlog 之後，為了保證資料的一致性（表示保證 MySQL 伺服器層和儲存引擎層的提交順序一致），於是啟用了兩階段提交。其中的 Prepare（提交準備）階段使用 prepare_commit_mutex 互斥鎖強制交易串列提交，因此大幅降低資料庫的寫入效率。

18.3.2 DATABASE 平行複製

1. 原理

顧名思義，DATABASE 平行複製就是在串列複製的基礎上進行的改良，屬於資料庫等級的平行複製。從 MySQL 5.6 版開始支援（這也是最早出現的平行複製機制），binlog 記錄的內容如下：

```
# at 861
# Query 類型的事件用來記錄非交易語句的原始語句內容
#180907 18:12:35 server id 3306102 end_log_pos 940 CRC32 0x5b0ad30d Query
thread_id=8 exec_time=0 error_code=0
SET TIMESTAMP=1536315155/*!*/;
BEGIN
/*!*/;
......
# at 992
# Table_map 類型的事件用來記錄 InnoDB 儲存引擎層的資料表映射到伺服器層的一個 table id
#180907 18:12:35 server id 3306102 end_log_pos 1043 CRC32 0x04580375 Table_
map: 'test_1'.'test_1' mapped to number 71
# at 1043
```

Write_rows 類型的事件用來在 binlog 記錄 INSERT 語句的 base64 編碼（同理，UPDATE 語句使用 Update_rows 類型的事件記錄，DELETE 語句使用 Delete_rows 類型的事件記錄）

```
#180907 18:12:35 server id 3306102 end_log_pos 1083 CRC32 0xbf0ad4bf Write_
rows: table id 71 flags: STMT_END_F

BINLOG '
E0+SWx12cjIANAAAAODAACAABxpbnNlcnQgaW50byB0ZXN0XzEgdmFsdWVzKDEpdS6DsQ==
E0+SWxN2cjIAMwAAABMEAAAAAEcAAAAAAEABnRlc3RfMQAGdGVzdF8xAAEDAAF1A1gE
E0+SWx52cjIAKAAAADsEAAAAAEcAAAAAAEAAgAB//4BAAAAv9QKvw==
'/*!*/;
### INSERT INTO 'test_1'.'test_1'  # 該語句操作的是 test_1 資料庫的資料表
### SET
### @1=1 /* INT meta=0 nullable=1 is_null=0 */
# at 1083
#180907 18:12:35 server id 3306102 end_log_pos 1114 CRC32 0xe9e2e9ef Xid = 42
COMMIT/*!*/;
......
# at 1162
#180907 18:12:43 server id 3306102 end_log_pos 1241 CRC32 0xdde19e1c Query
thread_id=8 exec_time=0 error_code=0
SET TIMESTAMP=1536315163/*!*/;
BEGIN
/*!*/;
......
# at 1293
#180907 18:12:43 server id 3306102 end_log_pos 1344 CRC32 0xe23b0497 Table_
map: 'test_2'.'test_2' mapped to number 72
# at 1344
#180907 18:12:43 server id 3306102 end_log_pos 1384 CRC32 0x6c5d94c5 Write_
rows: table id 72 flags: STMT_END_F

BINLOG '
G0+SWx12cjIANAAAAA0FAACAABxpbnNlcnQgaW50byB0ZXN0XzIgdmFsdWVzKDEpbpz+IQ==
G0+SWxN2cjIAMwAAAEAFAAAAAEgAAAAAAEABnRlc3RfMgAGdGVzdF8yAAEDAAGXBDvi
G0+SWx52cjIAKAAAAGgFAAAAAEgAAAAAAEAAgAB//4BAAAAxZRdbA==
'/*!*/;
### INSERT INTO 'test_2'.'test_2'  # 該語句操作的是 test_2 資料庫的資料表
### SET
### @1=1 /* INT meta=0 nullable=1 is_null=0 */
# at 1384
#180907 18:12:43 server id 3306102 end_log_pos 1415 CRC32 0xefb1bbdd Xid = 45
COMMIT/*!*/;
```

從以上對 INSERT 語句的 binlog 解析內容來看,與 MySQL 5.5 版本相較幾乎沒有什麼變化,那麼從 MySQL 5.6 版本開始,針對複製的改進主要是什麼呢?

- 對於實例本身而言(不區分主備資料庫),在原先的兩階段提交移除了 prepare_commit_mutex 互斥鎖,為了保證 binlog 的提交順序和儲存引擎層的順序一致,於是引入類似 InnoDB 儲存引擎層的 Group Commit 機制,稱為 Binary Log Group Commit(BLGC)。在 MySQL 伺服器層進行提交時,首先按照順序將其置於一個佇列,佇列的第一個交易稱為 Leader(領隊者),其他交易稱為 Follower(跟隨者),Leader 控制著 Follower 的行為。一旦前一個階段的佇列完成任務,後一個階段佇列中的 Leader 就會帶領它的 Follower 進入前一個階段的佇列去執行,因此使得平行提交可以源源不絕地進行下去。BLGC 的步驟分為如圖 18-11 所示的三個階段(該圖來自 http://mysqlmusings.blogspot.com/)。

  - Flush(刷新)階段,將每個交易的 binlog 寫入記憶體。

  - Sync(同步)階段,將記憶體的 binlog 同步到磁碟。倘若佇列有多個交易,那麼僅一次 fsync 操作就完成多個交易的 binlog 寫入,這就是 BLGC。

  - Commit(提交)階段,Leader 根據順序呼叫儲存引擎層提交交易,InnoDB 儲存引擎本來就支援 Group Commit,因此修復了原先由 prepare_commit_mutex 互斥鎖導致 InnoDB 儲存引擎層 Group Commit 失效的問題。這樣一來,在啟用 binlog 的情況下,就得以實現資料庫的交易平行提交。

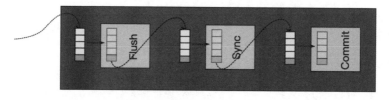

圖 18-11

- 對備援資料庫而言,主要的改良是在複製的 SQL 執行緒增加一個 SQL 協調器(Coordinator)執行緒,真正做事的 SQL 執行緒稱為 Worker(工作)執行緒。當 Worker 執行緒數量為 N(N>1),以及主資料庫的 schema 數量為 N 時,備援資料庫就可以根據多個 schema 之間相互獨立(彼此之間無鎖衝突)的語句達到平行複製;反之,如果 N=1,則仍然跟 MySQL 5.6 之前版本的單執行緒複製沒有太大區別。

2. 組態範例

主資料庫無須設定任何參數，只要在備援資料庫修改 Worker 執行緒數量的參數即可，如下所示。

```
slave_parallel_workers=N
```

18.3.3 LOGICAL_CLOCK 平行複製

1. 原理

從 MySQL 5.7 版本開始，支援 LOGICAL_CLOCK 等級的平行複製（根據 MySQL 5.6 資料庫等級的 Group Commit 平行複製的大幅改進），透過設定參數 slave_parallel_type 為 LOGICAL_CLOCK 來啟用（當設為 DATABASE 時，與 MySQL 5.6 版本的平行複製相同）。從 LOGICAL_CLOCK 字面上並不能直觀地看出它是根據什麼維度來實作平行複製，下面藉由解析 binlog 記錄的內容加以解讀。

```
# at 194
# binlog 新增一個 Anonymous_GTID 的事件類型，以記錄與 binlog 佇列相關的資訊（啟用
GTID 時，使用 GTID 類型的事件記錄與 binlog 佇列相關的資訊），同時為了與 GTID 複製結合，把未
開啟 GTID 時的交易稱為 ANONYMOUS 交易。在每個 binlog 檔案都重新計數 last_committed
和 sequence_number，last_committed 表示每個 binlog 檔案中第一個 binlog 佇列的編號，
sequence_number 為每個 binlog 檔案中第一個交易的編號。last_committed 會有重覆值，相同時
表示處於同一個 binlog 佇列（也代表在主資料庫平行提交這些交易時沒有鎖衝突）。備援資料庫在應
用 binlog 時，具有相同 last_committed 值的交易就可以平行重播。sequence_number 值在每個
binlog 檔案不允許重覆
    #180908 14:49:36 server id 3306102 end_log_pos 259 CRC32 0xe7e2833c
Anonymous_GTID  last_committed=0     sequence_number=1    rbr_only=yes
    /*!50718 SET TRANSACTION ISOLATION LEVEL READ COMMITTED*//*!*/;
    # 不啟用 GTID 複製模式時，下一列的 @@SESSION.GTID_NEXT 系統變數值始終為 ANONYMOUS；一
旦啟用 GTID 複製模式後，這裡記錄的是具體的 GTID 值
    SET @@SESSION.GTID_NEXT= 'ANONYMOUS'/*!*/;
    # at 259
    # Query 類型的事件用來記錄非交易語句的原始語句內容
    #180908 14:49:36 server id 3306102 end_log_pos 336 CRC32 0x5abf230b Query
thread_id=2 exec_time=0 error_code=0
    ......
    BEGIN
    ......
    # at 386
    # Table_map 類型的事件用來記錄 InnoDB 儲存引擎層的資料表映射到伺服器層的一個 table id
    #180908 14:49:36 server id 3306102 end_log_pos 433 CRC32 0xf5cc55c6 Table_
map: 'test'.'test' mapped to number 108
```

```
# at 433
# Write_rows 類型的事件用來在 binlog 記錄 INSERT 語句的 base64 編碼（同理，UPDATE 語句
使用 Update_rows 類型的事件記錄，DELETE 語句使用 Delete_rows 類型的事件記錄）
#180908 14:49:36 server id 3306102 end_log_pos 473 CRC32 0xf938ae81 Write_
rows: table id 108 flags: STMT_END_F

BINLOG '
AHGTWx12cjIAMgAAAIIBAACAABppbnNlcnQgaW50byB0ZXN0IHZhbHVlcygxKSSsobro=
AHGTWxN2cjIALwAAALEBAAAAAGwAAAAAAAEABHRlc3QABHRlc3QAAQMAAQMAAcZVzPU=
AHGTWx52cjIAKAAAANkBAAAAAGwAAAAAAEAAgAB//4BAAAAga44+Q==
'/*!*/;
### INSERT INTO 'test'.'test'
### SET
### @1=1 /* INT meta=0 nullable=1 is_null=0 */
# at 473
#180908 14:49:36 server id 3306102 end_log_pos 504 CRC32 0x3edc73b0 Xid = 7
COMMIT/*!*/;
# at 504
#180908 14:49:36 server id 3306102 end_log_pos 569 CRC32 0x8716f23e
Anonymous_GTID  last_committed=1    sequence_number=2    rbr_only=yes
/*!50718 SET TRANSACTION ISOLATION LEVEL READ COMMITTED*//*!*/;
SET @@SESSION.GTID_NEXT= 'ANONYMOUS'/*!*/;
......
```

　　從以上對 INSERT 語句的 binlog 解析內容來看，從 MySQL 5.7 版本開始新增兩個事件類型，其中 Anonymous_GTID_event 用來記錄未啟用 GTID 時的 binlog 佇列資訊；GTID_event 用來記錄啟用 GTID 時的 binlog 佇列資訊。利用這些資訊，備援資料庫的 SQL 執行緒在應用主資料庫的 binlog 時，只要 last_committed 值相同就允許平行重播，進而大幅提高備援資料庫的複製效率。

　　提示：雖然這種方式大幅提高備援資料庫的複製效率，在一定程度上，平行複製的細微性達到交易等級，甚至細化到列等級（每個交易只修改一列資料），但是可以平行重播的交易，必須具有相同的 last_committed 值（即使兩個交易的資料完全無關，不同 last_committed 值的交易也不允許平行重播）。而相同 last_committed 值的交易數量，多少需要視主資料庫暫態並行請求的多寡而定（當 binlog_group_commit_sync_no_delay_count=0 時）。如果主資料庫沒有寫入壓力，寫入 binlog 中每個交易的 last_committed 值都不相同，此時備援資料庫複製實際上仍然是串列複製。所以，LOGICAL_CLOCK 等級的平行複製，仍然有一定的最佳化空間。

2. 組態範例

（1）主資料庫

```
slave_parallel_type=LOGICAL_CLOCK
```

（2）備援資料庫

```
slave_preserve_commit_order=1
slave_parallel_workers=N
slave_parallel_type=LOGICAL_CLOCK
```

18.3.4 WRITESET 平行複製

1. 原理

在 MySQL 版本 ≥5.7.22，以 及 ≥8.0.1 的 版 本 中，WRITESET 平 行 複 製 是 在 LOGICAL_CLOCK 平行複製基礎上的演進，引入根據 WriteSet 的機制，只要不同交易的不同記錄不重疊（藉由計算每列記錄的 hash 值確定是否為相同的記錄，此 hash 值就是 writeset 值。本質上，WRITESET 平行複製就是根據 writeset 值，大幅度最佳化產生的 last_committed 值），備援資料庫就可以平行重播。下面透過解析 binlog 記錄的內容進行解讀。

```
# at 1817
# 記錄 binlog 佇列資訊的 GTID_event
#180908 17:12:24 server id 3306102 end_log_pos 1882 CRC32 0x5b468c97 GTID
last_committed=2    sequence_number=5   rbr_only=yes
/*!50718 SET TRANSACTION ISOLATION LEVEL READ COMMITTED*//*!*/;
SET @@SESSION.GTID_NEXT= '06188301-b333-11e8-bdfe-0025905b06da:13'/*!*/;
# at 1882
# Query 類型的事件用來記錄非交易語句的原始語句內容
#180908 17:12:24 server id 3306102 end_log_pos 1959 CRC32 0x6474ec27 Query
thread_id=6 exec_time=0 error_code=0
SET TIMESTAMP=1536397944/*!*/;
BEGIN
......
# at 2023
# Table_map 類型的事件用來記錄 InnoDB 儲存引擎層的資料表映射到伺服器層的一個 table id
#180908 17:12:24 server id 3306102 end_log_pos 2080 CRC32 0x4b174a04 Table_
map: 'test'.'test_writeset' mapped to number 109
# at 2080
# Write_rows 類型的事件用來在 binlog 記錄 INSERT 語句的 base64 編碼（同理，UPDATE 語句
使用 Update_rows 類型的事件記錄，DELETE 語句使用 Delete_rows 類型的事件記錄）
```

```
    #180908 17:12:24 server id 3306102 end_log_pos 2124 CRC32 0x93882793
Write_rows: table id 109 flags: STMT_END_F

    BINLOG '
    eJKTWx12cjIAQAAAAOcHAACAAChpbnNlcnQgaW50byB0ZXN0X3dyaXRlc2V0KHhpZCkgdmFzWVz
    KDIpZwry5A==
    eJKTWxN2cjIAOQAAACAIAAAAAG0AAAAAAAEABHRlc3QADXRlc3Rfd3JpdGVzZXQAAgMDAAIEShdL
    eJKTWx52cjIALAAAAEwIAAAAAG0AAAAAAAEAAgAC//wHAAAAAgAAJMniJM=
    '/*!*/;
    ### INSERT INTO 'test'.'test_writeset'
    ### SET
    ### @1=7 /* INT meta=0 nullable=0 is_null=0 */
    ### @2=2 /* INT meta=0 nullable=1 is_null=0 */
    # at 2124
    #180908 17:12:24 server id 3306102 end_log_pos 2155 CRC32 0x00afaee3 Xid = 54
    COMMIT/*!*/;
    ......
    # at 3113
    # 記錄 binlog 佇列資訊的 GTID_event，留意這裡交易的 last_committed=8
    #180908 17:14:38 server id 3306102 end_log_pos 3178 CRC32 0xd85038b1 GTID
last_committed=8    sequence_number=9    rbr_only=yes
    /*!50718 SET TRANSACTION ISOLATION LEVEL READ COMMITTED*//*!*/;
    SET @@SESSION.GTID_NEXT= '06188301-b333-11e8-bdfe-0025905b06da:17'/*!*/;
    ......
    # at 3733
    # 留意這裡 GTID_event 的 last_committed 值又回到 2，且與之前 last_committed=2 的交易
在時間上相差 2 分鐘
    #180908 17:14:57 server id 3306102 end_log_pos 3798 CRC32 0x2373db26 GTID
last_committed=2    sequence_number=11    rbr_only=yes
    /*!50718 SET TRANSACTION ISOLATION LEVEL READ COMMITTED*//*!*/;
    SET @@SESSION.GTID_NEXT= '06188301-b333-11e8-bdfe-0025905b06da:19'/*!*/;
    ......
```

從以上對 INSERT 語句的 binlog 解析內容來看，與 LOGICAL_CLOCK 平行複製記錄的內容相較下，並沒有格式與內容的變化。那麼複製的改良主要是什麼呢？細心的讀者可能已經發現 last_committed=2 兩個交易，其時間戳記並不是同一個時刻，並且在兩個交易之間還夾了一個 last_committed=8 的交易，這在以往的 LOGICAL_CLOCK 平行複製中，幾乎不可能出現這種情況。發生什麼事情？

● 對於主資料庫來說，WRITESET 平行複製最佳化 LOGICAL_CLOCK 平行複製的地方並不是 binlog 記錄的內容格式，而是在交易寫入 binlog 時 last_committed 值的計算上。

■ 透過唯一索引或主鍵索引區分不同的記錄，然後和記錄的資料表屬性與
資料屬性一起計算 hash 值（即 writeset 值），然後存放到一個 hash 表。
後續如果有新交易的列記錄，計算出的 hash 值在 hash 表找不到相符記錄，
那麼新交易就不會產生新的 last_committed 值，相當於新交易和之前的交
易被歸併到同一個 binlog 佇列（亦即，last_committed 值相同）；後續如
果有新交易的列記錄，計算出的 hash 值在 hash 表找到相符記錄，則表
示存在交易衝突，於是產生新的 last_committed 值（亦即，產生一個新的
binlog 佇列）。具體的計算公式為：writeset= hash(index_name | db_name |
db_name_length | table_name | table_name_length | value | value_length)。

■ 計算 hash 值時，如果無法透過索引辨別資料的唯一性，便會產生新的
last_committed 值。

● 對於備援資料庫來說，平行應用 binlog 的邏輯幾乎沒有變化，仍然根據 last_
committed 值判斷是否可以平行重播。

提示：下列場景不可使用 WriteSet。

● DDL 語句，因為不包含列記錄，所以無法產生 hash 值，也就無法比較。

● session 的 hash 演算法和 history 不同（hash 演算法被動態修改之後，遇到
不同演算法產生的值，便無法進行比較）。

● 交易更新了被外鍵關聯的欄位。

2. 組態範例

（1）主資料庫

```
slave_parallel_type=LOGICAL_CLOCK
transaction_write_set_extraction=XXHASH64
binlog_transaction_dependency_tracking=WRITESET|WRITESET_SESSION
binlog_transaction_dependency_history_size=25000
```

（2）備援資料庫

```
slave_preserve_commit_order=1
slave_parallel_workers=N
slave_parallel_type=LOGICAL_CLOCK
```

溫馨提示：關於文中提到參數的詳細解釋，可參考本書下載資源的「附錄 C」。

NOTE

第 19 章

交易概念基礎

講到交易概念，就得提到交易隔離等級。關於這個主題，筆者問過很多同事，也曾作為面試內容，發現大家容易混淆，說不清有哪幾種交易隔離等級，而且分不清交易隔離等級和異常現象。本章將梳理交易隔離等級和異常現象，希望讀完後不再混淆這些觀念。

19.1 4 種交易隔離等級和 3 種異常現象

19.1.1 標準的交易隔離等級

資料庫標準的交易隔離等級有下列幾種：

- 未提交讀（READ-UNCOMMITTED），對應的異常現象是髒讀（Dirty read）。

- 提交讀（READ-COMMITTED），對應的異常現象是不可重覆讀（Non-repeatable read）。

- 可重覆讀（REPEATABLE-READ），對應的異常現象是幻讀（Phantom read）。

- 可序列化（SERIALIZABLE）。

下面透過範例分別解釋這 3 種異常現象，並且理解 4 種交易隔離等級。

1. 髒讀

當一個交易允許讀取另外一個交易已修改但未提交的資料時，就會發生髒讀（交易隔離等級為 READ-UNCOMMITTED）。

在表 19-1 中，交易 2（Transaction 2）修改了一列記錄，但是沒有提交。然後交易 1（Transaction 1）讀取到未提交的資料，如果交易 2 還原異動的資料或者再次更新，那麼交易 1 看到的可能就是錯誤的記錄。

表 19-1

Transaction 1	Transaction 2
begin;	
select age from t1 where id =1;　return 26;	begin;
	update t1 set age = 27 where id = 1;
select age from t1 where id =1;　return 27;	
	Rollback

交易 1 讀取到 age=27 的記錄，但是交易 2 執行還原操作，這時並不存在 id=1、age=27 的記錄。

2. 不可重覆讀

當交易內相同的記錄被檢索兩次，且兩次得到的結果不同時，此現象稱為不可重覆讀（交易隔離等級為 READ-COMMITTED）。

在表 19-2 中，交易 2 修改了記錄並提交成功，這表示修改的記錄對其他交易是可見的，因此交易 1 兩次讀取的 age 值不同。

表 19-2

Transaction 1	Transaction 2
begin;	
select age from t1 where age BETWEEN 10 AND 30;　return 26;	begin;
	update t1 set age = 27 where id = 1;　commit;
select age from t1 where id =1; return 27;	
Commit	

3. 幻讀

在交易執行過程中，另一個交易將新記錄加到正在讀取的交易時，會發生幻讀（交易隔離等級為 REPEATABLE-READ）。

當執行 SELECT … WHERE 語句時未鎖定範圍，便可能會發生這種情況。幻讀是不可重覆讀的一種特殊情況，當交易 1 重覆執行 SELECT … WHERE 語句時，這段期間交易 2 執行 INSERT 語句插入滿足 where 條件的新記錄。

在表 19-3 中，交易 1 執行兩次，但返回兩組不同的記錄。請注意，MySQL 增加了間隙鎖防止幻讀發生，所以當 MySQL 的交易隔離等級為 REPEATABLE-READ 時，便不會發生上述異常現象。

表 19-3

Transaction 1	Transaction 2
begin;	
select age from t1 where age between 26 and 30; return 27;	begin;
	insert into t1 (id , age) values (2,28); commit;
select age from t1 where age between 26 and 30; return [27,28];	
Commit;	

19.1.2 調整交易隔離等級

MySQL 允許透過 transaction_isolation 參數調整資料庫的交易隔離等級，預設的交易隔離等級是 REPEATABLE-READ。但是，為了避免發生鎖等待，通常都將交易隔離等級設為 READ-COMMITTED（第 20 章將詳細講解 REPEATABLE-READ 等級下產生的各種鎖）。

參數調整可以在組態檔設定，或者使用命令列參數修改，例如修改交易隔離等級為 READ-COMMITTED：

```
SET GLOBAL transaction_isolation = 'READ-COMMITTED'
```

19.2 從交易提交談起

一般來說，在資料庫下發提交動作後，如果返回成功（當 innodb_flush_log_at_trx_commit = 1 時），代表資料已持久化到磁碟上。提交這個動作從字面上理解起來非常簡單，但在資料庫卻經歷多個程序，應用了資料庫相關原理。

執行提交動作後，並不是直接將修改後的內容寫入資料檔案，本節就著重分析提交之後資料庫背後的機制。

19.2.1 交易管理

MySQL 預設是自動提交交易，可以透過下列方式手動開啟交易：

- 執行 begin 語句。
- 執行 start transaction 語句。
- 設定 autocommit = 0。

可以利用下列 4 種方式提交交易：

- 執行 commit 語句。
- DDL 語句隱式提交。
- 自動提交（autocommit）。
- 在交易內開啟交易。

交易的還原（rollback）方式如下：

- 執行 rollback 語句。
- 因為逾時而發生語句或者交易等級的還原。
- 檢測到鎖死時發生還原。

在 MySQL 中，請注意交易的各個子句之間是相互獨立、互不影響，執行過程中報錯的語句會還原，但是對於整個交易中已執行成功的語句沒有影響。

```
mysql> begin;
Query OK, 0 rows affected
mysql> insert into dhytest values(10, 'donghongyu');
Query OK, 1 row affected
mysql> insert into dhytest values(10, 'luoxiaobo');
(1062, "Duplicate entry '10' for key 'PRIMARY'")
mysql> insert into dhytest values(20, 'lichun');
Query OK, 1 row affected
mysql> commit;
Query OK, 0 rows affected
mysql> select * from dhytest;
+----+------------+
| id | name       |
+----+------------+
```

```
| 10 | donghongyu |
| 20 | lichun     |
+----+------------+
```

雖然交易的第二道語句發生主鍵衝突，但是提交之後，之前的語句並不受影響。

19.2.2 資料庫的檔案

本小節主要介紹資料庫的幾種檔案，以協助理解後面的內容

（1）資料檔案

資料表內資料的實體檔案。在 MySQL 中，如果 innodb_file_per_table 設為 1（獨立表空間），則每一個資料表都會對應至一個 xxx.ibd 檔案，否則都會儲存至 ibdata 系統資料表空間。

（2）系統資料表空間檔

- ibdata 檔案，大小由 innodb_data_file_path 參數控制。
- 儲存資料表的中繼資料，DoubleWrite 佔用 2MB 空間，如果未設定獨立的 Undo 資料表空間，那麼也會儲存 Undo 還原區段。

（3）WAL 日誌檔（即 Redo 日誌，後面統一稱作 Redo 日誌）

- ib_logfileN，主要用於實例恢復。
- 其大小及個數由 innodb_log_file_size 和 innodb_log_files_in_group 參數控制。

（4）Undo 日誌檔

- 預設情況下，儲存於 ibdata 系統資料表空間。
- 從 MySQL 5.6 版本開始，可透過 innodb_undo_tablespaces 將 Undo 日誌檔從 ibdata 系統資料表空間抽離出來，以獨立設定。

（5）錯誤日誌檔、慢日誌檔、查詢日誌檔（這些不作為重點討論）

19.2.3 WAL 日誌先寫

提交交易之後，並不是直接存入資料檔案，而是先保證將相關的操作日誌記錄到 Redo 日誌檔，資料庫後台會根據本身的機制，將記憶體的髒資料刷新到磁碟中。

之所以這麼做，有以下兩點原因：

- 寫入資料檔案時隨機 I/O 比較慢，執行提交後，一定要等到資料檔案同步寫入完成才返回成功，使用者的體驗就會比較差。

- 如果提交一個大型的交易，便得進行大量的隨機 I/O 同步寫入，於是造成資料庫的抖動。

綜合以上兩點考慮，因此引入 Redo 日誌，每次提交交易之後，都先將相關的操作日誌寫入 Redo 日誌檔，並且添加到檔案末尾，這是一個循序 I/O。這樣將每次同步的隨機 I/O 轉換為循序 I/O，後台可以階段性地操作髒資料的刷新，並且合併相關的 I/O，使整體效能得以提升。

19.3 MySQL 的 Redo 日誌

前面講到，引入 Redo 日誌是為了更好地提升資料庫整體效能，其實 Redo 日誌還有下列作用：

- 快速提交。

- 恢復實例。

- 增量備份，以及恢復到某一時間點。

- 複製（在 MySQL 中使用 Binlog 複製，也有一些大廠商實作了根據 Redo 日誌的複製）。

19.3.1 Redo 日誌寫入磁碟時間點

綜合前面介紹的知識，再來看一下 Redo 日誌寫入磁碟的時間點。交易開始後就會一直進行 Redo 日誌的寫入，首先是寫入日誌緩衝區（Log Buffer），緩衝區的大小由 innodb_log_buffer_size 參數控制，隨後從日誌緩衝區刷新到磁碟，而不是在提交交易之後。MySQL 內部有一些觸發條件，會自動將記憶體的髒資料刷新到磁碟上（MySQL 後台執行緒每隔一定時間，或者當寫入日誌緩衝區達到一定比例時，便執行刷新操作）。這樣設計的好處顯而易見，如果都等到提交之後再這麼做，那麼幾個大型的交易就會將日誌緩衝區佔滿。

根據前文所述，首先想到一種情況：雖然沒有提交交易，但相關的操作日誌有可能會刷新到磁碟。事實上確實存在這種情況，解決的辦法是：提交交易時在

Redo 日誌檔增加一個 commit 標記，表示已經提交對應的記錄，這樣便可達到快速
提交。

19.3.2 Redo 日誌格式

Redo 日誌格式分為兩種：實體日誌和邏輯日誌。

1. 實體日誌

實體日誌會將異動物件的新舊狀態都記錄到日誌中，其內容如下所示。

```
struct value_log_record_for_page_update
{
int opcode;
filename fname;
long pageno;
char old_value[PAGESIZE];
char new_values[PAGESIZE];
}
```

　　從結構體得知，當物件發生變化時記錄其新舊值，這樣在恢復實例時操作也非
常簡單，只需以新值覆蓋舊值即可。但是當物件的內容很多並且異動比較少時，則
可壓縮日誌，只記錄變化的部分。例如，在一個較大的目的檔中某一個分頁發生變
化時，日誌只記錄變化的頁面，而不是整個物件的新舊值。同樣的，如果分頁只有
一個欄位被修改，則日誌記錄的內容如下所示。

```
struct value_log_record_for_page_update
{
int opcode;
filename fname;
long offset;
long pageno;
long length;
char old_value[PAGESIZE];
char new_values[PAGESIZE];
}
```

　　壓縮後可透過 pageno 和 offset 定位到修改的欄位，再用新值覆蓋舊值。這樣便
可減少日誌量，但是有一個問題，在資料庫插入一筆資料或許會造成資料頁分裂，
這部分索引的變更也需要記錄到日誌，所以日誌量還是有可能會變大。

2. 邏輯日誌

邏輯日誌比較好理解，記錄的就是邏輯語句，類似 MySQL 的 Binlog，優勢在於日誌量非常少。但是存在幾個問題，首先要瞭解當於資料庫執行一道語句時，可能會涉及多個地方的資料狀態發生變更。例如底下的 t1 資料表：

```
mysql> create table t1 (id int , name char (20), age int);
Query OK, 0 rows affected (0.04 sec)

mysql> create index idx_name on t1 (name);
Query OK, 0 rows affected (0.03 sec)
Records: 0 Duplicates: 0 Warnings: 0

mysql> show create table t1;
| t1 | CREATE TABLE 't1' (
'id' int(11) DEFAULT NULL,
'name' char(20) COLLATE utf8_bin DEFAULT NULL,
'age' int(11) DEFAULT NULL,
KEY 'idx_name' ('name')
) ENGINE=InnoDB DEFAULT CHARSET=utf8 COLLATE=utf8_bin |

1 row in set (0.00 sec)
```

在資料庫執行下列語句：

```
mysql> insert into t1 (id , name , age) values (1, ' 小明 ', 26);
```

這道語句非常簡單，對 t1 資料表插入一筆記錄，但是該表的 name 欄位有一個索引，那麼當執行時就不僅僅是簡單地插入記錄了，同時還需要對索引插入一筆記錄。也就是說，一個交易操作在資料庫會被拆分為兩個動作：A 和 B。這點一定要記清楚，接下來繼續再討論邏輯日誌存在的問題：

部分操作與操作一致性：如果一個操作在資料庫被拆解為 A、B、C 三個動作，可能只做完動作 A，B 和 C 兩個動作還未進行時，資料庫就發生崩潰。那麼重啟恢復實例時，只依靠一筆簡單的邏輯日誌，很難將資料恢復到一致性。

既然實體日誌和邏輯日誌都不是很完美，於是資料庫就採用兩者相結合的方式。例如 t1 資料表結構如下：

```
mysql> show create table t1;
| t1 | CREATE TABLE 't1' (
'id' int(11) DEFAULT NULL,
'name' char(20) COLLATE utf8_bin DEFAULT NULL,
'age' int(11) DEFAULT NULL,
```

```
KEY 'idx_name' ('name')
KEY 'idx_age' ('age')
) ENGINE=InnoDB DEFAULT CHARSET=utf8 COLLATE=utf8_bin |
1 row in set (0.00 sec)
```

執行一道插入語句「insert into t1 (id , name , age) values (1, ' 小明 ', 26)；」時，
Redo 日誌檔會記錄底下三筆類似的內容：

```
<insert op, base filename = T1 ,page number = 502 , record value = {1,' 小明
'',26}>
<insert op, index1 filename = idx_name ,page number = 72 , index1 record
value = idx_name of r =' 小明 '>
<insert op, index1 filename = idx_age ,page number = 50 , idx_age record
value = idx_age of r =26>
```

當然，MySQL 實際的 Redo 日誌更複雜，包含索引的個數、索引唯一性欄位的
個數、每個欄位的長度等，但這些並不是本書的重點，也不會影響大家對 Redo 日誌
概念的理解。

19.3.3　相關參數及概念

使用 Redo 日誌記錄資料變化，當資料庫發生故障、重新啟動時，便可根據 Redo
日誌進行恢復（前滾）。這點相信大家都知道，但是在深入分析時就會想到：究竟
從哪一時刻開始恢復？恢復到哪一點算完成？如何判斷是否需要恢復某些資料？

如果 Redo 日誌足夠大，則可從 Redo 日誌的開始位置掃描與恢復。但是假如一
個資料庫運行了很久，Redo 日誌非常大，那麼前述的做法，在恢復實例時所需的時
間就非常長，顯然是不可取，因此在資料庫引入了 CheckPoint（檢查點）的概念。

19.3.4　CheckPoint 概念

為了減少資料庫恢復實例的時間，於是引入 CheckPoint 的概念。MySQL 存在一
個遞增的日誌序號（Log Sequence Number，LSN），LSN 可理解為 Redo 日誌中操作
的時間點。

資料庫運行後，當 Buffer Pool（緩衝池）的髒資料達到一定比例時，便會進行
刷新操作。當上一次 CheckPoint 的值和目前 LSN 的差值達到一定比例時，則進行
CheckPoint 操作，將 CheckPoint 的值向前推。如此一來，CheckPoint 值之前的資料
就可認為已安全寫入磁碟，在做實例恢復應用 Redo 日誌時，只需從 CheckPoint 開始
掃描恢復即可，減少整體花費的時間。

資料庫有兩種 CheckPoint 方式。

1. Sharp CheckPoint（全量檢查點）

如圖 19-1 所示，這種方式發生在關閉資料庫時。一旦開始 CheckPoint 操作，資料庫便停止所有操作，將 Buffer Pool 的髒資料刷新到磁碟上；結束時把 LSN1 作為 CheckPoint 的值，下次就從 LSN1 開始進行恢復。但是，資料庫運行時期肯定不能接受這種方式，因為會影響資料庫的正常使用。

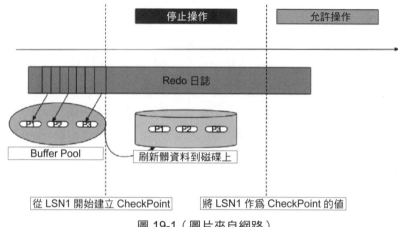

圖 19-1（圖片來自網路）

2. Fuzzy CheckPoint（模糊檢查點）

這種方式與前一種不同的地方，在於發生 CheckPoint 操作時允許資料庫操作，此時會將 LSN1 作為 CheckPoint 的值，並把這段期間資料的變化記錄到 Redo 日誌，同時有可能會一併將髒資料刷新到磁碟。如圖 19-2 所示，發生 CkeckPoint 操作期間，資料 P1、P3 有變化，產生對應的 Redo 日誌記錄 R1、R2，並且最新的資料也刷新到磁碟中，當資料庫做實例恢復時，會從 CheckPoint 的值（也就是 LSN1 處）開始恢復。這裡面還涉及一個問題就是冪等，冪等表示反覆執行多次都是相同的結果。根據前文所述，Redo 日誌不完全是實體日誌，如果重覆執行就會違反冪等；執行多次邏輯語句則會造成資料不一致。所以，資料庫在恢復實例時會比較 LSN，倘若分頁對應的 LSN 大於等於 Redo 日誌的 LSN，則跳過，因為此時已經是最新的分頁資料。

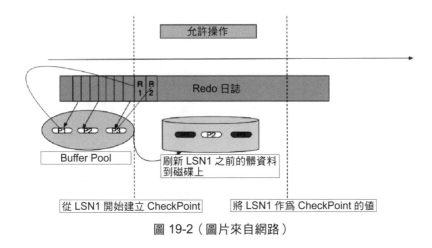

圖 19-2（圖片來自網路）

19.3.5 Redo 日誌的設定

在 MySQL 中，可以透過 innodb_log_file_size 和 innodb_log_files_in_group 參數控制與調整 Redo 日誌檔的大小及個數，這兩個參數的意義及作用是什麼呢？什麼情況下會做調整？ MySQL 的 Redo 日誌是循環寫入的，什麼意思呢？如圖 19-3 所示，有三個 Redo 日誌檔，它們之間便是循環寫入。但其中存在一個問題，就是當第三個 Redo 日誌檔寫完之後，準備覆蓋寫第一個檔案時不能直接寫入，因為此時第一個檔案可能存在一部分 Redo 日誌對應的資料，還沒有從記憶體（Buffer Pool）刷新到檔案中。如果直接覆蓋寫入，當機之後就會出現資料不一致的情況，此時就需要等待資料刷新到檔案後，才能覆蓋寫入 Redo 日誌。

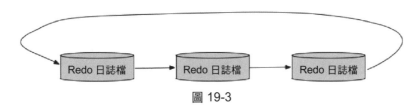

圖 19-3

MySQL 有一些機制會觸發後台執行緒的非同步刷新，以避免這種情況的發生。但如果 innodb_log_file_size 設得非常小時，還是會經常發生這種情況，所以要合理設定 Redo 日誌檔的大小和個數。

那麼，如何監控 Redo 日誌的使用情況呢？

Redo 日誌的使用情況可作為評估資料庫繁忙程度的一個指標，並透過下列幾種方式查看。

1. 執行 SHOW engine innodb

```
LOG
Log sequence number 602763740      // Redo 日誌緩衝區的 LSN
Log flushed up to 602763740        // Redo 日誌檔的 LSN
Pages flushed up to 584668961      // 寫入磁碟的資料頁對應的 LSN
Last checkpoint at 555157885       // 最後一個 CheckPoint 對應的 LSN
```

2. INNODB_METRICS

```
mysql> SELECT NAME, COUNT FROM information_schema.INNODB_METRICS WHERE
NAME IN ('log_lsn_current', 'log_lsn_last_checkpoint');
+-------------------------+-----------+
| NAME                    | COUNT     |
+-------------------------+-----------+
| log_lsn_last_checkpoint | 555157885 |
| log_lsn_current         | 602763740 |
+-------------------------+-----------+
```

3. sys schema（系統資料庫）

```
mysql> SELECT * FROM sys.metrics WHERE Variable_name IN ('log_lsn_
current', 'log_lsn_last_checkpoint');
+-------------------------+----------------+---------------------------+-------+
| Variable_name           | Variable_value | Type                      |Enabled|
+-------------------------+----------------+---------------------------+-------+
| log_lsn_current         | 602763740      | InnoDB Metrics - recovery | YES   |
| log_lsn_last_checkpoint | 555157885      | InnoDB Metrics - recovery | YES   |
+-------------------------+----------------+---------------------------+-------+
```

有了 log_lsn_current 和 log_lsn_last_checkpoint 的值，就可以計算出 Redo 日誌的使用量。

```
Used log = log_lsn_current - log_lsn_last_checkpoint = 602763740 -
555157885
 = 47605855 (bytes)
Used % = (Used log / Total log) * 100
 = (47605855 / (innodb_log_file_size * innodb_log_files_in_group)) * 100 =
(47605855 / 100663296) * 100
 = 47.29 %
```

有時候還需要查看每分鐘產生的 Redo 日誌量，可以透過下列方式：

```
mysql> pager grep sequence
PAGER set to 'grep sequence'
mysql> show engine innodb status\G SELECT sleep(60); show engine innodb
status\G
```

```
Log sequence number 32026697
Log sequence number 32030006

mysql> SELECT (32030006-32026697) / 1024 / 1024 AS per_redo;
+------------+
| per_redo   |
+------------+
| 0.00315571 |
+------------+
```

計算出每分鐘產生的 Redo 日誌量，與一個 Redo 日誌檔大小（innodb_log_file_size）比較下，即可得出多久會寫滿一個 Redo 日誌，進而評估出每個 Redo 日誌檔的大小，以及設定幾個日誌組較為合適。

19.3.6　Redo 日誌與 Binlog 協調運作

前面已提及 Redo 日誌，MySQL 還有一種日誌就是 Binlog（二進位日誌），有些使用過 Oracle 的讀者，可能會認為 MySQL 的 Binlog 對應至 Oracle 的歸檔日誌，其實不然。這裡就講解 MySQL 的 Redo 日誌與 Binlog 之間如何協調運作。

MySQL 是外掛式資料庫，依結構來講分為伺服器層與儲存引擎層，Binlog 是伺服器層產生，Redo 日誌則是由 InnoDB 儲存引擎層產生。Binlog 是純邏輯日誌，用於 MySQL 的主備複製和資料恢復，並不是 Oracle 的歸檔日誌。這裡或許會有以下疑問：

- Binlog 與 Redo 日誌哪個先寫？

- 這兩個日誌以誰為準呢？

首先講一下 MySQL 中兩階段提交的概念。

由圖 19-4 得知，當工作階段發起 COMMIT（提交）動作時，會先進行儲存引擎的 Prepare（準備）工作，亦即，只是在對應的 Redo 日誌記錄打上 prepare 標記。隨後會寫入 Binlog 並執行 fsync（系統呼叫，對 Binlog 執行磁碟同步），最後在 Redo 日誌記錄加上 commit 標記，表示記錄已提交完成。那麼，為什麼會先寫入 Binlog 而非儲存引擎的 Redo 日誌呢？

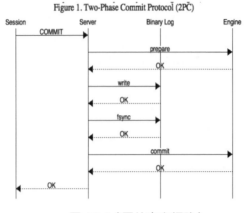

圖 19-4（圖片來自網路）

由於 MySQL 是外掛式資料庫，可能會同時使用多個儲存引擎，像 InnoDB 這種儲存引擎有 Redo 日誌，但是其他的儲存引擎可能沒有 Redo 日誌，僅能依賴 Binlog 做實例恢復。如果先寫入 Redo 日誌並打上 commit 標記，這時若發生當機，InnoDB 儲存引擎就可以做實例恢復，以便恢復資料。而其他的儲存引擎由於 Binlog 沒有寫入成功，或許就無法恢復資料，於是出現資料不一致的情況。所以，MySQL 做實例恢復時會依賴 Binlog，以 Binlog 的內容為準。

現在再說明 MySQL 的實例恢復方式。相信 Oracle DBA 肯定不陌生實例恢復，先前滾 Redo 日誌，再透過 Undo 日誌還原未提交的交易。

但是 MySQL 卻有些不同，進行實例恢復時先進行前滾，還原時會判斷對應記錄的交易狀態：

- 對於活躍狀態的交易，可直接還原。
- 對於 Prepare 狀態的交易，如果該交易對應的 Binlog 已經記錄則提交，否則還原交易。Prepare 狀態就是圖 19-4 中，在 Redo 日誌打上 prepare 標記的狀態。

有時候可能會發現資料庫啟動失敗，在錯誤日誌查看錯誤原因時找不到 Binlog。這是因為在做實例恢復時，需要查詢 Binlog 來判斷對應的交易在 Binlog 是否已執行 fsync 成功。

19.4 MVCC 介紹

MVCC 是一種多版本並行控制技術，屬於資料庫一種很重要的技術，可說是 DBA 或者開發人員必須瞭解的內容。本節就講解 MySQL 中 InnoDB 儲存引擎 MVCC 的原理及實作。

19.4.1 MVCC 原理

不知道大家有沒有想過一個問題，在日常操作中，為什麼讀寫兩種作業互不阻塞呢？在 MVCC 技術出現之前，為了保證在特定隔離等級下，多個交易之間不出現異常現象，需要透過加鎖的方式保證交易之間的並行。例如：交易 1 正在讀取一列資料，這時不能有其他交易操作這列資料，否則很有可能會造成交易 1 讀取的資料不一致。

而 MVCC 最重要的核心，便是解決讀寫直接不阻塞的問題，提高交易之間的並行性。下面透過一個例子逐步學習 MySQL 的 MVCC 實作。

檢視表 19-4 的例子，其中修改一筆記錄但是沒有提交，這時在 session 2 進行查詢，返回的記錄應該是什麼呢？當 session 1 提交之後，session 2 的查詢結果又是什麼呢？

表 19-4

session 1	session 2
select c1 from t1; return c1 = 10	
start transaction;	
update t1 set c1 = 20;	
	start transaction;
	select c1 from t1; return ?
commit;	
	select c1 from t1; return ?

回答這個問題前，需要查看交易隔離等級，情況如下：

- 交易隔離等級為 READ-UNCOMMITTED 的情況下，在 session 1 提交前後，session 2 查詢看到的都是修改後的結果 c1 = 20。

- 交易隔離等級為 READ-COMMITTED 的情況下，在 session 1 提交前看到的還是 c1 =10，提交後看到的是 c1 = 20。

- 交易隔離等級為 REPEATABLE-READ、SERIALIZABLE 的情況下，在 session 1 提交前後，session 2 查詢看到的都是修改前的結果 c1 = 10。

拋開資料庫的 ACID，這裡涉及一個問題：在修改資料後，資料庫是怎麼查詢到之前的資料呢？其實就是藉助資料庫的 Undo 和 MVCC 來達成，如圖 19-5 所示。

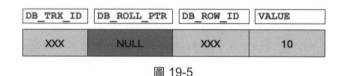

圖 19-5

插入一筆資料時，記錄上對應的還原段指標為 NULL，如圖 19-6 所示。

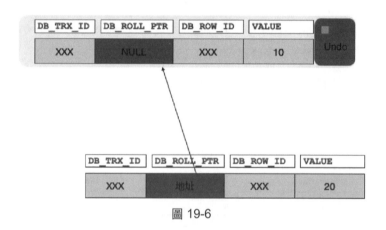

圖 19-6

更新記錄時，將原記錄放入 Undo 資料表空間，查詢看到的未修改資料，就是從 Undo 資料表空間返回的內容；如果存在多個版本的資料，就會構成一個鏈表。MySQL 就是根據記錄上的還原段指標及交易 ID，以判斷記錄是否可見。具體的判斷流程如下：

每個交易開始時，都會將目前系統所有活躍的交易複製到一個清單（Read View）。當讀取一列記錄時，便根據列記錄上的 TRX_ID 值，以及 Read View 的最大 TRX_ID 值、最小 TRX_ID 值進行比較，以判斷是否可見。

如果 TRX_ID 值小於 Read View 的最小 TRX_ID 值，說明此交易早於 Read View 的所有交易結束，可以輸出返回；如果不是，則判斷 TRX_ID 值是否大於 Read View 的最大 TRX_ID 值。

- 如果是，則根據列記錄上的還原段指標找到對應記錄，然後取出 TRX_ID 值指派給目前列的 TRX_ID，並重新執行比較操作（説明此筆記錄在交易開始之後發生變化）。

- 如果不是，則判斷 TRX_ID 值是否在 Read View 中。如果是，則根據列記錄上的還原段指標找到對應記錄，然後取出 TRX_ID 值（説明此列記錄在交易開始時處於活躍狀態）；如果不是，則返回記錄。

19.4.2　具體程式碼

1. InnoDB 資料表儲存

InnoDB 資料表有三個隱藏欄位，預設是由 MySQL 協助加入，透過程式碼可以看到。

```
dict_table_add_system_columns(
/*==========================*/
dict_table_t* table, /*!< in/out: table */
mem_heap_t* heap) /*!< in: temporary heap */
{
ut_ad(table);
ut_ad(table->n_def == (table->n_cols - table->get_n_sys_cols()));
ut_ad(table->magic_n == DICT_TABLE_MAGIC_N);
ut_ad(!table->cached);

/* NOTE: the system columns MUST be added in the following order
(so that they can be indexed by the numerical value of DATA_ROW_ID,
etc.) and as the last columns of the table memory object.
The clustered index will not always physically contain all system
columns.
Intrinsic table don't need DB_ROLL_PTR as UNDO logging is turned off
for these tables. */

dict_mem_table_add_col(table, heap, "DB_ROW_ID", DATA_SYS,
DATA_ROW_ID | DATA_NOT_NULL,
DATA_ROW_ID_LEN);

#if (DATA_ITT_N_SYS_COLS != 2)
#error "DATA_ITT_N_SYS_COLS != 2"
#endif

#if DATA_ROW_ID != 0
#error "DATA_ROW_ID != 0"
#endif
dict_mem_table_add_col(table, heap, "DB_TRX_ID", DATA_SYS,
```

```
DATA_TRX_ID | DATA_NOT_NULL,
DATA_TRX_ID_LEN);
#if DATA_TRX_ID != 1
#error "DATA_TRX_ID != 1"
#endif

if (!table->is_intrinsic()) {
dict_mem_table_add_col(table, heap, "DB_ROLL_PTR", DATA_SYS,
DATA_ROLL_PTR | DATA_NOT_NULL,
DATA_ROLL_PTR_LEN);
#if DATA_ROLL_PTR != 2
#error "DATA_ROLL_PTR != 2"
#endif

/* This check reminds that if a new system column is added to
the program, it should be dealt with here */
#if DATA_N_SYS_COLS != 3
#error "DATA_N_SYS_COLS != 3"
#endif
```

- DB_ROW_ID：如果資料表沒有明確定義主鍵或者沒有唯一索引，則 MySQL 會自動建立一個 6 位元組的 rowid 至記錄中。

- DB_TRX_ID：交易 ID。

- DB_ROLL_PTR：還原段指標。

2. MVCC 相關實作

MySQL 並不是根據交易，而是每一列記錄的交易 ID 進行比較，以判斷記錄是否可見。現在透過範例驗證一下，先建立一個資料表，然後插入一筆記錄：

```
mysql> select * from dhytest;
+------+
| id   |
+------+
| 10   |
+------+
1 row in set (7.99 sec)
```

手動開啟一個交易，更新一筆記錄 但是不提交：

```
mysql> update dhytest set id = 20;
Query OK, 3 rows affected (40.71 sec)
Rows matched: 3 Changed: 3 Warnings: 0
```

在另一個工作階段執行查詢：

```
mysql> select * from dhytest;
```

這時便可追蹤偵錯 MySQL，查看它是怎麼判斷記錄的可見性。由於其中的函數呼叫太多，下面只介紹最重要的部分。

首先是一個重要的類別 ReadView。ReadView 是交易開始時，目前所有交易的一個集合，該類別儲存目前 ReadView 中最大及最小的交易 ID。

```
/** The read should not see any transaction with trx id >= this
value. In other words, this is the "high water mark". */
trx_id_t m_low_limit_id;

/** The read should see all trx ids which are strictly
smaller (<) than this value. In other words, this is the
low water mark". */
trx_id_t m_up_limit_id;
/** trx id of creating transaction, set to TRX_ID_MAX for free
views. */
trx_id_t m_creator_trx_id;
```

執行上面的查詢語句時，追蹤到的主要函數如下：

```
// 函數 row_search_mvcc->lock_clust_rec_cons_read_sees
bool
lock_clust_rec_cons_read_sees(
/*============================*/
const rec_t* rec, /*!< in: user record which should be read or
passed over by a read cursor */
dict_index_t* index, /*!< in: clustered index */
const ulint* offsets,/*!< in: rec_get_offsets(rec, index) */
ReadView* view) /*!< in: consistent read view */
{
ut_ad(index->is_clustered());
ut_ad(page_rec_is_user_rec(rec));
ut_ad(rec_offs_validate(rec, index, offsets));

/* Temp-tables are not shared across connections and multiple
transactions from different connections cannot simultaneously
operate on same temp-table and so read of temp-table is
always consistent read. */
// 不需要一致性讀取判斷的唯讀交易或臨時資料表
if (srv_read_only_mode || index->table->is_temporary()) {
ut_ad(view == 0 || index->table->is_temporary());
return(true);
```

```
        }

        /* NOTE that we call this function while holding the search
        system latch. */

        trx_id_t trx_id = row_get_rec_trx_id(rec, index, offsets); // 取得記錄的 TRX_
ID。這裡需要解釋一下，對於一個查詢可能有多筆記錄滿足條件，那麼每讀取一筆記錄，就得根據其上
的 TRX_ID 判斷是否可見
        return(view->changes_visible(trx_id, index->table->name)); // 判斷記錄的可見性
        }
```

下面是真正判斷記錄可見性的程式碼。

```
bool changes_visible(
trx_id_t id,
const table_name_t& name) const
MY_ATTRIBUTE((warn_unused_result))
{
ut_ad(id > 0);

    // 如果 ID 小於 ReadView 的最小交易 ID，代表這筆記錄可見，亦即此筆記錄在 select 語句開
始之前就結束了
    if (id < m_up_limit_id || id == m_creator_trx_id) {

    return(true);

    }

    check_trx_id_sanity(id, name);

    // 如果 ID 大於 ReadView 的最大交易 ID，代表這筆記錄在交易開始之後有異動，所以不可見
    if (id >= m_low_limit_id) {

    return(false);

    } else if (m_ids.empty()) {

    return(true);

    }

    const ids_t::value_type* p = m_ids.data();

    return(!std::binary_search(p, p + m_ids.size(), id)); // 判斷是否在 ReadView
中，如果是，說明在建立 ReadView 時，此筆記錄還處於活躍狀態，不應該被查到；否則，說明在建立
ReadView 時，此筆記錄已不處於活躍狀態，可以被查到
    }
```

針對不可見的記錄，都是透過 row_vers_build_for_consistent_read 函數建構可查詢資料，直到記錄可見為止。這裡需要説明一點，對於不同的交易隔離等級，可見性的實作也不一樣。

- 對於 READ-COMMITTED 隔離等級，交易內的每一道查詢語句都會重新建立 ReadView，這樣就會產生不可重覆讀現象。

- 對於 REPEATABLE-READ 隔離等級，執行交易的第一道語句時會建立 ReadView，在交易結束的期間內，每一次查詢都不會重新建立 ReadView，進而達到可重覆讀的目的。

請注意，如果有需要在交易開始時建立 ReadView，可於執行 start transaction 語句時指定 WITH CONSISTENT SNAPSHOT 參數。其實在 mysqldump 執行時期，內部就是利用這種方式開啟交易。

總結：本章介紹資料庫最重要的交易概念基礎，這些內容會影響針對資料庫最佳化、鎖等相關知識的理解。閱讀完本章後，應該掌握下列內容：

- MySQL 的交易隔離等級與異常現象。

- Redo 日誌的作用，以及 Redo 日誌在何時寫入磁碟。

- Redo 日誌與 Binlog 之間的寫入順序。

- 在 MySQL 中實例恢復有何特殊的地方。

- MySQL 如何實作 MVCC，以及如何判斷記錄的可見性。

NOTE

第 20 章

InnoDB 鎖

大家應該比較瞭解資料庫中鎖的作用，肯定也會知道其中一些鎖的類型，例如間隙鎖、記錄鎖等，但是否清楚在各種情況下 MySQL 是如何施加鎖呢？本章將詳細講解 InnoDB 鎖，包括鎖的類型、如何查看鎖以及對各種鎖的驗證等。

20.1 InnoDB 鎖概述

20.1.1 InnoDB 鎖分類

若按照顆粒度劃分 InnoDB 鎖，則可分為表級鎖和列級鎖，其中列級鎖有以下幾種：

- 共用鎖與排他鎖（Shared and Exclusive Lock）。
- 記錄鎖（Record Lock）。
- 間隙鎖（Gap Lock）。
- 記錄鎖與間隙鎖的組合（Next-Key Lock）。
- 插入意向鎖（Insert Intention Lock）。

表級鎖則有以下幾種：

- 意向鎖（Intention Lock）。
- 自增鎖（AUTO-INC Lock）。

下面分別介紹每一種鎖。

20.1.2 列級鎖

1. 共用鎖與排他鎖

列共用鎖（S）與排他鎖（X）較好理解，S 鎖與 X 鎖互相衝突。

- 當讀取一列記錄時，為了防止別人修改，則需要加上 S 鎖。
- 當修改一列記錄時，為了防止別人同時修改，則需要加上 X 鎖。

這裡需要知道 MySQL 具有 MVCC 特性，所以，正常情況下，普通的查詢屬於非鎖定讀，不會加上任何鎖（即一致性讀取）。還有一種是鎖定讀（即目前讀），例如：

- SELECT … FOR SHARE（MySQL 8.0 版新增的方式，以前版本的上鎖方式為 SELECT ... LOCK IN SHARE MODE) 加上 S 鎖，其他交易可以讀取但會阻塞修改作業。
- SELECT … FOR UPDATE，加上 X 鎖，當其他交易修改或者執行 SELECT … FOR SHARE 時都會被阻塞。

2. 記錄鎖

MySQL 的記錄鎖都是增加在索引上，即使資料表沒有索引，也會在預設建立的叢集索引加上記錄鎖。

3. 間隙鎖

間隙鎖的鎖定範圍是索引記錄之間的間隙，或者第一筆或最後一筆索引記錄之前的間隙，間隙鎖乃是針對交易隔離等級為可重覆讀或以上等級。例如一個交易執行「SELECT * FROM t WHERE c1 > 10 AND c1 < 20 FOR UPDATE ;」，那麼當插入 c1=15 時就會被阻塞；否則，再次查詢的結果便與第一次不一致。

4. 記錄鎖與間隙鎖的組合

Next-Key Lock 是記錄鎖與間隙鎖的組合，也就是索引記錄本身加上之前的間隙。間隙鎖保證在 REPEATABLE-READ 等級下不會出現幻讀現象，以防止在同一個交易內得到的結果不一致。間隙鎖在執行 show engine innodb 時，輸出結果如下（後面會有詳細解釋）：

```
---TRANSACTION 17007, ACTIVE 2 sec
2 lock struct(s), heap size 1200, 4 row lock(s)
MySQL thread id 53, OS thread handle 123145507725312, query id 1991
localhost root
```

```
  TABLE LOCK table 'dhy'.'t' trx id 17007 lock mode IX
  RECORD LOCKS space id 9 page no 4 n bits 80 index GEN_CLUST_INDEX of table
'dhy'.'t' trx id 17007 lock_mode X
  Record lock, heap no 1 PHYSICAL RECORD: n_fields 1; compact format; info
bits 0
  0: len 8; hex 73757072656d756d; asc supremum;;
```

5. 插入意向鎖

插入意向鎖是針對 INSERT 操作的一種特殊間隙鎖，主要是為了最佳化 INSERT 操作的並行能力。這個鎖表示插入的意圖，亦即插入具有相同索引間隙的多個交易；如果插入的值不同，則不需要互相等待。

假設存在值為 4 和 7 的索引記錄，現在分別嘗試插入值為 5 和 6 的交易。在取得插入列的排他鎖之前，將增加插入意向鎖鎖定 4 和 7 之間的間隙，但是不會互相阻塞，因為插入的列沒有衝突。

請注意，插入意向鎖之間互不衝突，但是可能會和其他鎖衝突，例如 Next-Key Lock。

20.1.3　表級鎖

1. 意向鎖

意向鎖在 MySQL 是表級鎖，表示將來要對資料表增加什麼類型的鎖（IX/IS）。

- SELECT … FOR SHARE，增加意向共用鎖（IS）。
- SELECT … FOR UPDATE，增加意向排他鎖（IX）。

取得資料表某列的共用鎖之前，首先必須拿到資料表的 IS 鎖。取得資料表某列的獨佔鎖之前，首先必須拿到資料表的 IX 鎖。意向鎖和列級鎖之間的衝突及相容列表，如表 20-1 所示。

表 20-1

\	X	IX	S	IS
X	衝突	衝突	衝突	衝突
IX	衝突	相容	衝突	相容
S	衝突	衝突	相容	相容
IS	衝突	相容	相容	相容

意向鎖不會阻止除了表級鎖請求（例如，執行 LOCK table … WRITE 語句）之外的鎖。換句話說：在申請表級鎖（執行 LOCK table 語句）前記錄不能存在鎖，在沒有意向鎖的情況下，就得掃描資料表的每一筆記錄，查看是否存在鎖。但是有了意向鎖之後，只要判斷資料表是否存在意向鎖即可，如果有，說明某列記錄已被鎖定或者將被鎖定，表級鎖的申請語句（LOCK table）便會等待，意向鎖的設計提高了效率。

2. 自增鎖

自增鎖是插入具有 AUTO_INCREMENT 欄位的交易所採用的特殊表級鎖。在最簡單的情況下，如果一個交易正對資料表插入值，則其他任何交易都必須等待插入語句執行完成，這樣才能保證後續交易插入的主鍵值是連續的。

innodb_autoinc_lock_mode 參數用來控制自增鎖的演算法，透過控制自增值產生的策略提高並行能力。

20.1.4　鎖模式對應的涵義

使用 show engine innodb 語句查看鎖資訊時，經常會看到 LOCK_MODE 欄位，也就是鎖模式。只有知道各種模式分別代表什麼意思，才能更好地分析鎖等待和鎖死問題。這是一個非常重要的知識點。

- IX：代表意向排他鎖。
- X：代表 Next-Key Lock 鎖定記錄本身和記錄之前的間隙（X）。
- S：代表 Next-Key Lock 鎖定記錄本身和記錄之前的間隙（S）。
- X, REC_NOT_GAP：代表只鎖定記錄本身（X）。
- S, REC_NOT_GAP：代表只鎖定記錄本身（S）。
- X, GAP：代表間隙鎖，不鎖定記錄本身（X）。
- S, GAP：代表間隙鎖，不鎖定記錄本身（S）。
- X, GAP, INSERT_INTENTION：代表插入意向鎖。

20.2 加鎖驗證

前面已經介紹 InnoDB 相關的鎖概念，相信很多 MySQL DBA 或開發人員對這些鎖都有所瞭解，也知道它們的作用。但問起具體加鎖情況時，則很難做出比較詳細的解釋和清晰的描述，例如鎖和交易隔離等級的關係，以及和主鍵、索引之間是否有影響等。下面就透過一些測試來解惑。

設定參數：GLOBAL innodb_status_output_locks=ON，然後執行 show engine innodb 語句，可以印出更多的鎖資訊，在未發生鎖等待時也能看到持有鎖情況，對於理解各種加鎖情況非常有用。

建立一個資料表 t，沒有索引和主鍵，然後插入測試資料：

```
CREATE TABLE 't' (
'id' int(11) DEFAULT NULL,
'name' char(20) DEFAULT NULL
);
insert into t values (10,'donghongyu'),(20,'lichun'),(30,'luoxiaobo');
```

20.2.1 REPEATABLE-READ 隔離等級 + 資料表無顯式主鍵和索引

手動開啟交易，執行語句並採用 for update 方式（目前讀）：

```
mysql> begin;
Query OK, 0 rows affected (0.00 sec)
mysql> select * from t for update;
+------+------------+
| id   | name       |
+------+------------+
| 10   | donghongyu |
| 20   | lichun     |
| 30   | luoxiaobo  |
+------+------------+
3 rows in set (0.00 sec)
```

這裡可以採用兩種方式查看持有鎖的資訊。第一種方式是利用 show engine innodb 語句：

```
---TRANSACTION 16962, ACTIVE 1 sec
2 lock struct(s), heap size 1200, 4 row lock(s)
MySQL thread id 44, OS thread handle 123145507119104, query id 1586
localhost root
TABLE LOCK table 'dhy'.'t' trx id 16962 lock mode IX
```

```
    RECORD LOCKS space id 9 page no 4 n bits 80 index GEN_CLUST_INDEX of table
'dhy'.'t' trx id 16962 lock_mode X
    Record lock, heap no 1 PHYSICAL RECORD: n_fields 1; compact format; info bits 0
    0: len 8; hex 73757072656d756d; asc supremum;;

    Record lock, heap no 2 PHYSICAL RECORD: n_fields 5; compact format; info bits 0
    0: len 6; hex 000000000600; asc ;;
    1: len 6; hex 000000004018; asc @ ;;
    2: len 7; hex 82000001080110; asc ;;
    3: len 4; hex 8000000a; asc ;;
    4: len 20; hex 646f6e67686f6e6779752020202020202020202020; asc donghongyu ;;

    Record lock, heap no 3 PHYSICAL RECORD: n_fields 5; compact format; info bits 0
    0: len 6; hex 000000000601; asc ;;
    1: len 6; hex 000000004018; asc @ ;;
    2: len 7; hex 8200000108011f; asc ;;
    3: len 4; hex 80000014; asc ;;
    4: len 20; hex 6c696368756e202020202020202020202020202020; asc lichun ;;

    Record lock, heap no 4 PHYSICAL RECORD: n_fields 5; compact format; info bits 0
    0: len 6; hßex 000000000602; asc ;;
    1: len 6; hex 000000004018; asc @ ;;
    2: len 7; hex 8200000108012e; asc .;;
    3: len 4; hex 8000001e; asc ;;
    4: len 20; hex 6c756f7869616f626f202020202020202020202020; asc luoxiaobo ;;
```

第二種方式是透過 data_locks 資料表（MySQL 8.0 版本新增，後續章節都是藉由此表查詢加鎖情況）查看：

```
    mysql> select ENGINE_LOCK_ID, ENGINE_TRANSACTION_ID , THREAD_ID, OBJECT_
SCHEMA, OBJECT_NAME, INDEX_NAME, LOCK_TYPE, LOCK_MODE, LOCK_STATUS , LOCK_
DATA from data_locks;
    | ENGINE_LOCK_ID | ENGINE_TRANSACTION_ID | THREAD_ID | OBJECT_SCHEMA |
OBJECT_NAME | INDEX_NAME | LOCK_TYPE | LOCK_MODE | LOCK_STATUS | LOCK_DATA |
    +------------+-------+----+------+---+------+-------+----+---------+------+
    | 16962:1066 | 16962 | 82 | dhy | t | NULL | TABLE | IX | GRANTED | NULL |
    | 16962:9:4:1 | 16962 | 82 | dhy | t | GEN_CLUST_INDEX | RECORD | X |
GRANTED | supremum pseudo-record |
    | 16962:9:4:2 | 16962 | 82 | dhy | t | GEN_CLUST_INDEX | RECORD | X |
GRANTED | 0x000000000600 |
    | 16962:9:4:3 | 16962 | 82 | dhy | t | GEN_CLUST_INDEX | RECORD | X |
GRANTED | 0x000000000601 |
    | 16962:9:4:4 | 16962 | 82 | dhy | t | GEN_CLUST_INDEX | RECORD | X |
GRANTED | 0x000000000602 |
    5 rows in set (0.00 sec)
```

透過返回的資訊得知，對資料表增加了 IX 鎖（取得某列的獨佔鎖之前，必須先獲取資料表的 IX 鎖）和 4 個記錄鎖。其中有 3 筆記錄分別加上 Next-Key Lock 鎖（LOCK_MODE 欄位顯示的是「X」），防止資料的變化發生幻讀，例如更新、刪除操作等。那麼「0: len 8; hex 73757072656d756d; asc supremum;;」是什麼意思呢？在 REPEATABLE-READ 隔離等級下，為了防止發生幻讀，會將最大索引值之後的間隙鎖住，並以「supremum」表示大於任何一個索引的值。整體加鎖的順序是：

① 對資料表增加 IX 鎖。

② 在「supremum」增加 Next-Key Lock 鎖。

③ 在 3 筆記錄分別增加 Next-Key Lock 鎖。

有讀者或許會有疑問，這是否和執行語句沒有 where 條件有關？如果帶有 where 條件，則不會有 Next-Key Lock 鎖。下面測試一下。

```
mysql> begin;
Query OK, 0 rows affected (0.00 sec)

mysql> select * from t where id = 10 for update;
+------+------------+
| id   | name       |
+------+------------+
| 10   | donghongyu |
+------+------------+
1 row in set (0.00 sec)
```

查看 data_lock 資料表：

```
mysql> select ENGINE_LOCK_ID, ENGINE_TRANSACTION_ID , THREAD_ID, OBJECT_
SCHEMA, OBJECT_NAME, INDEX_NAME, LOCK_TYPE, LOCK_MODE, LOCK_STATUS , LOCK_
DATA from data_locks;
| ENGINE_LOCK_ID | ENGINE_TRANSACTION_ID | THREAD_ID | OBJECT_SCHEMA |
OBJECT_NAME | INDEX_NAME | LOCK_TYPE | LOCK_MODE | LOCK_STATUS | LOCK_DATA |
+-----------+-------+----+-----+---+------+-------+----+---------+------+
| 17425:1066 | 17425 | 49 | dhy | t | NULL | TABLE | IX | GRANTED | NULL |
| 17425:9:4:1 | 17425 | 49 | dhy | t | GEN_CLUST_INDEX | RECORD | X |
GRANTED | supremum pseudo-record |
| 17425:9:4:2 | 17425 | 49 | dhy | t | GEN_CLUST_INDEX | RECORD | X |
GRANTED | 0x000000000600 |
| 17425:9:4:3 | 17425 | 49 | dhy | t | GEN_CLUST_INDEX | RECORD | X |
GRANTED | 0x000000000601 |
| 17425:9:4:4 | 17425 | 49 | dhy | t | GEN_CLUST_INDEX | RECORD | X |
GRANTED | 0x000000000602 |
5 rows in set (0.00 sec)
```

鎖資訊與之前一樣，同樣會有「supremum pseudo-record」。正如前文所述，雖然 where 條件是 id = 10，但是每次插入記錄時產生的還是自增的叢集索引（DB_ROW_ID），每次都是插入資料表的末尾，所以有可能插入 id = 10 這筆記錄。因此，需要增加一道「supremum pseudo-record」防止資料插入。產生自增 id 的程式碼如下：

```
row_id_t dict_sys_get_new_row_id(void) {
    row_id_t id;
    mutex_enter(&dict_sys->mutex);
    id = dict_sys->row_id;
    if (0 == (id % DICT_HDR_ROW_ID_WRITE_MARGIN)) {
        dict_hdr_flush_row_id();
    }
    dict_sys->row_id++; // 每次都將 row_id 自增 1
    mutex_exit(&dict_sys->mutex);
    return (id);
}
```

這裡還有一個問題：為什麼加上 where 條件，但還會在不滿足 where 條件的記錄上增加 Next-Key Lock 鎖呢？主要也是為了防止發生幻讀。如果不這麼做，此時若有其他工作階段執行 DELETE 或者 UPDATE 語句，便都會造成幻讀。在 READ-COMMITTED 隔離等級下，對於不滿足 where 條件的記錄會早一點釋放。

下面看一下資料表有顯式主鍵的情況。這時插入任何資料都會阻塞，因為都是在資料表的最後插入，會和「supremum pseudo-record」發生衝突。

```
mysql> begin;
Query OK, 0 rows affected (0.00 sec)

mysql> insert into t values (9, 'hanjie');
ERROR 1205 (HY000): Lock wait timeout exceeded; try restarting transaction
```

鎖資訊如下：

```
mysql> select ENGINE_LOCK_ID, ENGINE_TRANSACTION_ID, THREAD_ID, OBJECT_
SCHEMA, OBJECT_NAME, INDEX_NAME, LOCK_TYPE, LOCK_MODE, LOCK_STATUS, LOCK_
DATA from data_locks;
| ENGINE_LOCK_ID | ENGINE_TRANSACTION_ID | THREAD_ID | OBJECT_SCHEMA |
OBJECT_NAME | INDEX_NAME | LOCK_TYPE | LOCK_MODE | LOCK_STATUS | LOCK_DATA |
+-------------+-------+----+-----+---+------+------+----+--------+------+
| 33131:1156 | 33131 | 52 | dhy | t | NULL | TABLE | IX | GRANTED | NULL |
| 33131:99:4:1 | 33131 | 52 | dhy | t | GEN_CLUST_INDEX | RECORD |
X,INSERT_INTENTION | WAITING | supremum pseudo-record |
| 33130:1156 | 33130 | 50 | dhy | t | NULL | TABLE | IX | GRANTED | NULL |
| 33130:99:4:1 | 33130 | 50 | dhy | t | GEN_CLUST_INDEX | RECORD | X |
GRANTED | supremum pseudo-record |
```

```
    | 33130:99:4:2 | 33130 | 50 | dhy | t | GEN_CLUST_INDEX | RECORD | X |
GRANTED | 0x000000002209 |
    | 33130:99:4:3 | 33130 | 50 | dhy | t | GEN_CLUST_INDEX | RECORD | X |
GRANTED | 0x00000000220A |
    | 33130:99:4:4 | 33130 | 50 | dhy | t | GEN_CLUST_INDEX | RECORD | X |
GRANTED | 0x00000000220B |
    7 rows in set (0.00 sec)
```

　　透過鎖衝突資訊可以清楚地看到，主要是申請增加的插入意向鎖與「supremum pseudo-record」發生衝突，由此證明了插入作業都是在資料表的最後進行。

20.2.2 REPEATABLE-READ 隔離等級 + 資料表有顯式主鍵無索引

　　這裡按照下列幾種情況進行分析，對於不同的情況，加鎖方式也有差別。

- 不帶 where 條件。
- where 條件是主鍵欄位。
- where 條件包含主鍵欄位和非主鍵欄位。

　　資料表結構如下：

```
mysql> show create table dhytest\G
*************************** 1. row ***************************
      Table: dhytest
Create Table: CREATE TABLE 'dhytest' (
  'id' int(11) NOT NULL,
  'name' char(20) DEFAULT NULL,
  PRIMARY KEY ('id')
) ENGINE=InnoDB DEFAULT CHARSET=utf8
1 row in set (0.00 sec)
```

1. 不帶 where 條件

　　不帶 where 條件的情況相對簡單，相信大家也能推測出加鎖方式，底下透過實際操作驗證一下。

```
mysql> begin;
Query OK, 0 rows affected (0.00 sec)

mysql> select * from t for update;
+------+------------+
| id   | name       |
+------+------------+
| 10   | donghongyu |
| 20   | lichun     |
```

```
| 30    | luoxiaobo  |
+------+------------+
3 rows in set (0.00 sec)
```

查看 data_locks 資料表的加鎖情況：

```
mysql> select ENGINE_LOCK_ID, ENGINE_TRANSACTION_ID, THREAD_ID, OBJECT_
SCHEMA, OBJECT_NAME, INDEX_NAME, LOCK_TYPE, LOCK_MODE, LOCK_STATUS , LOCK_
DATA from data_locks;
| ENGINE_LOCK_ID | ENGINE_TRANSACTION_ID | THREAD_ID | OBJECT_SCHEMA |
OBJECT_NAME | INDEX_NAME | LOCK_TYPE | LOCK_MODE | LOCK_STATUS | LOCK_DATA |
  +------------+-------+----+-----+---+------+-------+----+--------+------+
  | 17447:1068 | 17447 | 51 | dhy | t | NULL | TABLE | IX | GRANTED | NULL |
  | 17447:11:4:1 | 17447 | 51 | dhy | t | PRIMARY | RECORD | X | GRANTED |
supremum pseudo-record |
  | 17447:11:4:2 | 17447 | 51 | dhy | t | PRIMARY | RECORD | X | GRANTED | 10 |
  | 17447:11:4:3 | 17447 | 51 | dhy | t | PRIMARY | RECORD | X | GRANTED | 20 |
  | 17447:11:4:4 | 17447 | 51 | dhy | t | PRIMARY | RECORD | X | GRANTED | 30 |
5 rows in set (0.00 sec)
```

由此得知，沒有 where 條件時，加鎖方式與 20.2.1 節不加 where 條件的加鎖方式相同，有 where 條件就不同了。

2. where 條件是主鍵欄位

```
mysql> begin;
Query OK, 0 rows affected (0.00 sec)

mysql> select * from t where id = 10 for update;
+----+------------+
| id | name       |
+----+------------+
| 10 | donghongyu |
+----+------------+
1 row in set (0.00 sec)
```

查看 data_locks 資料表的加鎖情況：

```
mysql>  select ENGINE_LOCK_ID, ENGINE_TRANSACTION_ID, THREAD_ID, OBJECT_
SCHEMA, OBJECT_NAME, INDEX_NAME, LOCK_TYPE, LOCK_MODE, LOCK_STATUS, LOCK_
DATA from data_locks;
| ENGINE_LOCK_ID | ENGINE_TRANSACTION_ID | THREAD_ID | OBJECT_SCHEMA |
OBJECT_NAME | INDEX_NAME | LOCK_TYPE | LOCK_MODE | LOCK_STATUS | LOCK_DATA |
  +------------+-------+----+-----+---+------+-------+----+--------+------+
  | 29408:1102 | 29408 | 98 | dhy | t | NULL | TABLE | IX | GRANTED | NULL |
  | 29408:45:4:2 | 29408 | 98 | dhy | t | PRIMARY | RECORD | X,REC_NOT_GAP |
GRANTED | 10 |
  2 rows in set (0.00 sec)
```

　　由此得知，只對資料表增加 IX 鎖，以及對主鍵增加記錄鎖（X, REC_NOT_GAP），並且只鎖住 where 條件 id = 10 這筆記錄。因為主鍵已經保證唯一性，所以插入時就不會是 id = 10 這筆記錄。因此，這裡也不需要間隙鎖。

3. where 條件包含主鍵欄位和非主鍵欄位

```
mysql> begin;
Query OK, 0 rows affected (0.00 sec)

mysql> select * from t where id = 10 and name = 'donghongyu' for update;
+----+------------+
| id | name       |
+----+------------+
| 10 | donghongyu |
+----+------------+
1 row in set (0.00 sec)
```

查看 data_locks 資料表的加鎖情況：

```
mysql> select ENGINE_LOCK_ID, ENGINE_TRANSACTION_ID, THREAD_ID, OBJECT_
SCHEMA, OBJECT_NAME, INDEX_NAME, LOCK_TYPE, LOCK_MODE, LOCK_STATUS, LOCK_
DATA from data_locks;
| ENGINE_LOCK_ID | ENGINE_TRANSACTION_ID | THREAD_ID | OBJECT_SCHEMA |
OBJECT_NAME | INDEX_NAME | LOCK_TYPE | LOCK_MODE | LOCK_STATUS | LOCK_DATA |
  +------------+-------+----+-----+---+------+-------+----+--------+------+
| 29719:1102 | 29719 | 47 | dhy | t | NULL | TABLE | IX | GRANTED | NULL |
| 29719:45:4:2 | 29719 | 47 | dhy | t | PRIMARY | RECORD | X,REC_NOT_GAP |
GRANTED | 10 |
  2 rows in set (0.00 sec)
```

　　由此得知，加鎖方式與 where 條件是主鍵欄位的加鎖方式相同，因為根據主鍵欄位便可直接定位一筆記錄。

20.2.3 REPEATABLE-READ 隔離等級 + 資料表無顯式主鍵有索引

這裡分為下列幾種情況。

● 不帶 where 條件。

● 普通索引：

　　■ where 條件是索引欄位。

　　■ where 條件包含索引欄位和非索引欄位。

- 唯一索引：

  - where 條件是索引欄位。

  - where 條件包含索引欄位和非索引欄位。

1. 不帶 where 條件

這種情況的加鎖方式，與 20.2.1 節不帶 where 條件的加鎖方式相同，相信大家也能理解原因，這裡就不示範了，重點查看不一樣的地方。

2. 普通索引

（1）where 條件是索引欄位

```
mysql> create index idx_id on t (id);
Query OK, 0 rows affected (0.08 sec)
Records: 0 Duplicates: 0 Warnings: 0
mysql> begin;
Query OK, 0 rows affected (0.00 sec)

mysql> select * from t where id = 10 for update;
+----+------------+
| id | name       |
+----+------------+
| 10 | donghongyu |
+----+------------+
1 row in set (0.00 sec)
```

查看 data_locks 資料表的加鎖情況：

```
mysql> select ENGINE_LOCK_ID, ENGINE_TRANSACTION_ID, THREAD_ID, OBJECT_
SCHEMA, OBJECT_NAME, INDEX_NAME, LOCK_TYPE, LOCK_MODE, LOCK_STATUS, LOCK_
DATA from data_locks;
| ENGINE_LOCK_ID | ENGINE_TRANSACTION_ID | THREAD_ID | OBJECT_SCHEMA |
OBJECT_NAME | INDEX_NAME | LOCK_TYPE | LOCK_MODE | LOCK_STATUS | LOCK_DATA |
+------------+------+----+-----+---+------+------+----+--------+------+
| 29759:1103 | 29759 | 49 | dhy | t | NULL | TABLE | IX | GRANTED | NULL |
| 29759:46:5:2 | 29759 | 49 | dhy | t | idx_id | RECORD | X | GRANTED | 10,
0x000000001F00 |
| 29759:46:4:2 | 29759 | 49 | dhy | t | GEN_CLUST_INDEX | RECORD | X,REC_
NOT_GAP | GRANTED | 0x000000001F00 |
| 29759:46:5:3 | 29759 | 49 | dhy | t | idx_id | RECORD | X,GAP | GRANTED |
20, 0x000000001F01 |
4 rows in set (0.00 sec)
```

當 where 條件是普通索引欄位時，加鎖的順序是：

① 對資料表增加 IX 鎖。

② 對 id = 10 對應的索引增加 Next-Key Lock 鎖，區間是 (-∞, 10]。

③ 對索引對應的叢集索引增加 X 記錄鎖。

④ 為了防止發生幻讀（因為是普通索引，因此可以再插入 id = 10 這筆記錄），對索引記錄區間 (10,20) 增加間隙鎖。

此時如果插入 id = 9 到 id = 19 之間的記錄都會被阻塞，但插入 id = 20 這筆記錄則否，因為它不在間隙鎖範圍內。

```
mysql> begin;
Query OK, 0 rows affected (0.04 sec)
mysql> insert into t values (9, 'hanjie');
// 阻塞
mysql> select ENGINE_LOCK_ID, ENGINE_TRANSACTION_ID, THREAD_ID, OBJECT_
SCHEMA, OBJECT_NAME, INDEX_NAME, LOCK_TYPE, LOCK_MODE, LOCK_STATUS, LOCK_
DATA from data_locks;
| ENGINE_LOCK_ID | ENGINE_TRANSACTION_ID | THREAD_ID | OBJECT_SCHEMA |
OBJECT_NAME | INDEX_NAME | LOCK_TYPE | LOCK_MODE | LOCK_STATUS | LOCK_DATA |
+------------+-------+----+-----+---+------+-------+----+--**-----+------+
| 29761:1103 | 29761 | 53 | dhy | t | NULL | TABLE | IX | GRANTED | NULL |
| 29761:46:5:2 | 29761 | 53 | dhy | t | idx_id | RECORD | X,GAP,INSERT_
INTENTION | WAITING | 10, 0x000000001F00 |
| 29760:1103 | 29760 | 52 | dhy | t | NULL | TABLE | IX | GRANTED | NULL |
| 29760:46:5:2 | 29760 | 52 | dhy | t | idx_id | RECORD | X | GRANTED | 10,
0x000000001F00 |
| 29760:46:4:2 | 29760 | 52 | dhy | t | GEN_CLUST_INDEX | RECORD | X,REC_
NOT_GAP | GRANTED | 0x000000001F00 |
| 29760:46:5:3 | 29760 | 52 | dhy | t | idx_id | RECORD | X,GAP | GRANTED |
20, 0x000000001F01 |
6 rows in set (0.00 sec)
```

當插入 id = 9 這筆記錄時，同樣需要增加間隙鎖（其實是插入意向鎖，當發生鎖等待時以 show engine innodb status 語句便可看到 lock_mode X locks gap before rec insert intention waiting），它與 id = 10 這筆記錄的 Next-Key Lock 鎖發生衝突，所以看到申請 X 鎖、間隙鎖、插入意向鎖時狀態是 WAITING。

```
mysql> begin;
Query OK, 0 rows affected (0.10 sec)
mysql> insert into t values (19, 'hanjie');
// 阻塞
```

```
mysql> select ENGINE_LOCK_ID, ENGINE_TRANSACTION_ID, THREAD_ID, OBJECT_
SCHEMA, OBJECT_NAME, INDEX_NAME, LOCK_TYPE, LOCK_MODE, LOCK_STATUS, LOCK_
DATA from data_locks;
| ENGINE_LOCK_ID | ENGINE_TRANSACTION_ID | THREAD_ID | OBJECT_SCHEMA |
OBJECT_NAME | INDEX_NAME | LOCK_TYPE | LOCK_MODE | LOCK_STATUS | LOCK_DATA |
+-------------+-------+----+-----+---+-------+-------+----+--**-----+------+
| 29763:1103 | 29763 | 53 | dhy | t | NULL | TABLE | IX | GRANTED | NULL |
| 29763:46:5:3 | 29763 | 53 | dhy | t | idx_id | RECORD | X,GAP,INSERT_
INTENTION | WAITING | 20, 0x000000001F01 |
| 29762:1103 | 29762 | 52 | dhy | t | NULL | TABLE | IX | GRANTED | NULL |
| 29762:46:5:2 | 29762 | 52 | dhy | t | idx_id | RECORD | X | GRANTED | 10,
0x000000001F00 |
| 29762:46:4:2 | 29762 | 52 | dhy | t | GEN_CLUST_INDEX | RECORD | X,REC_
NOT_GAP | GRANTED | 0x000000001F00 |
| 29762:46:5:3 | 29762 | 52 | dhy | t | idx_id | RECORD | X,GAP | GRANTED |
20, 0x000000001F01 |
6 rows in set (0.00 sec)
```

當插入 id = 19 這筆記錄時，同樣需要增加間隙鎖，它與 id = 10 這筆記錄的間隙鎖發生衝突，所以看到申請 X 鎖、間隙鎖、插入意向鎖時狀態是 WAITING。

但是，如果插入 id = 20 這筆記錄，則不會被阻塞。

```
mysql> begin;
Query OK, 0 rows affected (0.08 sec)

mysql> insert into t values (20, 'hanjie');
Query OK, 1 row affected (0.00 sec)
```

（2）where 條件包含索引欄位和非索引欄位

此情況與 where 條件是普通索引欄位的情況相同，這裡便不再示範。

3. 唯一索引

（1）where 條件是索引欄位

```
mysql> drop index idx_id on t;
Query OK, 0 rows affected (0.07 sec)
Records: 0 Duplicates: 0 Warnings: 0
mysql> create unique index idx_id on t (id);
Query OK, 0 rows affected (0.27 sec)
Records: 0 Duplicates: 0 Warnings: 0
mysql> begin;
Query OK, 0 rows affected (0.00 sec)

mysql> select * from t where id = 10 for update;
```

```
+----+------------+
| id | name       |
+----+------------+
| 10 | donghongyu |
+----+------------+
1 row in set (0.00 sec)
mysql> select ENGINE_LOCK_ID, ENGINE_TRANSACTION_ID, THREAD_ID, OBJECT_
SCHEMA, OBJECT_NAME, INDEX_NAME, LOCK_TYPE, LOCK_MODE, LOCK_STATUS, LOCK_
DATA from data_locks;
| ENGINE_LOCK_ID | ENGINE_TRANSACTION_ID | THREAD_ID | OBJECT_SCHEMA |
OBJECT_NAME | INDEX_NAME | LOCK_TYPE | LOCK_MODE | LOCK_STATUS | LOCK_DATA |
+------------+-------+----+-----+---+------+-------+----+---------+------+
| 29792:1104 | 29792 | 54 | dhy | t | NULL | TABLE | IX | GRANTED | NULL |
| 29792:47:4:2 | 29792 | 54 | dhy | t | idx_id | RECORD | X,REC_NOT_GAP |
GRANTED | 10 |
2 rows in set (0.00 sec)
```

這裡與 20.2.2 節「where 條件是主鍵欄位」的加鎖情況相同，資料表無顯式主鍵則會把唯一索引作為主鍵，因為是主鍵，所以不能再插入 id = 10 這筆記錄。因此，這裡也不需要間隙鎖。

（2）where 條件包含索引欄位和非索引欄位

此情況與 where 條件是唯一索引欄位的情況相同，這裡便不再示範。

20.2.4 REPEATABLE-READ 隔離等級 + 資料表有顯式主鍵和索引

這裡分為下列幾種情況。

- 資料表有顯式主鍵和普通索引：
  - 不帶 where 條件。
  - where 條件是普通索引欄位。
  - where 條件是主鍵欄位。
  - where 條件同時包含普通索引欄位和主鍵欄位。
- 資料表有顯式主鍵和唯一索引：
  - 不帶 where 條件。
  - where 條件是唯一索引欄位。
  - where 條件是主鍵欄位。
  - where 條件同時包含唯一索引欄位和主鍵欄位。

1. 資料表有顯式主鍵和普通索引

資料表結構如下（id 欄位是主鍵，name 欄位是普通索引）：

```
mysql> show create table t \G
*************************** 1. row ***************************
Table: t
Create Table: CREATE TABLE 't' (
'id' int(11) NOT NULL,
'name' char(20) DEFAULT NULL,
PRIMARY KEY ('id'),
KEY 'idx_name' ('name')
) ENGINE=InnoDB DEFAULT CHARSET=utf8
1 row in set (0.00 sec)
```

（1）不帶 where 條件

```
mysql> begin;
Query OK, 0 rows affected (0.00 sec)

mysql> select * from t for update;
+----+------------+
| id | name       |
+----+------------+
| 10 | donghongyu |
| 20 | lichun     |
| 30 | luoxiaobo  |
+----+------------+
3 rows in set (0.00 sec)
mysql> select ENGINE_LOCK_ID, ENGINE_TRANSACTION_ID, THREAD_ID, OBJECT_
SCHEMA, OBJECT_NAME, INDEX_NAME, LOCK_TYPE, LOCK_MODE, LOCK_STATUS, LOCK_
DATA from data_locks;
| ENGINE_LOCK_ID | ENGINE_TRANSACTION_ID | THREAD_ID | OBJECT_SCHEMA |
OBJECT_NAME | INDEX_NAME | LOCK_TYPE | LOCK_MODE | LOCK_STATUS | LOCK_DATA |
+------------+-------+----+-----+---+------+-------+----+--**-----+------+
| 29853:1106 | 29853 | 56 | dhy | t | NULL | TABLE | IX | GRANTED | NULL |
| 29853:49:5:1 | 29853 | 56 | dhy | t | idx_name | RECORD | X | GRANTED |
supremum pseudo-record |
| 29853:49:5:2 | 29853 | 56 | dhy | t | idx_name | RECORD | X | GRANTED |
'donghongyu ', 10 |
| 29853:49:5:3 | 29853 | 56 | dhy | t | idx_name | RECORD | X | GRANTED |
'lichun ', 20 |
| 29853:49:5:4 | 29853 | 56 | dhy | t | idx_name | RECORD | X | GRANTED |
'luoxiaobo ', 30 |
| 29853:49:4:2 | 29853 | 56 | dhy | t | PRIMARY | RECORD | X,REC_NOT_GAP |
GRANTED | 10 |
| 29853:49:4:3 | 29853 | 56 | dhy | t | PRIMARY | RECORD | X,REC_NOT_GAP |
GRANTED | 20 |
```

```
   | 29853:49:4:4 | 29853 | 56 | dhy | t | PRIMARY | RECORD | X,REC_NOT_GAP |
GRANTED | 30 |
   8 rows in set (0.00 sec)
```

這裡的鎖比較多，加鎖順序如下：

① 對資料表增加 IX 鎖。

② 對 supremum pseudo-record 增加 Next-Key Lock 鎖。

③ 對索引增加 Next-Key Lock 鎖。

④ 對主鍵索引增加 X 記錄鎖。

（2）where 條件是普通索引欄位

```
mysql> select * from t where name = 'donghongyu' for update;
+----+------------+
| id | name       |
+----+------------+
| 10 | donghongyu |
+----+------------+
1 row in set (0.00 sec)
mysql> select * from data_locks;
| ENGINE | ENGINE_LOCK_ID | ENGINE_TRANSACTION_ID | THREAD_ID | EVENT_ID |
OBJECT_SCHEMA | OBJECT_NAME | PARTITION_NAME | SUBPARTITION_NAME | INDEX_NAME
| OBJECT_INSTANCE_BEGIN | LOCK_TYPE | LOCK_MODE | LOCK_STATUS | LOCK_DATA |
   +---+---+---+---+---+----+----+----+----+----+-----+-----+----+----+
   | INNODB | 18682:1078 | 18682 | 54 | 34 | dhy | t | NULL | NULL | NULL |
140609192269880 | TABLE | IX | GRANTED | NULL |
   | INNODB | 18682:21:5:2 | 18682 | 54 | 34 | dhy | t | NULL | NULL | idx_
name | 140609235245080 | RECORD | X | GRANTED | 'donghongyu ', 10 |
   | INNODB | 18682:21:4:2 | 18682 | 54 | 34 | dhy | t | NULL | NULL | PRIMARY
| 140609235245432 | RECORD | X | GRANTED | 10 |
   | INNODB | 18682:21:5:3 | 18682 | 54 | 34 | dhy | t | NULL | NULL | idx_
name | 140609235245784 | RECORD | X,GAP | GRANTED | 'lichun ', 20 |
   4 rows in set (0.00 sec)
```

此情況與 20.2.3 節的「where 條件是索引欄位」情況相同，只因索引欄位不同，加鎖改成 name 欄位而已。

（3）where 條件是主鍵欄位

此情況與 20.2.2 節的「where 條件是主鍵欄位」情況相同，這裡便不再示範。

（4）where 條件同時包含普通索引欄位和主鍵欄位

在這種情況下，端賴 SQL 執行計畫使用的是主鍵索引還是普通索引，如果是主鍵索引，則與 20.2.2 節中「where 條件是主鍵欄位」情況相同；如果是普通索引，則與 20.2.3 節的「where 條件是索引欄位」情況相同，只因索引欄位名稱不同，加鎖改成 name 欄位而已。

2. 資料表有顯式主鍵和唯一索引

（1）不帶 where 條件

此情況與 20.2.4 節的「不帶 where 條件」的加鎖情況相同，這裡便不再示範。

（2）where 條件是唯一索引欄位

此情況與 20.2.3 節的「where 條件是索引欄位」的加鎖情況相同，這裡便不再示範。

（3）where 條件是主鍵欄位

此情況與 20.2.2 節的「where 條件是主鍵欄位」的加鎖情況相同，這裡便不再示範。

（4）where 條件同時包含唯一索引欄位和主鍵欄位

在這種情況下，端賴 SQL 執行計畫使用的是主鍵索引還是普通索引，如果是主鍵索引，則與 20.2.2 節的「where 條件是主鍵欄位」情況相同；如果是普通索引，則與 20.2.3 節的「where 條件是索引欄位」情況相同，只因索引欄位名稱不同，加鎖改成 name 欄位而已。

20.2.5 READ-COMMITTED 隔離等級 + 資料表無顯式主鍵和索引

先看一下沒有 where 條件的情況。

```
mysql> begin;
Query OK, 0 rows affected (0.00 sec)

mysql> select * from t for update;
+----+------------+
| id | name       |
+----+------------+
| 10 | donghongyu |
| 20 | lichun     |
| 30 | luoxiaobo  |
+----+------------+
```

```
   3 rows in set (0.00 sec)
   mysql> select ENGINE_LOCK_ID, ENGINE_TRANSACTION_ID, THREAD_ID, OBJECT_
SCHEMA, OBJECT_NAME, INDEX_NAME, LOCK_TYPE, LOCK_MODE, LOCK_STATUS, LOCK_
DATA from data_locks;
   | ENGINE_LOCK_ID | ENGINE_TRANSACTION_ID | THREAD_ID | OBJECT_SCHEMA |
OBJECT_NAME | INDEX_NAME | LOCK_TYPE | LOCK_MODE | LOCK_STATUS | LOCK_DATA |
   +------------+-------+----+-----+---+------+-------+----+--------+------+
   | 29893:1107 | 29893 | 59 | dhy | t | NULL | TABLE | IX | GRANTED | NULL |
   | 29893:50:4:2 | 29893 | 59 | dhy | t | GEN_CLUST_INDEX | RECORD | X,REC_
NOT_GAP | GRANTED | 0x000000001F09 |
   | 29893:50:4:3 | 29893 | 59 | dhy | t | GEN_CLUST_INDEX | RECORD | X,REC_
NOT_GAP | GRANTED | 0x000000001F0A |
   | 29893:50:4:4 | 29893 | 59 | dhy | t | GEN_CLUST_INDEX | RECORD | X,REC_
NOT_GAP | GRANTED | 0x000000001F0B |
   4 rows in set (0.00 sec)
```

與 REPEATABLE-READ 隔離等級不同，在 READ-COMMITTED 隔離等級下增加的都是 X 記錄鎖，而不是間隙鎖。

再看一下有 where 條件的情況。

```
   mysql> select * from t where id = 10 for update;
   +----+------------+
   | id | name       |
   +----+------------+
   | 10 | donghongyu |
   +----+------------+
   1 row in set (0.01 sec)
   mysql> select ENGINE_LOCK_ID, ENGINE_TRANSACTION_ID, THREAD_ID, OBJECT_
SCHEMA, OBJECT_NAME, INDEX_NAME, LOCK_TYPE, LOCK_MODE, LOCK_STATUS, LOCK_
DATA from data_locks;
   | ENGINE_LOCK_ID | ENGINE_TRANSACTION_ID | THREAD_ID | OBJECT_SCHEMA |
OBJECT_NAME | INDEX_NAME | LOCK_TYPE | LOCK_MODE | LOCK_STATUS | LOCK_DATA |
   +------------+-------+----+-----+---+------+-------+----+--------+------+
   | 29894:1107 | 29894 | 59 | dhy | t | NULL | TABLE | IX | GRANTED | NULL |
   | 29894:50:4:2 | 29894 | 59 | dhy | t | GEN_CLUST_INDEX | RECORD | X,REC_
NOT_GAP | GRANTED | 0x000000001F09 |
   2 rows in set (0.00 sec)
```

這裡與 REPEATABLE-READ 隔離等級也有差別，此隔離等級下會對不滿足 id = 10 的記錄增加 X 鎖，而在 READ-COMMITTED 隔離等級下則不會。實際上，因為 REPEATABLE-READ 隔離等級為了避免發生幻讀，會晚一點對不滿足的記錄釋放鎖（持有鎖到交易結束），而 READ-COMMITTED 隔離等級則會提前一些時間。有興趣的讀者可以試著在這兩種隔離等級下，查看對 unlock_row 函數加上斷點後的效果。

20.2.6 READ-COMMITTED 隔離等級 + 資料表有顯式主鍵無索引

這裡分為下列幾種情況：

- 不帶 where 條件。
- where 條件是主鍵欄位。
- where 條件包含主鍵欄位和非主鍵欄位。

（1）不帶 where 條件

此情況與 20.2.5 節的「不帶 where 條件」的加鎖情況相同，這裡便不再示範。

（2）where 條件是主鍵欄位

此情況與 20.2.2 節的「where 條件是主鍵欄位」的加鎖情況相同，這裡便不再示範。

（3）where 條件包含主鍵欄位和非主鍵欄位

此情況與 20.2.2 節的「where 條件包含主鍵欄位和非主鍵欄位」的加鎖情況相同，這裡便不再示範。

20.2.7 READ-COMMITTED 隔離等級 + 資料表無顯式主鍵有索引

這裡分為下列幾種情況。

- 不帶 where 條件。
- 普通索引：
  - where 條件是索引欄位。
  - where 條件包含索引欄位和非索引欄位。
- 唯一索引：
  - where 條件是索引欄位。
  - where 條件包含索引欄位和非索引欄位。

1. 不帶 where 條件

此情況與 20.2.5 節的「不帶 where 條件」的加鎖情況相同，這裡便不再示範。

2. 普通索引

（1）where 條件是索引欄位

```
mysql> begin;
Query OK, 0 rows affected (0.00 sec)

mysql> select * from t where id = 10 for update;
+----+------------+
| id | name       |
+----+------------+
| 10 | donghongyu |
+----+------------+
1 row in set (0.00 sec)
mysql> select ENGINE_LOCK_ID, ENGINE_TRANSACTION_ID, THREAD_ID, OBJECT_
SCHEMA, OBJECT_NAME, INDEX_NAME, LOCK_TYPE, LOCK_MODE, LOCK_STATUS, LOCK_
DATA from data_locks;
| ENGINE_LOCK_ID | ENGINE_TRANSACTION_ID | THREAD_ID | OBJECT_SCHEMA |
OBJECT_NAME | INDEX_NAME | LOCK_TYPE | LOCK_MODE | LOCK_STATUS | LOCK_DATA |
+------------+-------+----+------+---+------+-------+----+-------+------+
| 29903:1107 | 29903 | 59 | dhy | t | NULL | TABLE | IX | GRANTED | NULL |
| 29903:50:5:2 | 29903 | 59 | dhy | t | idx_id | RECORD | X,REC_NOT_GAP |
GRANTED | 10, 0x000000001F09 |
| 29903:50:4:2 | 29903 | 59 | dhy | t | GEN_CLUST_INDEX | RECORD | X,REC_
NOT_GAP | GRANTED | 0x000000001F09 |
 3 rows in set (0.00 sec)
```

當 where 條件是普通索引欄位時，加鎖順序如下：

① 對資料表增加 IX 鎖。

② 對 id = 10 對應的索引增加 X 記錄鎖。

③ 對索引對應的叢集索引增加 X 記錄鎖。

相較於 REPEATABLE-READ 隔離等級，少了間隙鎖。

（2）where 條件包含索引欄位和非索引欄位

此情況與上一種情況相同，這裡便不再示範。

3. 唯一索引

（1）where 條件是索引欄位

此情況與 20.2.3 節的「where 條件是索引欄位」的加鎖情況相同，這裡便不再示範。

（2）where 條件包含索引欄位和非索引欄位

此情況與 20.2.3 節的「where 條件是索引欄位」的加鎖情況相同，這裡便不再示範。

20.2.8 READ-COMMITTED 隔離等級 + 資料表有顯式主鍵和索引

這裡分為下列幾種情況。

- 有顯式主鍵和普通索引：
  - 不帶 where 條件。
  - where 條件是普通索引欄位。
  - where 條件是主鍵欄位。
  - where 條件同時包含普通索引欄位和主鍵欄位。
- 有顯式主鍵和唯一索引：
  - 不帶 where 條件。
  - where 條件是唯一索引欄位。
  - where 條件是主鍵欄位。
  - where 條件同時包含唯一索引欄位和主鍵欄位。

1. 資料表有顯式主鍵和普通索引

（1）不帶 where 條件

```
mysql> begin;
Query OK, 0 rows affected (0.00 sec)

mysql> select * from t for update;
+----+------------+
| id | name       |
+----+------------+
| 10 | donghongyu |
| 20 | lichun     |
| 30 | luoxiaobo  |
+----+------------+
3 rows in set (0.00 sec)
mysql> select ENGINE_LOCK_ID, ENGINE_TRANSACTION_ID, THREAD_ID, OBJECT_
SCHEMA, OBJECT_NAME, INDEX_NAME, LOCK_TYPE, LOCK_MODE, LOCK_STATUS, LOCK_
DATA from data_locks;
```

```
| ENGINE_LOCK_ID | ENGINE_TRANSACTION_ID | THREAD_ID | OBJECT_SCHEMA |
OBJECT_NAME | INDEX_NAME | LOCK_TYPE | LOCK_MODE | LOCK_STATUS | LOCK_DATA |
  +------------+-------+----+-----+---+------+-------+----+--------+------+
| 29942:1108 | 29942 | 61 | dhy | t | NULL | TABLE | IX | GRANTED | NULL |
| 29942:51:5:2 | 29942 | 61 | dhy | t | idx_name | RECORD | X,REC_NOT_GAP |
GRANTED | 'donghongyu ', 10 |
| 29942:51:5:3 | 29942 | 61 | dhy | t | idx_name | RECORD | X,REC_NOT_GAP |
GRANTED | 'lichun ', 20 |
| 29942:51:5:4 | 29942 | 61 | dhy | t | idx_name | RECORD | X,REC_NOT_GAP |
GRANTED | 'luoxiaobo ', 30 |
| 29942:51:4:2 | 29942 | 61 | dhy | t | PRIMARY | RECORD | X,REC_NOT_GAP |
GRANTED | 10 |
| 29942:51:4:3 | 29942 | 61 | dhy | t | PRIMARY | RECORD | X,REC_NOT_GAP |
GRANTED | 20 |
| 29942:51:4:4 | 29942 | 61 | dhy | t | PRIMARY | RECORD | X,REC_NOT_GAP |
GRANTED | 30 |
7 rows in set (0.00 sec)
```

此時增加的全部都是記錄鎖，並沒有間隙鎖。

（2）where 條件是普通索引欄位

```
mysql> begin;
Query OK, 0 rows affected (0.00 sec)

mysql> select * from t where name = 'donghongyu' for update;
+----+------------+
| id | name       |
+----+------------+
| 10 | donghongyu |
+----+------------+
1 row in set (0.00 sec)
mysql> select ENGINE_LOCK_ID, ENGINE_TRANSACTION_ID, THREAD_ID, OBJECT_
SCHEMA, OBJECT_NAME, INDEX_NAME, LOCK_TYPE, LOCK_MODE, LOCK_STATUS, LOCK_
DATA from data_locks;
| ENGINE_LOCK_ID | ENGINE_TRANSACTION_ID | THREAD_ID | OBJECT_SCHEMA |
OBJECT_NAME | INDEX_NAME | LOCK_TYPE | LOCK_MODE | LOCK_STATUS | LOCK_DATA |
  +------------+-------+----+-----+---+------+-------+----+--------+------+
| 29943:1108 | 29943 | 61 | dhy | t | NULL | TABLE | IX | GRANTED | NULL |
| 29943:51:5:2 | 29943 | 61 | dhy | t | idx_name | RECORD | X,REC_NOT_GAP |
GRANTED | 'donghongyu ', 10 |
| 29943:51:4:2 | 29943 | 61 | dhy | t | PRIMARY | RECORD | X,REC_NOT_GAP |
GRANTED | 10 |
3 rows in set (0.00 sec)
```

此情況與 20.2.7 節的「where 條件是索引欄位」情況相同，只不過因索引欄位不
同，加鎖改成 name 欄位。

（3）where 條件是主鍵欄位

此情況與 20.2.6 節的「where 條件是主鍵欄位」的加鎖情況相同，這裡便不再示範。

（4）where 條件同時包含普通索引欄位和主鍵欄位

在這種情況下，端賴 SQL 執行計畫使用的是主鍵索引還是普通索引，如果是主鍵索引，則與 20.2.6 節的「where 條件是主鍵欄位」的加鎖情況相同；如果是普通索引，則與 20.2.7 節的「where 條件是索引欄位」的加鎖情況相同，只因索引欄位名稱不同，加鎖改成 name 欄位而已。

2. 資料表有顯式主鍵和唯一索引

（1）不帶 where 條件

此情況與 20.2.4 節的「不帶 where 條件」的加鎖情況相同，只是少了「supremum」，這裡便不再示範。

（2）where 條件是唯一索引欄位

此情況與 20.2.3 節的「where 條件是索引欄位」的加鎖情況相同，這裡便不再示範。

（3）where 條件是主鍵欄位

此情況與 20.2.6 節的「where 條件是主鍵欄位」的加鎖情況相同，這裡便不再示範。

（4）where 條件同時包含唯一索引欄位和主鍵欄位

在這種情況下，端賴 SQL 執行計畫使用的是主鍵索引還是普通索引，如果是主鍵索引，則與 20.2.6 節的「where 條件是主鍵欄位」的加鎖情況相同；如果是普通索引，則與 20.2.7 節的「where 條件是索引欄位」的加鎖情況相同，只因索引欄位名稱不同，加鎖改成 name 欄位而已。

第 21 章
SQL 最佳化

在這些年的工作中，筆者發現大多數效能問題都與 SQL 語句有關；在參與過的一些專案中，同時也發現大多數開發人員不太關心程式執行的 SQL 語句。正因為這樣，業界冒出很多優秀的 SQL 語句審核平台，以協助開發人員和 DBA 的工作。本章能夠幫助大家加深 MySQL 中索引和 Join 演算法的理解，建議結合執行計畫和案例章節閱讀本章的內容。

21.1 SQL 最佳化基礎概念

說到 SQL 最佳化，首先想到的就是建立索引，但建立之前需要瞭解相關基礎概念。

1. 索引

一般來說，MySQL 的索引通常採用 B-Tree 結構，那麼第一步就要清楚 B-Tree 和 B+Tree 結構的區別，如圖 21-1 所示。

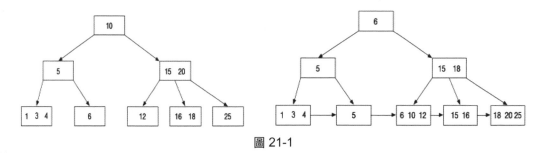

圖 21-1

InnoDB 的索引是 B+Tree 結構，其中葉子節點包含非葉子節點的所有資料，並且葉子節點之間會透過指標連接。

之所以採用 B+Tree 結構，是因為資料庫有 >、<、between … and 這類的範圍查詢語句，直接掃描葉子節點即可。

2. 叢集索引（主鍵索引）

InnoDB 所有的資料表都是索引組織表，主鍵與資料存放在一起。InnoDB 選擇叢集索引遵循下列原則：

- 建立資料表時，如果指定主鍵，則將其作為叢集索引。
- 如果沒有指定主鍵，則選擇第一個 NOT NULL 的唯一索引作為叢集索引。
- 如果沒有唯一索引，則內部會產生一個 6 位元組的 rowid 作為主鍵。

如圖 21-2 所示，叢集索引是將主鍵與列記錄存放在一起，當根據主鍵查詢時，可直接在資料表取得資料，不用到回表查詢。

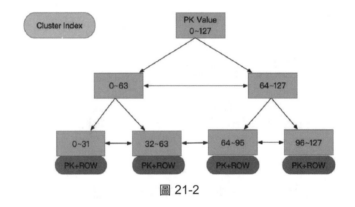

圖 21-2

3. 二級索引（也稱為輔助索引）

如圖 21-3 所示，二級索引的葉子節點儲存了索引值 +rowid（主鍵值）。熟悉 MySQL 的讀者在 MySQL 建立資料表時，最好自行指定一個顯式的自增主鍵，這樣做的好處是：主鍵可以是普通的 int 類型，存放的空間只有 4 位元組，在二級索引的葉子節點中主鍵值佔用的空間就會變小。這時可能有人會問：二級索引的葉子節點為何不儲存主鍵的指標呢？原因是：如果主鍵位置發生變化，便需要修改二級索引葉子節點對應的指標；但是，如果二級索引的葉子節點本身存放的是主鍵的值，則不會出現這種情況。

圖 21-3

4. 基數、選擇性、回表

- 基數是欄位 distinct 後的值，主鍵或非 NULL 的唯一索引的基數，等於資料表的總列數。

- 選擇性是指基數與總列數的比值乘以 100%，通常表示在欄位上是否適合建立索引。

- 當待查詢的欄位不能在索引中完全獲得時，則需要回表查詢取出所需的資料。

以上幾點很重要，因為 SQL 最佳化最重要的就是減少 SQL 語句的掃描列數。接著查看下面這個例子。

```
mysql> create table t1 (id int , c1 char(20), c2 char(20), c3 char(20));
Query OK, 0 rows affected (0.02 sec)
mysql> insert into t1 values (10, 'a', 'b' , 'c');
Query OK, 1 row affected (0.01 sec)
mysql> insert into t1 values (10, 'a', 'b' , 'c');
Query OK, 1 row affected (0.01 sec)
mysql> insert into t1 values (10, 'a', 'b' , 'c');
```

```
Query OK, 1 row affected (0.01 sec)
mysql> insert into t1 values (10, 'a', 'b' , 'c');
Query OK, 1 row affected (0.01 sec)
mysql> insert into t1 values (10, 'a', 'b' , 'c');
Query OK, 1 row affected (0.01 sec)
mysql> insert into t1 values (10, 'a', 'b' , 'c');
Query OK, 1 row affected (0.01 sec)
mysql> create index idx_c1 on t1 (c1);
Query OK, 0 rows affected (0.02 sec)
Records: 0 Duplicates: 0 Warnings: 0
```

建立資料表，在 c1 欄位插入重複資料，並以 c1 欄位建立索引，然後透過執行計畫看一下 cost 值的消耗。

```
mysql> explain format=json select * from t1 where c1 = 'a';
{
    "query_block": {
        "select_id": 1,
        "cost_info": {
            "query_cost": "1.10"
        }
    }
......
```

刪除索引，並透過執行計畫查看 cost 值的消耗。

```
mysql> drop index idx_c1 on t1;
Query OK, 0 rows affected (0.02 sec)
Records: 0 Duplicates: 0 Warnings: 0
mysql> explain format=json select * from t1 where c1 = 'a';
{
    "query_block": {
        "select_id": 1,
        "cost_info": {
            "query_cost": "0.85"
        }
    }
......
```

兩次查詢的 cost 值不同，透過索引查詢的 cost 值，竟然比全資料表掃描的 cost 值大。這是因為以索引查詢時，索引資料都是重覆的（基數很低），所以要做一個索引全掃描；加上「SELECT *」掃描完索引後，還要回表查詢 id、c2、c3 這幾個欄位。好比閱讀一本書時，不會先讀一遍目錄，再把後面的內容都讀一遍一般。

如果將 c1 欄位改成不重覆的值，接著再來看一下。

```
mysql> truncate table t1;
Query OK, 0 rows affected (0.04 sec)
mysql> insert into t1 values (10, 'a', 'b','c');
Query OK, 1 row affected (0.01 sec)
mysql> insert into t1 values (10, 'b', 'b','c');
Query OK, 1 row affected (0.01 sec)
mysql> insert into t1 values (10, 'c', 'b','c');
Query OK, 1 row affected (0.01 sec)
mysql> insert into t1 values (10, 'd', 'b','c');
Query OK, 1 row affected (0.00 sec)
mysql> insert into t1 values (10, 'e', 'b','c');
Query OK, 1 row affected (0.01 sec)
mysql> explain format=json select * from t1 where c1 = 'a';
{
    "query_block": {
        "select_id": 1,
        "cost_info": {
            "query_cost": "0.35"
        }
    }
}
......
mysql> drop index idx_c1 on t1;
Query OK, 0 rows affected (0.02 sec)
Records: 0  Duplicates: 0  Warnings: 0
mysql> explain format=json select * from t1 where c1 = 'a';
{
    "query_block": {
        "select_id": 1,
        "cost_info": {
            "query_cost": "0.75"
        }
    }
}
......
```

這次 c1 欄位的值不重覆（基數較高），則透過索引查詢的 cost 值，便比全資料表掃描的 cost 值小。

這裡沒有體現出選擇性，一般說基數高比較好，但是要有一個衡量目標。例如，某一欄位的基數是幾十萬筆，但是全部的資料有幾十億筆，則在此欄位建立索引就不是很合適。因為選擇性比較低，透過索引查詢在索引中可能就要掃描上億筆資料。

建立索引時通常要考慮上述內容（基數、選擇性、回表），在 MySQL 中則可透過系統表 innodb_index_stats 查看索引的選擇性、組合索引中每一個欄位的選擇性，並且計算索引的大小（此資料表的詳細解釋，請參考 14.2.2 節）。

```
SELECT stat_value AS pages, index_name,
    stat_value * @@innodb_page_size / 1024 / 1024 AS size
FROM mysql.innodb_index_stats
WHERE (table_name = 'alvin_table'
    AND database_name = 'alvin_db'
    AND stat_description = 'Number of pages in the index'
    AND stat_name = 'size')
GROUP BY index_name;
```

如果是分區資料表，則使用下面的語句。

```
SELECT stat_value AS pages, index_name,
SUM(stat_value) * @@innodb_page_size / 1024 / 1024 AS size
FROM mysql.innodb_index_stats
WHERE (table_name LIKE 't#P%'
    AND database_name = 'test'
    AND stat_description = 'Number of pages in the index'
    AND stat_name = 'size')
GROUP BY index_name;
```

也可透過 show index from table_name 查看 Cardinality 欄位的值，以及欄位的基數等。

21.2 MySQL 的 Join 演算法

1. Nested-Loop Join Algorithm（巢狀迴圈 Join 演算法）

最簡單的 Join 演算法以外迴圈讀取一列資料，然後根據關聯條件到內迴圈比對關聯。在這種演算法中，通常稱外迴圈表為驅動表，內迴圈表為被驅動表。

Nested-Loop Join 演算法的虛擬程式碼如下：

```
for each row in t1 matching range {
  for each row in t2 matching reference key {
    for each row in t3 {
      if row satisfies join conditions, send to client
    }
  }
}
```

2. Block Nested-Loop Join Algorithm（區塊巢狀迴圈 Join 演算法，即 BNL 演算法）

BNL 演算法是最佳化 Nested-Loop Join 演算法的結果。具體做法是快取外迴圈的列、讀取緩衝區的列，以及減少掃描內迴圈表的次數。例如，外迴圈表與內迴圈表均有 100 列記錄，普通的巢狀內迴圈表需要掃描 100 次，如果採用區塊巢狀迴圈，則外迴圈每次讀取 10 列記錄到緩衝區，然後把緩衝區資料傳遞給下一個內迴圈，將內迴圈讀到的每列和緩衝區的 10 列進行比較，這樣內迴圈表只需要掃描 10 次即可完成。利用區塊巢狀迴圈後，內迴圈整體掃描次數少了一個數量級。在這種方式下，內迴圈表掃描方式為全資料表掃描，因為是由內迴圈表比對 Join Buffer 中的資料。透過區塊巢狀迴圈連接，MySQL 會使用連接緩衝區（Join Buffer），並且遵循下面的原則：

- 連接類型為 ALL、index、range，便會使用 Join Buffer。

- Join Buffer 是由 join_buffer_size 變數控制。

- 每次連接都使用一個 Join Buffer，多資料表的連接則可使用多個 Join Buffer。

- Join Buffer 只儲存與查詢操作相關的欄位資料，而不是整列記錄。

BNL 演算法的虛擬程式碼如下：

```
for each row in t1 matching range {
  for each row in t2 matching reference key {
    store used columns from t1, t2 in join buffer
    if buffer is full {
      for each row in t3 {
        for each t1, t2 combination in join buffer {
          if row satisfies join conditions, send to client
        }
      }
      empty join buffer
    }
  }
}

if buffer is not empty {
  for each row in t3 {
    for each t1, t2 combination in join buffer {
      if row satisfies join conditions, send to client
    }
  }
}
```

針對上面的過程解釋如下：

① 將 t1、t2 的連接結果放到緩衝區，直到緩衝區溢滿為止。

② 巡訪 t3，與緩衝區的資料比對，找到相符的列，然後發送到用戶端。

③ 清空緩衝區。

④ 重覆上面的步驟，直至緩衝區不滿。

⑤ 處理緩衝區剩餘的資料，重覆步驟②。

假設 S 是每次儲存 t1、t2 組合的大小，C 是組合的數量，則掃描 t3 的次數為：$(S * C)/join\_buffer\_size + 1$。

由此可見，隨著 join_buffer_size 的增大，t3 的掃描次數會減少。如果 join_buffer_size 足夠大，大到足以容納所有 t1 和 t2 連接產生的資料，那麼 t3 只會被掃描一次。

21.3 MySQL 的最佳化特性

1. Index Condition Pushdown（ICP，索引條件下推）

ICP 是 MySQL 的一種最佳化特性，應用時機是針對索引從資料表檢索時。在沒有 ICP 的情況下，處理過程如圖 21-4 所示。

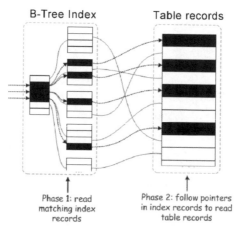

圖 21-4（圖片來自網路）

① 根據索引讀取一筆索引記錄，然後使用索引葉子節點的主鍵值，回表讀取整列。

② 判斷這筆記錄是否符合 where 條件。

有 ICP 後，處理過程如圖 21-5 所示。

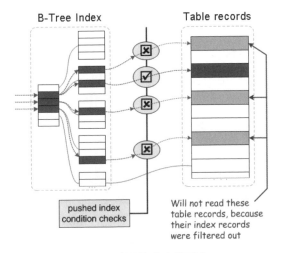

圖 21-5（圖片來自網路）

① 根據索引讀取一筆索引記錄，但是並不回表取出整列資料。

② 判斷記錄是否滿足 where 條件的一部分，並且只能以索引欄位檢查。如果不滿足條件，則繼續取得下一筆索引記錄。

③ 如果滿足條件，則使用索引回表取出整列資料。

④ 再判斷 where 條件的剩餘部分，選擇滿足條件的記錄。

ICP 的意思就是篩選欄位在索引中的 where 條件，從伺服器層下推到儲存引擎層，這樣便可在儲存引擎層過濾資料。由此可見，ICP 能夠減少儲存引擎存取基礎資料表的次數，以及 MySQL 伺服器存取儲存引擎的次數。

ICP 的使用場景如下：

● 組合索引（a,b）where 條件的 a 欄位是範圍掃描，那麼後面的索引欄位 b 便無法利用索引。在沒有 ICP 時，需要把滿足 a 欄位條件的資料全部拉到伺服器層，並且伴隨大量的回表操作；有了 ICP 之後，則將 b 欄位條件下推到儲存引擎層，以減少回表次數和返回伺服器層的資料量。

- 組合索引（a,b）第一個欄位的選擇性非常低，以第二個欄位查詢時又利用不到索引（%b%）。在這種情況下，透過 ICP 也能很好地減少回表次數，以及返回伺服器層的資料量。

ICP 的使用限制如下：

- 只能用於 InnoDB 和 MyISAM。

- 適用於 range、ref、eq_ref 和 ref_or_null 存取方式，並且需要回表進行存取。

- 適用於二級索引。

- 不適用於虛擬欄位的二級索引。

2. Multi-Range Read（MRR）

如果透過二級索引掃描時需要回表查詢資料，此時由於主鍵順序與二級索引的順序不一致，將導致大量的隨機 I/O。然而，藉助 Multi-Range Read 特性，MySQL 會把索引掃描到的資料根據 rowid 進行排序，然後再到回表查詢。此方式的好處是：將回表查詢從隨機 I/O 轉換成循序 I/O。

沒有 MRR 時，透過索引查詢資料之後，回表形式如圖 21-6 所示。

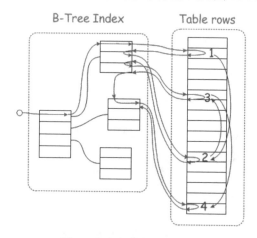

圖 21-6（圖片來自網路）

從圖 21-6 得知，當以二級索引掃描完資料之後，根據 rowid（或主鍵）回表查詢，但是這個過程是隨機存取。如果資料量非常大，在傳統的機械硬碟 IOPS 不高的情況下，效能會很差。

有了 MRR 之後，回表形式如圖 21-7 所示。

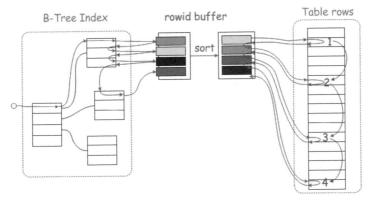

圖 21-7（圖片來自網路）

根據索引查詢之後，會將 rowid 放到緩衝區進行排序，排序之後再回表存取，此時便是循序 I/O。排序使用的緩衝區，是由參數 read_rnd_buffer_size 控制。

3. Batched Key Access（BKA）

BKA 是對 BNL 演算法的進一步擴充及最佳化，其作用是在資料表連接時可以進行循序 I/O。所以 BKA 是在 MRR 的基礎上實作而來，同時 BKA 支援內連接、外連接和半連接操作。

連接兩個資料表時，沒有 BKA 的情況如圖 21-8 所示，可以看到存取 t2 資料表時是隨機 I/O。

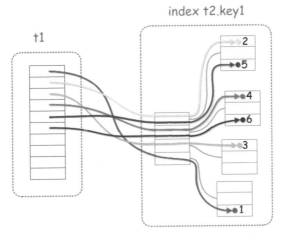

Regular Nested Loops Join will hit the index at random

圖 21-8（圖片來自網路）

　　有了 BKA 之後如圖 21-9 所示,可以看到連接存取 t2 資料表時,會先將 t1 相關的欄位放入 Join buffer,然後利用 MRR 特性介面進行排序(根據 rowid),排序之後即可透過 rowid 查詢 t2 資料表。

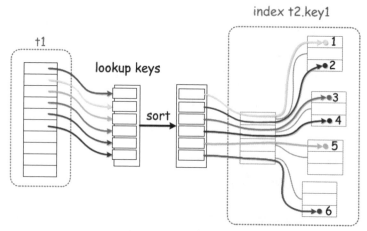

With *Batched Nested Loops Join* and *Key-Ordered retrieval*, index
lookups are done in one "sweep"

圖 21-9(圖片來自網路)

　　這裡也有一個隱含的條件,亦即關聯欄位要求有索引,否則還是會使用 BNL 演算法。

## 第 22 章

MySQL 讀寫擴充

這些年有更多的企業，尤其是傳統產業願意嘗試 MySQL 資料庫，但 MySQL 的架構與傳統 IOE 架構大不相同。在與客戶交流的過程中，筆者瞭解從讀寫分離到分庫分表，再到 NewSQL，客戶端也在不斷地進行探索。本章將解釋和分析 MySQL 的讀寫擴展架構，以協助使用 MySQL 資料庫的企業，能夠根據業務場景選擇合適的架構。

22.1 分散式架構概述

隨著系統的不斷發展、業務量的不斷增加，單機 MySQL 的效能已不足以支撐整體的業務發展，傳統的應對方式是採用讀寫分離擴充讀取作業，但是並沒有妥善地降低寫入壓力。本章將介紹 MySQL 讀寫擴充的架構，以及與 MPP 資料庫架構的區別。

提到傳統的資料庫架構，首先想到的就是 IBM 小型機透過光纖儲存交換機連接到設備上，使用傳統的商業資料庫。其實這種架構依然能夠支撐大部分的系統，但是對於網際網路行業來說，幾年前就遇到瓶頸。一般想到將讀寫分離降低寫入節點負載壓力，讀取節點還能隨著負載壓力情況彈性擴充。但是此方案的擴充是針對讀取，不包括寫入作業，如果寫入壓力很大的話，還是會造成效能瓶頸。

於是，我們想到是否可以同時擴展讀寫（屬於分散式資料庫概念，但讀寫分離不是）。目前分散式資料庫架構有很多種，如下所示。

- 採用分庫分表方式，將資料路由拆分到多個資料庫。
- 以 Greenplum 為代表的 MPP 資料庫架構。
- 以 TiDB、CockroachDB 為代表的 NewSQL 資料庫架構。

就 MySQL 而言，一般比較瞭解的是傳統的分庫分表方式，當然 TiDB 也是一種相容MySQL 協定的分散式架構（相容MySQL 協定，表示使用起來和MySQL 一樣）。目前分庫分表方式與 MPP 資料庫架構有較大的區別：

- MPP 資料庫架構以 Greenplum 為代表，Greenplum 主要用來處理大規模的平行計算，在處理複雜的 SQL 語句時有明顯優勢。當執行一道 SQL 語句時，會將語句傳送到所有資料節點進行查詢，節點和節點之間允許通訊，並利用多節點 CPU 計算能力平行計算。

- 分庫分表方式主要應用於簡單的業務場景與 OLTP 系統，但一旦使用這種方式之後，便得犧牲一些資料庫原有的特性。

- 兩種技術的應用場景不同，分別對應於 OLTP 和 OLAP 系統。

22.2 分庫分表兩種方式

22.2.1 中介軟體方式

目前中介軟體的應用範圍較廣，其架構大致如圖 22-1 所示。

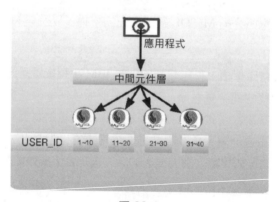

圖 22-1

在應用程式和資料庫之間加入一層中介軟體，原有的資料則拆分到多台伺服器上。根據一個拆分鍵拆解資料，並且有多種拆分規則，如 HASH、日期、RANGE、LIST 等。圖 22-1 乃是根據資料表的 USER_ID 來拆分，然後拆散到 4 個資料庫。當執行一道 SQL 查詢語句時，中介軟體解析 SQL 語句的拆分鍵（USER_ID），並根據對應規則進行運算，判斷應將 SQL 語句發送到哪個資料庫。

22.2.2 用戶端方式

用戶端方式與中介軟體方式明顯不同，其架構大致如圖 22-2 所示。

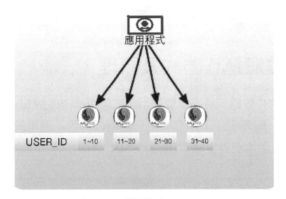

應用程式

USER_ID　1~10　11~20　21~30　31~40

圖 22-2

　　使用者不是透過中介軟體，而是在應用程式封裝拆分邏輯（例如以 JAR 檔的方式提供），目前市面上有相關的開源專案。

22.2.3 用戶端方式與中介軟體方式不同

用戶端方式與中介軟體方式的不同點在於：

- 理論上用戶端方式的效率更高一些，因為是直連資料庫，少了一層網路成本。
- 用戶端方式限制了應用軟體使用的程式語言。
- 用戶端方式針對開發人員，因此從維運角度來看缺乏透明度，資料排查等任務比較複雜。
- 中介軟體方式可以透過部署多個中介軟體，以達到中介軟體層面的負載均衡、高可用，並且中介軟體層能夠做一些資料庫高可用功能。
- 中介軟體方式與應用程式解耦分離，架構上更加清晰。

22.2.4 分庫與分表

這裡解釋分庫與分表兩種概念。

- 分庫是指將一個資料表拆分後，放入不同的資料庫（MySQL 中的 Schema），每個資料庫的資料表名稱相同，但資料不同。

- 分表是指在一個資料庫（Schema）中將一個資料表拆分為不同的資料表，效果上類似於分區表。

分庫允許將資料置於不同的資料庫，或者不同的機器上，這樣便可帶來最大的效能提升。

22.3 中介軟體運作方式及原理

如果曾使用過中介軟體，肯定會發現用起來就像單機版的 MySQL 一樣，只不過連接的埠不同而已。簡單來說，中介軟體充當兩個角色：面對應用程式連接時它扮演 MySQL 伺服器角色；面對後端真正的 MySQL 伺服器時則扮演用戶端角色。這是如何達到的呢？

試想一下，平時連接資料庫有兩種方式：以 mysql 用戶端工具連接，以及透過程式連接（使用對應的驅動程式）。若想實作一個中介軟體，最容易想到的是使用 JDBC 驅動程式連接前後端，但是這種方式存在下列幾個問題：

- 通常限制應用軟體使用的程式語言。例如，中介軟體採用了 JDBC 驅動程式，那麼應用端就要使用 Java，不能選擇 C、Python、Go 等。

- 連接時傳輸的資料多數是字元形式，網路開銷會比較大。

還有一種方式，就是利用 MySQL 的二進位通訊協定完成前後端連接工作。什麼是二進位通訊協定呢？ MySQL 的 mysql 用戶端，使用的就是二進位通訊協定連接 mysqld 伺服器。

伺服端與用戶端的互動有兩種方式，一種是利用可讀的字串類型；另一種則是使用二進位格式。這兩種方式的優缺點如下：

- 可讀的字串類型，如 XML、SON、FML、FML32 等。
  - 優點：可讀性好，在大型企業中便於各個系統直接協作。
  - 缺點：佔用空間較大，解析時需要比對字串，效率比較低。
- 二進位格式。
  - 優點：效率高，佔用空間小，傳輸速率高。
  - 缺點：不方便閱讀。

說起來比較抽象，底下來看一個例子。執行 mysql 用戶端命令時，以軟體抓到的封包如圖 22-3 所示。

```
▽ MySQL Protocol
    Packet Length: 78
    Packet Number: 0
  ▷ Server Greeting
  ▷ Payload: 6d7973716c5f6e61746976655f70617373776f726400
0000  00 04 00 01 00 06 52 54  00 55 7a 1d 00 00 08 00   ......RT .Uz.....
0010  45 08 00 7a f8 99 40 00  40 06 f1 86 0a 0a 1e 23   E..z..@. @......#
0020  0a 0a 1e 1f 0c ea e7 d3  42 fa 57 a1 2c f8 5b fb   ........ B.W.,.[.
0030  50 18 00 73 50 c2 00 00  4e 00 00 00 0a 35 2e 36   P..sP... N....5.6
0040  2e 32 33 2d 6c 6f 67 00  09 64 00 00 21 7b 6a 22   .23-log. .d..!{j"
0050  67 60 2d 5d 00 ff f7 53  02 00 7f 80 15 00 00 00   g`-]...S ........
0060  00 00 00 00 00 00 00 6f  36 5e 58 7b 24 3e 4d 48   .......o 6^X{$>MH
0070  62 33 73 00 6d 79 73 71  6c 5f 6e 61 74 69 76 65   b3s.mysq l_native
0080  5f 70 61 73 73 77 6f 72  64 00                     _passwor d.
```

圖 22-3

其中可以看懂的字串如「5.6.23-log」，代表資料庫的版本。還有一些很難看懂的字串，它們都代表什麼意思呢？接著來看圖 22-4 所示的內容。

<table>
<tr><td>1 Byte
protocol version</td><td colspan="4">N Byte server version[NULL]</td></tr>
<tr><td colspan="5">4 Byte connect thread id</td></tr>
<tr><td colspan="4">8Byte SCRAMBLE Number</td><td>1byte filler</td></tr>
<tr><td>2Byte
capablelity flags</td><td>1Byte
charset</td><td>2Byte server
status</td><td>2Byte capablelity
flags 高16位</td><td>1Byte
scramble
lenth</td></tr>
<tr><td colspan="5">10 Byte 空值</td></tr>
<tr><td colspan="5">8Byte SCRAMBLE tail Number</td></tr>
<tr><td colspan="5">N Byte Auth plugin name</td></tr>
</table>

圖 22-4

這是用戶端連接到伺服器後，伺服器返回第一個封包的內容。現在對照其內容如下。

- protocol version：協定版本，目前使用的都是 10，如圖 22-5 所示。

```
4e 00 00 00 0a 35 2e 36   P..sP... N....5.6
```

圖 22-5

- server version：MySQL 版本，如圖 22-6 所示。

```
50 18 00 73 50 c2 00 00  4e 00 00 00 0a 35 2e 36   P..sP... N....5.6
2e 32 33 2d 6c 6f 67 00  09 64 00 00 21 7b 6a 22   .23-log. .d..!{j"
```

圖 22-6

- connect thread id：伺服器為用戶端產生的執行緒 ID，透過 show processlist 便可查到 ID，如圖 22-7 所示。

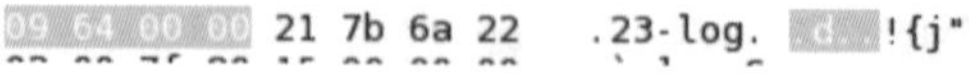

```
09 64 00 00  21 7b 6a 22    .23-log.  d .!{j"
```

圖 22-7

- scramble：產生的亂數，此值會發送到用戶端跟密碼一起加密，再傳回伺服端進行密碼解密校驗，如圖 22-8 所示。

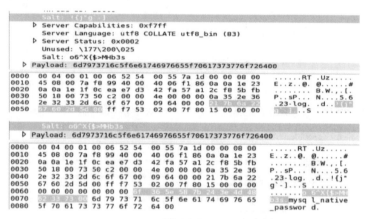

圖 22-8

還有字元集和連接哪個資料庫等資訊，這裡就不逐一解釋。重點是要知道中介軟體使用二進位協定方式處理前後端的連接，並且需要解析這些二進位協定。

22.4 架構設計及業務場景

本節介紹一個曾服務過的客戶案例，架構的基礎是採用中介軟體方式做分庫處理，針對讀寫進行擴充。這裡客戶提出幾個問題：

- 分庫後，日後要如何處理擴展節點？
- 如何避免上線初期機器的浪費？
- 使用中介軟體的高可用功能時，如何處理雙寫問題？

1. 擴充問題

前兩個問題可以合併成一個，試想一下，假如將系統拆成 32 個資料庫，上線初期其實沒有那麼大的資料量及並行量。因此一上線就部署 32 台實體伺服器，便會造

成資源的浪費。實際上，一個 MySQL 實例允許存放多個分庫（Schema），這樣前期就不需要購買大量的伺服器，以免造成資源的浪費。這麼做的好處是後面擴充時會很方便。

當運行一段時間，業務發展到一定程度，現有資料庫出現瓶頸後，便可採用下列方式進行擴充。

後續增加節點時，需要移植 Schema，移植方案簡單、快速，可翻倍擴充或單庫擴充：

- 備份待移植的 Schema（不停止應用程式和服務）。
- 備份後將需要移植的 Schema 資料匯入新增節點。
- 停止應用程式，修改中介軟體的分區規則組態。
- 建立複製、移植備份後到停止應用程式之間的 Schema 增量資料。
- 進行移植驗證（分區規則、資料完整性）。
- 啟動和恢復應用程式及服務。
- 清理原節點中已經完成移植的 Schema 資料。

上線初期可以將分庫的數量定得多一些，這樣後期便可擴充到更多的機器上。

2. 雙寫問題

前面介紹過中介軟體分庫分表方式的架構，從架構圖得知，隨著業務量的不斷增長，單個中介軟體勢必會成為架構的瓶頸。所以，正式部署時，一般都會部署多個中介軟體來做負載均衡。

此外，中介軟體具有資料庫高可用切換功能，很多客戶都在使用該功能，當中存在一個問題，如圖 22-9 所示。

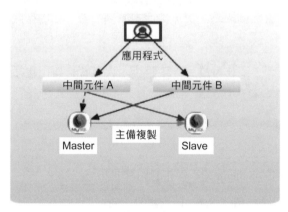

圖 22-9

運行正常是指兩個中介軟體都會將寫入操作發送到 Master（主資料庫），但是當中介軟體 A 與 Master 之間的網路出現問題時（原因可能有多種，如網路抖動、中斷等），中介軟體 A 便發生切換，改將寫入操作發送到 Slave（備援資料庫）。但因為中介軟體 B 與 Master 之間的網路並未出現異常，所以寫入操作還是會繼續傳送到 Master，這時就會出現 Master、Slave 同時有寫入操作，導致資料不一致的風險。

解決這個問題的方案有很多種，例如：對中介軟體直接增加通訊機制（從無狀態變成有狀態），再引入合作廠商元件完成一致性切換等。

這裡建議將資料庫的高可用性切換下降到資料庫層級，只提供中介軟體一個虛擬 IP（VIP）位址。這樣一來，IP 位址對中介軟體來説便是透明的，它不用關心資料庫的高可用性切換如何進行（其他章節將介紹高可用性的解決方案）。

22.5 關於中介軟體的一些限制

22.5.1 跨資料庫查詢、複雜的 SQL 語句支援

可能大家都聽説過分庫分表之後不支援跨資料庫查詢、複雜的 SQL 語句。其實這點並不正確，而是取決於中介軟體實作得是否完善。若想支援複雜的 SQL 語句，和下列幾點有關：

- 是否具有完善的 SQL 解析器，能夠解析複雜的 SQL 語句。
- 是否具有完善的查詢最佳化工具，能夠提高複雜 SQL 語句的效能。

像跨資料庫 join、group by 這種操作，需要從各個節點取出資料、放到中介軟體中，再做 join、group by 等操作，因此要求中介軟體具有完善的演算法及最佳化器，以便處理這類語句。

一種比較理想的方式是：中介軟體層修改原生資料庫的伺服器程式碼，保留既有的查詢最佳化工具及 SQL 語句解析功能。

22.5.2　分散式交易

市面上有很多支援分散式交易的中介軟體，但實作起來並不簡單，多數是利用 MySQL 的 XA 達成，不過也只實現分散式的兩階段提交。還有一點有待關注，例如下面這個例子：

- A 和 B 兩個使用者分別在兩個不同的分庫中。

- A 轉帳給 B100 元。

- A 減少 100 元。

- B 增加 100 元。

這兩個交易同時提交，但是它們在不同的資料庫存在時間上的差異，這時如果 A 使用者減 100 元提交成功，B 使用者增加 100 元尚未完成提交，此時查看 A 使用者的餘額，應該看到多少呢？

對於分散式交易來説，整個交易還沒有完成，看到的應該是沒有減少 100 元之前的餘額。若要實作這點，需要增加一個 GTM 節點以及全域的交易 ID，每次查詢時都得透過 GTM 節點取得全域的交易 ID，利用它來判斷具體記錄是否可見（有興趣的讀者建議閱讀根據 PostgreSQL 修改的 PGXL）。

NOTE